機械製圖－含工具機實例應用

戴國政、陳建宗、謝士渠、邱武俊　編著

全華圖書股份有限公司

序言

　　本書係依據經濟部產業人才能力鑑定機制 (Industry Professional Assessment System, IPAS) 發布之工具機機械設計工程師能力鑑定 (初級) 一機械製圖 (含工具機實例) 之評鑑主題編輯而成，內容符合評鑑內容與工具機機械設計工程師職能基準，敘述務求詳盡，文字則力求淺顯易懂，且附圖均為工業界實用之圖樣，以謀理論與實際之配合。

　　全書分為 9 個章節，第一章機械設計工程師之職能、第二章工程圖學概論、第三章正投影、第四章尺度標註與圖面表示法、第五章表面織構符號與公差配合、第六章量測與工具、第七章氣壓、液壓與管路、第八章金屬材料應用與熔接、第九章機械組立與基準面。編著者由逢甲大學機械與電腦輔助工程學系戴國政副教授、合濟工業股份有限公司陳建宗副總經理、臺中市立臺中工業高級中等學校電腦機械製圖科謝士渠老師、永進機械工業股份有限公司邱武俊課長等學界與產業專家，同心合力編輯書籍，適合「工程圖學」、「機械製圖」、「工具機設計」等相關課程之教材使用。

作者團隊　謹識

目錄

contents

目錄

CHAPTER

1

機械設計工程師之職能

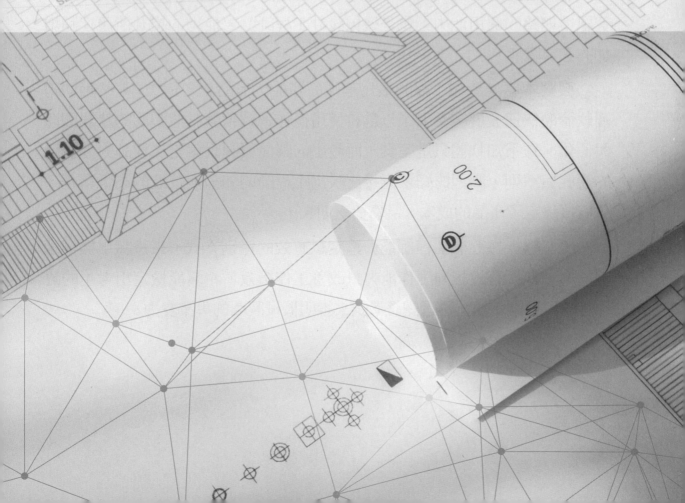

機械產業是工業之母，任何製造活動都需要透過設備和工具完成，屬於典型技術密集和資本密集的產業。機械產業位居龍頭的「工具機產業」和「機械零組件」，近兩年的產值已相繼突破千億元大關，雙雙躍居機械產業閃亮雙星的寶座。

前景繁榮的產業發展必須擁有充沛的人力做後盾！而機械業是非常需要經驗累積的工作，企業聘用員工主要的考量是「工作經驗」與「專業技能」，相關人才必需具備一定程度的專業技術與工作經驗養成。

就機械設計工程師而言，人才的培養相當不容易，除了機械製圖是相當基礎能力之外，也需要對機械系統如傳動機構、結構元件、材料與應用、素材與加工、組立與量測調整有深入了解。進而對油壓系統如馬達、泵、氣油壓缸、管路、油路板、與各種閥體如電磁閥、方向閥、流量閥、壓力閥、感應器與配管佈管…等有進一步的認知與應用，尤其面對產業不斷發展，能力也需不斷與時俱進。此外，自動化控制中的機、電整合與結合 IT 資訊與網路的應用能力，也是機械設計工程師隨著能力的提升所應伴隨增加的必要職能。

製圖本應是機械工程師最為基礎的職能，但隨著各種 3D 電腦輔助繪圖軟體的快速發展，產生了以為會使用操作繪圖軟體就能製圖的錯誤觀念與假象。殊不知軟體只是工具，而產出的圖面與圖說就是工程師對外溝通的規範與準則，圖面的好壞直接反映出工程師的知識與技能的高低落差，也直接決定了產品的成本、品質與交期。

工具機機械設計工程師能力鑑定以有效的鑑別方式，來辨識出機械製圖能力，進而有效提升工作能力以改善工作績效。希冀能檢定出考生的實務經驗與專業水準，透過認證考試來證明機械製圖的專業實力。

1.1 機械設計工程師職能基準、入門水準、工作描述、工作產出與職能內涵

職能基準（Occupational Competency Standard-OCS）指為完成特定職業工作任務，所需具備的能力組合。此能力組合應包括該特定職業之主要工作任務、行為指標、工作產出、對應之知識、技能等職能內涵的整體性呈現。

1. 機械設計工程師的入門水準

    機械工程相關科系畢業或曾受過機械工程職訓教育者。

    在機械相關領域工作經驗 1 年以下，具基本機械識圖與繪圖能力【如：2D/3D 電腦繪圖能力】。

2. 機械設計工程師的工作描述

    初級工程師為配合資深工程師或主管，設計符合目的的合適機構，運用製圖軟體進行製圖以及機械元件的選定。

    資深工程師或主管為根據顧客及市場需求，與相關部門共同訂定產品規劃書 (包含機械元件與電控元件規格)，完成符合規格的整機及細部設計，並於產品製作過程中與相關單位人員進行溝通，且參與測試檢驗。

3. 機械設計工程師的工作產出

    初級工程師需協助繪製包括零部件圖、零部件組裝圖、零件加工圖、機構組立圖 (2D/3D)、木模圖、鑄造圖、鈑金圖、銲接圖、油路圖、電路圖、刀具圖與治具圖…等等設計圖面輸出，並在圖面上標註版次與設變訊息。

    而隨著電腦化管理，在 PDM 系統中進行圖面存檔或更新，產品料號編碼與資料建置，產生機構組立零件表與 BOM 等管理作業。

    資深工程師或主管除了對機械與機構的設計外，也須對機械系統中的傳動機構、結構元件、材料與應用、素材與加工、組立與量測調整有

深入的研究，並配合對油壓系統與電控系統及自動化控制的理解，才能產出符合市場與客戶需求高性價比的機械。

4. 機械設計工程師的職能內涵

初級工程師的基礎職能就是讀圖能力與製圖能力。

在各種零部件圖中，正投影三視圖 (2D) 即是最基本的入門功夫。尺寸標註、公差配合觀念、幾何公差、表面精度與粗糙度…等等，更是建構圖面不可缺少的元素。

應用電腦製圖工具 (2D/3D) 與 PDM 管理系統進行圖檔與設變管理，是作業上的必備學能。

為使職能更加精進，對各種加工方法 (車、銑、磨、鑽、割、折、銲、熱處理)、組立方法、順序與基準等需要廣泛涉獵。

而機電整合的油路圖、電路圖、零件符號、功能與作動及感應器、功率馬力、安培、I/O、速度與譯碼器等也要能予以應用。

機械設計工程師職能基準，目前發布的包括：

SET2144-001V4：機械設計工程師職能基準

SET2144-002V4：工具機機械設計工程師職能基準

完整之職能基準可至勞動部職能發展應用平台或經濟部產業人才能力鑑定推動網等職能基準專區進行下載。

1.2 機械設計工程師職能基準

機械設計工程師職能基準

1. 工作描述：根據顧客及市場需求，進行設計對象的研究，提出設計專案規劃，展開設計與分析作業，進行機械設計與智慧化系統整合，參與雛型製造及測試，以及型錄與機器說明書的協同製作，完成設計專案的結案技術報告。

2. 入門水準：專科以上學歷、機械相關科系、基本機械識圖與繪圖能力。

3. 工作職責：

   (1) 定義與提案設計標的機械

   (2) 設計前分析驗證

   (3) 設計作業與變更

   (4) 設計驗收與壽命確效

   (5) 資料管理與設計結案

▼表 1.2-1 機械設計工程師職能標準

版本	職能基準代碼	職能基準名稱	狀態	更新說明	發展更新日期
V4	SET2144-001v4	機械設計工程師	最新版本	略	2022/04/06
V3	SET2144-001v3	機械設計工程師	歷史版本	已被《SET2144-001v4》取代	2019/04/11
V2	SET2144-001v2	機械產業機械設計工程師	歷史版本	已被《SET2144-001v3》取代	2015/12/31
V1	SET2144-001	機械產業機械設計工程師	歷史版本	已被《SET2144-001v2》取代	2013/06/30

職能基準代碼		SET2144-001v4			
職能基準名稱	職類				
（擇一填寫）	職業	機械設計工程師			
所屬類別	職類別	科學、技術、工程、數學／工程及技術		職類別代碼	SET
	職業別	機械工程師		職業別代碼	2144
	行業別	製造業／機械設備製造業		行業別代碼	C29
工作描述		根據顧客及市場需求，進行設計對象的研究，提出設計專案規劃，展開設計與分析作業，進行機械設計與智慧化系統整合，參與雛型製造及測試，以及型錄與機器說明書的協同製作，完成設計專案的結案技術報告。			
基準級別		5			

主要職責	工作任務	工作產出	行為指標	職能級別	職能內涵（K=knowledge 知識）	職能內涵（S=skills 技能）
T1 定義與提案設計標的機械	T1.1 定義設計標的機械規格	O1.1.1 機械佈局構想草圖 O1.1.2 標的機械規格尺寸	P1.1.1 根據需求目標與需求規劃定義出機械佈局草圖。 P1.1.2 定義出機械規格、尺寸與性能特徵參數。 P1.1.3 找出相關標準機件規範並加以分析，以符合設計要求。	5	K01 機械識圖與製圖知識 K07 機械原理、運作、性能與應用 K08 機械結構與構型概念 K09 機械元件選用知識 K10 機構學基礎原理	S01 機械識圖與製圖能力 S04 機構設計實務能力 S05 機件分析、計算與選用能力 S06 關鍵組件分析、選用與應用能力 S10 人因工程應用能力

▼表 1.2-1　機械設計工程師職能標準（續）

主要職責	工作任務	工作產出	行為指標	職能級別	職能內涵（K=knowledge 知識）	職能內涵（S=skills 技能）
		O1.1.3 機械性能特徵參數 O1.1.4 機械規範與標準要求分析報告 O1.1.5 相關技術專利收集報告 O1.1.6 智慧機械系統規劃報告	P1.1.4 對應出相關的專利，避開專利侵權，並規劃可以申請專利的技術項目。 P1.1.5 規劃智慧機械的自動化標準元件與感測元件的系統整合功能。		K11 人因工程知識 K25 機械製造知識 K29 機器人應用知識 K30 彈性製造系統知識 K31 機器學習知識 K32 基礎人機介面概念 K38 機械相關國際法規與標準認識 K41 智慧財產、專利文件閱讀與分析概念	S18 機械製造應用能力 S25 整合機器人的能力 S26 整合機械學習的能力 S32 法規與標準文件的閱讀分析能力 S33 專利分析、規劃、佈局與申請能力
	T1.2 建立設計標的機械模型	O1.2.1 概念模型草圖	P1.2.1 建立設計專案，展開 2D 概念設計與 3D 模型製作。	3	K01 機械識圖與製圖知識 K02 電腦輔助製圖 2D 與 3D 原理 K26 模型製作技術與方法	S01 機械識圖與製圖能力 S02 電腦輔助繪圖 2D 與 3D 軟體使用能力 S193D 積層列印能力 S20 製作實物模型能力
	T1.3 提出設計標的機械的設計專案	O1.3.1 設計專案規劃書 O1.3.2 標的機械性能與規格表	P1.3.1 制定專案計畫，定義期望功能、規格，及應遵守的法令規章與標準。 P1.3.2 根據專案投入的工作，對預算需求與工時進行分析，規劃分工及時程。 P1.3.3 定義分工項目、預期產出及驗收方法。	5	K07 機械原理、運作、性能與應用 K35 機械檢驗與測試概念 K38 機械相關國際法規與標準認識 K42 專案規劃、計畫與管理概念	S04 機構設計實務能力 S32 法規與標準文件的閱讀分析能力 S34 專案規劃與計劃管理能力 S35 預算編列能力

主要職責	工作任務	工作產出	行為指標	職能級別	職能內涵（K=knowledge 知識）	職能內涵（S=skills 技能）
		O1.3.3 法令規章與標準條款清單 O1.3.4 設計需求預算書 O1.3.5 設計時程規劃表 O1.3.6 預期產出、驗證、測試與驗收方案清單			K45 成本管理概念	
T2 設計前分析驗證	T2.1 計算分析與選用主要機構與關鍵組件	O2.1.1 機械結構規格與配置分析報告 O2.1.2 傳動元件與系統分析計算報告 O2.1.3 關鍵組件選用分析報告	P2.1.1 以計算或應用軟體分析機械結構、傳動系統、關鍵組件選用、電控與流體傳動元件及配置的合理性，以及溫度、節能與機器人的應用。	4	K07 機械原理、運作、性能與應用 K08 機械結構與構型概念 K12 機械傳動系統基本原理 K13 熱力學基本原理 K14 流體力學基本原理 K15 電控系統基本原理 K16 流體動力傳動系統基本原理 K17 關鍵零組件分析概念與方法 K18 有限元素分析概念與方法 K29 機器人應用知識	S05 機件分析、計算與選用能力 S07 機械設計與熱流整合應用能力 S08 機電整合應用設計能力 S09 機械傳動與流體傳動應用設計能力 S11 建立機械分析模型的能力 S12 使用分析軟體的能力 S13 建立分析演算系統的能力 S14 邊界與限制條件定義與設定能力 S25 整合機器人的能力

▼表 1.2-1　機械設計工程師職能標準（續）

主要職責	工作任務	工作產出	行為指標	職能級別	職能內涵（K=knowledge 知識）	職能內涵（S=skills 技能）
		O2.1.4 電控與流體傳動元件分析報告 O2.1.5 溫昇熱變形與節能分析報告 O2.1.6 機器人應用分析報告				
	T2.2 測試必要之材料	O2.2.1 測試分析報告 O2.2.2 主要材料選用報告	P2.2.1 實施必要的測試與實驗，以確認材料性能。 P2.2.2 根據測試分析報告，選用合適的材料。	4	K22 材料特性與應用知識 K23 材料試驗原理與方法 K24 材料測試設備應用知識 K34 量測原理與儀器設備使用方法	S16 材料性能分析、判讀與選用能力 S17 材料測試設備使用能力 S28 量具使用與判讀能力 S29 檢測設備使用與判讀能力
T3 設計作業與變更	T3.1 繪製機械圖面與設計變更	O3.1.1 各種 2D 與 3D 工程圖：零件圖、組合圖、管路圖、油路圖、電路圖、板金	P3.1.1 根據設計規劃條件，及選用的材料與零組件，繪製必要的工程圖。 P3.1.2 根據設計變更方案，執行設計變更作業。	3	K01 機械識圖與製圖知識 K02 電腦輔助製圖 2D 與 3D 原理 K03 機械精度與誤差概念 K04 公差配合知識 K05 幾何公差知識 K06 表面織構符號知識	S01 機械識圖與製圖能力 S02 電腦輔助繪圖 2D 與 3D 軟體使用能力 S03 公差配合與幾何公差的應用能力 S24 查閱與應用設計便覽能力

主要職責	工作任務	工作產出	行為指標	職能級別	職能內涵（K=knowledge 知識）	職能內涵（S=skills 技能）
		圖、立體系統圖、立體組合圖等 O3.1.2 工程圖設計變更紀錄				
	T3.2 整機系統優化與智機整合	O3.2.1 優化分析與報告 O3.2.2 優化後的設計工程圖 O3.2.3 機械智慧化整合報告	P3.2.1 建立整機分析模型、設定優化期望條件，進行優化分析。 P3.2.2 參酌加工技術的限制，提出工程圖的修正建議。 P3.2.3 選擇適用的智慧化週邊設備。	4	K18 有限元素分析概念與方法 K19 機械靜態剛性與動態剛性知識 K20 電腦輔助分析軟體使用方法 K21 機械優化分析概念與方法 K25 機械製造知識 K33 機械智慧化系統整合概念	S11 建立機械分析模型的能力 S12 使用分析軟體的能力 S13 建立分析演算系統的能力 S14 邊界與限制條件定義與設定能力 S18 機械製造應用能力 S27 機械智慧化整合設計能力
	T3.3 協同設計與製作生產輔助工具、標的機械雛型，及制定標準作業程序	O3.3.1 夾/治具設計圖 O3.3.2 標的機械雛型機 O3.3.3 機器人應用介面設計規劃書 O3.3.4 標準作業程序書	P3.3.1 協同設計夾/治具與製作標的機械雛型。 P3.3.2 協同設計機器人應用介面。 P3.3.3 協同制定標準作業程序。	4	K02 電腦輔助製圖 2D 與 3D 原理 K25 機械製造知識 K27 機械組裝技術與方法 K28 夾/治具應用知識 K29 機器人應用知識 K48 機械專用術語知識	S02 電腦輔助繪圖 2D 與 3D 軟體使用能力 S04 機構設計實務能力 S18 機械製造應用能力 S22 機械組裝能力 S23 設計夾/治具的能力 S25 整合機器人的能力 S39 機械專業圖文編輯能力

▼ 表 1.2-1　機械設計工程師職能標準（續）

主要職責	工作任務	工作產出	行為指標	職能級別	職能內涵 （K=knowledge 知識）	職能內涵 （S=skills 技能）
T4 設計驗收與壽命確效	T4.1 標的機械雛型驗收與壽命測試	O4.1.1 尺寸精度檢驗報告 O4.1.2 動態幾何與公差檢驗測試報告 O4.1.3 操作性能驗證報告 O4.1.4 壽命實驗與測試報告	P4.1.1 應用檢測設備、量具進行幾何尺寸確認。 P4.1.2 熟悉機械測試需求的檢驗設備，及量測數據分析與判讀。 P4.1.3 熟悉檢測設備操作方法，並確認測試之性能指標。 P4.1.4 依據規範要求，進行必要的壽命估算。	5	K03 機械精度與誤差概念 K07 機械原理、運作、性能與應用 K19 機械靜態剛性與動態剛性知識 K34 量測原理與儀器設備使用方法 K35 機械檢驗與測試概念 K36 機械運作故障概念	S15 設計實驗與測試方案的能力 S21 機械操作基礎能力 S28 量具使用與判讀能力 S29 檢測設備使用與判讀能力 S30 測試分析報告的判讀能力
	T4.2 確認標的機械符合法規與標準的要求	O4.2.1 檢驗與測試報告 O4.2.2 驗證證明文件	P4.2.1 認知標的機械規格與國內、外法規的規定，並配合驗證作業及實現。	4	K38 機械相關國際法規與標準認識 K39 國際標準驗證制度的認識 K40 特定機械法規之確效方法認知	S30 測試分析報告的判讀能力 S32 法規與標準文件的閱讀分析
T5 資料管理與設計結案	T5.1 資料建檔與管理	O5.1.1 物料清單表 BOM O5.1.2 圖檔管理紀錄表 O5.1.3 企業資源規劃	P5.1.1 將建立的工程圖和物料清單表予以發行、保存與紀錄。 P5.1.2 應用企業資源規劃、產品資料管理等系統，以利整合管理。	3	K43 零件編號與編碼原則基本知識 K44 設計資料、產品數據的整合管理系統基本知識	S36 企業資源規劃資料應用能力 S37 產品資料管理資料應用能力

主要職責	工作任務	工作產出	行為指標	職能級別	職能內涵 （K=knowledge 知識）	職能內涵 （S=skills 技能）
		ERP 文檔資料 O5.1.4 產品資料管理 PDM 圖文資料				
	T5.2 協同製作產品型錄、機械說明書及結案技術報告	O5.2.1 產品型錄 O5.2.2 機械說明書，含危險與安全、包裝、運輸、安裝、操作、維護等內涵 O5.2.3 結案技術報告	P5.3.1 協同製作產品型錄與機械說明書。 P5.3.2 總結設計資料，確認目標達成，結案技術報告製作。	4	K01 機械識圖與製圖知識 K02 電腦輔助製圖 2D 與 3D 原理 K37 機械安全概念 K38 機械相關國際法規與標準認識 K46 陸運、海運、空運過程概念 K47 機械產品包裝方式概念 K48 機械專用術語知識	S01 機械識圖與製圖能力 S02 電腦輔助繪圖 2D 與 3D 軟體使用能力 S31 機械安全分析能力 S32 法規與標準文件的閱讀分析 S38 評估運輸風險與規劃包裝方式的能力 S39 機械專業圖文編輯能力

職能內涵（A=attitude 態度）
A01 主動積極
A02 團隊合作
A03 溝通協調
A04 耐心與細心
A05 處理突發狀況，主動承擔責任

▼表 1.2-1　機械設計工程師職能標準（續）

職能內涵（A=attitude 態度）
A06 全力以赴完成職責，並能做最好處理
A07 不斷突破，面對挑戰及抵抗挫折

說明與補充事項
● 　建議擔任此職類/職業之學歷/經歷/或能力條件： 　● 　大學機械工程相關科系畢業。 　● 　具備智慧生產線作業與管理概念。 　● 　擁有數位資訊系統整合應用能力。 　● 　具從事一年以上相關工作經驗尤佳。

1.3 工具機機械設計工程師職能基準

工具機機械設計工程師職能基準

1. 工作描述：能夠進行工具機模組的裝配設計，了解公差、配合、裕度、設計強度、剛性的需求與計算，並根據用途選定正確的機械元件，設計符合目的的工具機整機與外觀護罩。

2. 入門水準：機械工程相關科系畢業、機械領域相關工作經驗一年以下、曾受過機械工程職訓教育者。

3. 工作任務：

    (1) 對圖紙進行讀解

    (2) 利用 CAD 進行製圖

    (3) 各機械元件的使用方法

    (4) 機械元件的選定

    (5) 配合資深工程師 / 主管設計符合目的的合適的機構

    (6) 配合資深工程師 / 主管設計機構的性能、壽命

    (7) 配合資深工程師 / 主管獲取與維持材料特性、材料力學等相關的知識

    (8) 構造設計、解析

    (9) 應力應變、疲勞測試的評價

▼ 表 1.3-1　工具機機械設計工程師職能基準

版本	職能基準代碼	職能基準名稱	狀態	更新說明	發展更新日期
V4	SET2144-002v4	工具機機械設計工程師	最新版本	略	2022/12/30
V3	SET2144-002v3	工具機機械設計工程師	歷史版本	已被《SET2144-002v4》取代	2020/02/07
V2	SET2144-002v2	工具機機械設計工程師	歷史版本	已被《SET2144-002v3》取代	2019/12/30
V1	SET2144-002v1	工具機產業機械設計工程師	歷史版本	已被《SET2144-002v2》取代	2014/12/31

職能基準代碼		SET2144-002v4			
職能基準名稱 （擇一填寫）	職類				
	職業	工具機機械設計工程師			
所屬 類別	職類別	科學、技術、工程、數學 / 工程及技術	職類別代碼	SET	
	職業別	機械工程師	職業別代碼	2144	
	行業別	製造業 / 機械設備製造業	行業別代碼	C2912	
工作描述		能夠進行工具機模組的裝配設計，了解公差、配合、裕度、設計強度、剛性的需求與計算，並根據用途選定正確的機械元件，設計符合目的的工具機整機與外觀護罩。			
基準級別		4			

主要職責	工作任務	工作產出	行為指標	職能級別	職能內涵 （K=knowledge 知識）	職能內涵 （S=skills 技能）
T1 圖紙的理解與製圖（理解圖紙規則，進行讀圖及製	T1.1 對圖紙進行讀解（讀圖、識圖與製圖）	O1.1.1 零部件圖 O1.1.2 零部件組裝圖 O1.1.3 零件加工圖	P1.1.1 正確把握圖紙的種類和圖紙規格、材料記號、尺度等，正確理解所獲圖紙的用途和特徵。 P1.1.2 把握各種投影法、斷面圖表示方法、輪廓虛線省略等製圖技術，按照圖紙正確還原其立體構造。	3	K01 圖紙種類（組裝圖、零部件組裝圖、零部件圖、詳細圖、工序圖等） K02 製圖規格	S01 製圖用工具（電腦、規尺等）的使用方法 S02 各種投影法、視圖的種類及看圖方法

主要職責	工作任務	工作產出	行為指標	職能級別	職能內涵 （K=knowledge 知識）	職能內涵 （S=skills 技能）
圖的能力）		O1.1.4 機構組立圖（2D/3D） O1.1.5 機構組立零件表 O1.1.6 設計圖面輸出 O1.1.7 PDM 系統圖面存檔或更新 O1.1.8 設變訊息標注 O1.1.9 出圖 Bom 表 O1.1.10 木模圖 O1.1.11 鑄造圖 O1.1.12 刀具圖 O1.1.13 治具圖	P1.1.3 根據圖紙，正確的理解表面粗糙度、尺寸公差、幾何公差等。 P1.1.4 瞭解圖面與實際相關加工法、材料與表面塗裝之關係識別。		K03 CAD 製圖理論（含：用語、規格、功能、指令、運用、建模程序、圖檔資訊交換等）	S03 電氣線路圖的種類及用途（系統圖、回路圖、連接圖、配線圖等） S04 CAD 的活用技術 S05 CAD 的種類、構成 S06 2D 繪圖/識圖能力 S07 3D 繪圖/識圖能力 S08 數據互換的思路及互換方法 S09 關於 CAD 的技術動向等

▼表 1.3-1　工具機機械設計工程師職能基準（續）

主要職責	工作任務	工作產出	行為指標	職能級別	職能內涵（K=knowledge 知識）	職能內涵（S=skills 技能）
		O1.1.14 板金圖				
	T1.2 利用 CAD 進行製圖	O1.2.1 零部件圖 O1.2.2 零部件組裝圖 O1.2.3 零件加工圖 O1.2.4 機構組立圖（2D/3D） O1.2.5 機構組立零件表 O1.2.6 設計圖面輸出 O1.2.7 PDM 系統圖面存檔或更新 O1.2.8 設變訊息標注 O1.2.9 出圖 Bom 表	P1.2.1 利用三維 CAD，製作軸、長方體、殼狀物（薄殼構造物）等基本機械零部件的三維數據，在 CRT 及液晶等顯示裝置上適當的進行表示。 P1.2.2 探討各零部件能否如設計宗旨一般進行組裝，正確判斷適當與否。 P1.2.3 產品的組裝圖確切的進行三維表示。 P1.2.4 在 CAD 軟體，能正確的標註表面粗糙度、尺寸公差、幾何公差。	3	K01 圖紙種類（組裝圖、零部件組裝圖、零部件圖、詳細圖、工序圖等） K02 製圖規格 K03 CAD 製圖理論（含：用語、規格、功能、指令、運用、建模程序、圖檔資訊交換等） K06 電腦圖檔相關管理知識	S01 製圖用工具（電腦、規尺等）的使用方法 S02 各種投影法、視圖的種類及看圖方法 S03 電氣線路圖的種類及用途（系統圖、回路圖、連接圖、配線圖等） S04 CAD 的活用技術 S05 CAD 的種類、構成 S06 2D 繪圖/識圖能力 S07 3D 繪圖/識圖能力 S08 數據互換的思路及互換方法 S09 關於 CAD 的技術動向等

主要職責	工作任務	工作產出	行為指標	職能級別	職能內涵（K=knowledge 知識）	職能內涵（S=skills 技能）
		O1.2.10 木模圖 O1.2.11 鑄造圖 O1.2.12 刀具圖 O1.2.13 治具圖 O1.2.14 板金圖				
T2 機械元件的選定（根據用途選定齒輪、螺栓、軸、軸承等機械元件的能力）	T2.1 各機械元件的使用方法	O2.1.1 機械材料性質註明 O2.1.2 配合件公差表,參考之安全法規 O2.1.3 維修保養手冊修改 O2.1.4 滾珠螺桿、凸輪、螺栓、	P2.1.1 理解螺栓、軸、軸承、銷、鍵、彈簧、墊片等機械元件的種類和功能。 P2.1.2 把握滾珠螺桿、凸輪、螺栓及軸等機械元件的主要用途。 P2.1.3 掌握馬達、齒輪及軸承等機械元件的目錄查看方式，從目錄中正確讀取產品的特徵。 P2.1.4 正確理解公差配合的種類和尺寸公差的概念。 P2.1.5 正確理解表面粗糙度的概念。	4	K08 材料力學的知識 K09 機械元件（含：緊固件與扣件、軸及軸關聯、軸承與引導、動力傳導、液壓、氣壓、動力等元件）的種類、規格和功能的知識 K10 動力元件（含：馬達、線性馬達）的種類、規格和功能的知識 K11 線性傳動元件（含：滾珠螺桿、線軌）的種類、規格和功能的知識 K19 機械材料性質的知識	S10 元件選用計算能力 S16 工具機組立基本技能 S20 機械構造與組成能力 S21 機械設計能力 S22 機械元件運用能力 S23 智慧機電整合能力 S27 材料種類、特性及應用能力 S28 材料檢測能力 S29 公差訂定與誤差分析能力

▼表 1.3-1　工具機機械設計工程師職能基準（續）

主要職責	工作任務	工作產出	行為指標	職能級別	職能內涵（K=knowledge 知識）	職能內涵（S=skills 技能）
		軸..等元件選用計算書 O2.1.5 馬達轉速扭矩與功率計算書 O2.1.6 皮帶承載力計算書 O2.1.7 流體流量及損耗計算書 O2.1.8 材料安全係數及疲勞破壞計算書 O2.1.9 材料使用環境條件報告 O2.1.10 TS、CE 及 GB 安全規範採用說明			K20 機械材料的種類（各種鋼材、非鐵金屬） K21 材料特性和強度（應力、允許應力等） K22 材料價格動向與成本分析等 K23 公差配合與尺寸公差的知識 K24 表面粗糙度的知識 K25 安全規格與關聯法規	

主要職責	工作任務	工作產出	行為指標	職能級別	職能內涵（K=knowledge 知識）	職能內涵（S=skills 技能）
		O2.1.11 元件圖面輸出 O2.1.12 PDM 圖面存檔或更新 O2.1.13 出圖 Bom 表				
	T2.2 機械元件的選定	O2.2.1 機械材料性質註明 O2.2.2 配合件公差表,參考之安全法規 O2.2.3 維修保養手冊修改 O2.2.4 滾珠螺桿、凸輪、螺栓、軸..等元件選用計算書 O2.2.5 馬達轉速扭矩	P2.2.1 理解關於機械元件的允許應力及安全率的概念,正確進行計算。 P2.2.2 正確進行螺栓及齒輪等機械元件的強度計算。 P2.2.3 載荷方向和大小、最大、常用、最小載荷及其時間等,根據運轉條件正確的設定零部件的負荷條件。 P2.2.4 在軸系元件的選擇中,要在考慮到施加於軸的力及對軸的要求性能的基礎上,進行允許應力的計算等,以確切的選擇軸的形狀及材質。 P2.2.5 正確的進行選定強度、剛性、耐腐蝕性、壽命、允許動作頻率、尺寸公差、材質等機械元件所必需的技術計算和技術研究。 P2.2.6 選定的部品需充分考慮到加工、組裝、維修保養等。 P2.2.7 具備零件加工圖基本加工製程說明能力。	4	K08 材料力學的知識 K09 機械元件（含：緊固件與扣件、軸及軸關聯、軸承與引導、動力傳導、液壓、氣壓、動力等元件）的種類、規格和功能的知識 K10 動力元件（含：馬達、線性馬達）的種類、規格和功能的知識 K11 線性傳動元件（含：滾珠螺桿、線軌）的種類、規格和功能的知識 K19 機械材料性質的知識 K20 機械材料的種類（各種鋼材、非鐵金屬） K21 材料特性和強度（應力、允許應力等）	S17 機械元件規格確認 S24 設計及機構應用能力 S25 機械產品性能與元件系統設計 S26 設計準則及規範之應用能力 S27 材料種類、特性及應用能力 S28 材料檢測能力 S29 公差訂定與誤差分析能力 S30 電腦數據判讀能力

▼表 1.3-1　工具機機械設計工程師職能基準（續）

主要職責	工作任務	工作產出	行為指標	職能級別	職能內涵（K=knowledge 知識）	職能內涵（S=skills 技能）
		與功率計算書 O2.2.6 流體流量及損耗計算書 O2.2.7 材料安全係數及疲勞破壞計算書 O2.2.8 皮帶承載力計算書 O2.2.9 材料使用環境條件報告 O2.2.10 TS、CE 及 GB 安全規範採用說明 O2.2.11 元件圖面輸出 O2.2.12 PDM 圖面存檔或更新	P2.2.8 正確的掌握滾珠螺桿、聯軸器與馬達的選用與搭配。		K22 材料價格動向與成本分析等 K23 公差配合與尺寸公差的知識 K24 表面粗糙度的知識 K25 安全規格與關聯法規 K26 零件生產製程的知識（加工與後處理）	

主要職責	工作任務	工作產出	行為指標	職能級別	職能內涵（K=knowledge 知識）	職能內涵（S=skills 技能）
		O2.2.13 出圖 Bom 表				
T3 機構的設計（組件協同設計；組合各個機械元件，設計能夠進行各種各樣動作的機構的能力）	T3.1 配合資深工程師/主管設計符合目的的合適的機構	O3.1.1 機構圖拆圖-細部零件圖繪製 O3.1.2 出圖 Bom 表 O3.1.3 技術性計算值表 O3.1.4 機械材料性質表 O3.1.5 配合件公差表 O3.1.6 維修保養手冊修改 O3.1.7 製作問題彙總表	P3.1.1 總體理解機構設計所需的各種材料力學及機械力學的基礎。 P3.1.2 把握主要的機構種類與運動特性、具體的機構事例，了解其公差配合原理。 P3.1.3 利用電腦軟體，正確地完成慣性負荷、摩擦負荷、工作負荷等技術性計算，確切的選擇機械元件、機器的種類和型號。 P3.1.4 事前調查過去的設計實例及機構實例，盡可能加以利用，以減少浪費，高效率的進行設計，並搭配正確的物料並予以應用。 P3.1.5 大量的運用主管及資深工程師的建議，以及 CAD 與 CAE 等設計輔助工具，設計出滿足式規格性能的機構。 P3.1.6 積極參加學會以及公司內外的學習會等，努力獲取相關機構的最新技術動向及學術知識。 P3.1.7 理解現有加工製造的優先順序，按照正確的加工順序進行製程規劃。	4	K08 材料力學的知識 K19 機械材料性質的知識 K25 安全規格與關聯法規 K28 機械力學與機構學、機器動力學的知識 K29 主要機構的種類與運動特性（直線運動、旋轉運動、旋回、搖擺運動等）對上述加以運用的機構具體實例 K30 機構解析、運動解析的知識（幾何學、運動學、構件間的干涉、動力學的知識） K31 機械元件、機器知識 K32 機械元件、電氣、電子元件及機器（測量機器、控制機器、驅動機器等）、液壓、空壓機器 K33 技術的專利動向 K34 收集學會及各種技術性集會的知識 K35 馬達運用與控制器搭配的相關知識	S11 機構設計的展開方式 S12 機構設計所需的技術性計算法（慣性負荷、摩擦負荷、工作負荷、所需扭矩、推力等） S13 設計實務的輔助工具運用竅門（CAD 與 CAE 活用技術、創造性的設計輔助工具-TRIZ 發明問題的解決理論、假想演習法等思考方法） S14 報告書的樣式及製作方法 S18 機構構造分析與運動分析技術

▼表 1.3-1　工具機機械設計工程師職能基準（續）

主要職責	工作任務	工作產出	行為指標	職能級別	職能內涵（K=knowledge 知識）	職能內涵（S=skills 技能）
		O3.1.8 運動件加減速計算書 O3.1.9 運動件干涉圖 O3.1.10 零件及破壞分析報告 O3.1.11 相關技術專利收集表 O3.1.12 TS、CE 及 GB 安全規範收集				
	T3.2 配合資深工程師/主管設計機構的性能、壽命	O3.2.1 機構圖拆圖-細部零件圖繪製 O3.2.2 出圖 Bom 表 O3.2.3 技術性計算值表	P3.2.1 理解現有的解析手法，按照確定的步驟正確的進行各項解析。 P3.2.2 製作試作品，進行標準品試驗，接受主管等的建議，切實的判斷設計中存在的問題點。	4	K08 材料力學的知識 K19 機械材料性質的知識 K25 安全規格與關聯法規 K28 機力學與機構學、機器動力學的知識 K29 主要機構的種類與運動特性（直線運動、旋轉運動、旋回、搖擺運動等）對上述加以運用的機構具體實例	S11 機構設計的展開方式 S12 機構設計所需的技術性計算法（慣性負荷、摩擦負荷、工作負荷、所需扭矩、推力等） S13 設計實務的輔助工具運用竅門（CAD 與 CAE 活用技術、創造性的設計輔助工具-TRIZ 發明問題的解決理論、假想演習法等思考方法）

主要職責	工作任務	工作產出	行為指標	職能級別	職能內涵（K=knowledge 知識）	職能內涵（S=skills 技能）
		O3.2.4 機械材料性質表 O3.2.5 配合件公差表 O3.2.6 維修保養手冊修改 O3.2.7 製作問題彙總表 O3.2.8 運動件加減速計算書 O3.2.9 運動件干涉圖 O3.2.10 零件及破壞分析報告 O3.2.11 相關技術專利收集表 O3.2.12 TS、CE 及			K30 機構解析、運動解析的知識（幾何學、運動學、構件間的干涉、動力學的知識） K31 機械元件、機器知識 K32 機械元件、電氣、電子元件及機器（測量機器、控制機器、驅動機器等）、液壓、空壓機器 K33 技術的專利動向 K34 收集學會及各種技術性集會的知識 K35 馬達選用與控制器搭配的相關知識	S14 報告書的樣式及製作方法 S19 機構的性能與壽命測試技術

▼表 1.3-1　工具機機械設計工程師職能基準（續）

主要職責	工作任務	工作產出	行為指標	職能級別	職能內涵（K=knowledge 知識）	職能內涵（S=skills 技能）
		GB 安全規範收集				
T4 外觀護罩的設計（組合機械元件與機構，設計機械的構造及外觀板金的能力）	T4.1 配合資深工程師/主管獲取與維持材料特性、材料力學等相關的知識	O4.1.1 整機護罩圖拆圖-細部零件圖繪製 O4.1.2 出圖 Bom 表 O4.1.3 技術性計算值表 O4.1.4 相關技術專利收集表 O4.1.5 機械材料性質表 O4.1.6 護罩和配合件示意圖 O4.1.7 維修保養手冊修改	P4.1.1 總體理解各種外部裝飾、構造設計所需的材料力學與機械力學的基礎。 P4.1.2 對於所負責的產品，應掌握其他公司的電氣、電子機器的外觀板金與構造等的設計實例。 P4.1.3 積極參加學會以及公司內外的學習會等，努力獲取相關機構的最新技術動向及學術知識。 P1.1.4 了解外觀護罩與工具機的搭配需求與美學	4	K08 材料力學的知識 K19 機械材料性質的知識 K25 安全規格與關聯法規 K31 機械元件、機器知識 K32 機械元件、電氣、電子元件及機器（測量機器、控制機器、驅動機器等）、液壓、空壓機器 K33 技術的專利動向 K36 機械力學、構造學及機械振動學的知識 K37 最新的機器構造、美學創意、包裝材料、設計等動向的知識 K38 護罩製造的流程與加工法的基本知識	S13 設計實務的輔助工具運用竅門（CAD 與 CAE 活用技術、創造性的設計輔助工具-TRIZ 發明問題的解決理論、假想演習法等思考方法） S14 報告書的樣式及製作方法 S15 強度設計、評價等所需的經驗性及實驗性知識（破壞法則等）

主要職責	工作任務	工作產出	行為指標	職能級別	職能內涵（K=knowledge 知識）	職能內涵（S=skills 技能）
		O4.1.8 製作問題彙總表 O4.1.9 護罩受力強度分析 O4.1.10 護罩製造流程表 O4.1.11 護罩組裝流程表 O4.1.12 TS、CE 及 GB 安全規範				
	T4.2 構造設計、解析	O4.2.1 整機護罩圖拆圖-細部零件圖繪製 O4.2.2 出圖 Bom 表	P4.2.1 事前調查過去的設計實例，盡可能加以利用，以減少浪費，高效率的進行設計。 P4.2.2 大量的運用主管及前輩的建議，以及 CAD 與 CAE 等設計輔助工具，進行材料選定及構造解析、強度解析等，整體設計滿足規格要求性能的外部裝飾、構造。 P4.2.3 了解外觀護罩與工具機組裝後設備維護的需求	4	K08 材料力學的知識 K19 機械材料性質的知識 K25 安全規格與關聯法規 K31 機械元件、機器知識 K32 機械元件、電氣、電子元件及機器（測量機器、控制機器、驅動機器等）、液壓、空壓機器 K33 技術的專利動向	S13 設計實務的輔助工具運用竅門（CAD 與 CAE 活用技術、創造性的設計輔助工具-TRIZ 發明問題的解決理論、假想演習法等思考方法） S14 報告書的樣式及製作方法 S15 強度設計、評價等所需的經

▼表 1.3-1　工具機機械設計工程師職能基準（續）

主要職責	工作任務	工作產出	行為指標	職能級別	職能內涵（K=knowledge 知識）	職能內涵（S=skills 技能）
		O4.2.3 技術性計算值表 O4.2.4 相關技術專利收集表 O4.2.5 機械材料性質表 O4.2.6 護罩和配合件示意圖 O4.2.7 維修保養手冊修改 O4.2.8 製作問題彙總表 O4.2.9 護罩受力強度分析 O4.2.10 護罩製造流程表			K36 機械力學、構造學及機械振動學的知識 K37 最新的機器構造、美學創意、包裝材料、設計等動向的知識 K38 護罩製造的流程與加工法的基本知識	驗性及實驗性知識（破壞法則等）

主要職責	工作任務	工作產出	行為指標	職能級別	職能內涵（K=knowledge 知識）	職能內涵（S=skills 技能）
		O4.2.11 護罩組裝流程表 O4.2.12 TS、CE 及 GB 安全規範				
	T.4.3 應力應變、疲勞測試的評價	O4.3.1 整機護罩拆圖-細部零件圖繪製 O4.3.2 出圖 Bom 表 O4.3.3 技術性計算值表 O4.3.4 相關技術專利收集表 O4.3.5 機械材料性質表	P4.3.1 理解現有的解析手法，按照確定的步驟正確的進行各項解析。 P4.3.2 在進行 CAE 解析前，探討在材料力學上的可行性，然後根據二者的結果評價解析結果。 P4.3.3 製作試作品，進行標準品試驗，接受主管等的建議，切實的判斷設計中存在的問題點。	4	K08 材料力學的知識 K19 機械材料性質的知識 K25 安全規格與關聯法規 K31 機械元件、機器知識 K32 機械元件、電氣、電子元件及機器（測量機器、控制機器、驅動機器等）、液壓、空壓機器 K33 技術的專利動向 K36 機械力學、構造學及機械振動學的知識 K37 最新的機器構造、美學創意、包裝材料、設計等動向的知識 K38 護罩製造的流程與加工法的基本知識	S13 設計實務的輔助工具運用竅門（CAD 與 CAE 活用技術、創造性的設計輔助工具-TRIZ 發明問題的解決理論、假想演習法等思考方法） S14 報告書的樣式及製作方法 S15 強度設計、評價等所需的經驗性及實驗性知識（破壞法則等） S31 外觀護罩與工具機組裝後洩漏測試技術

▼表 1.3-1　工具機機械設計工程師職能基準（續）

主要職責	工作任務	工作產出	行為指標	職能級別	職能內涵（K=knowledge 知識）	職能內涵（S=skills 技能）
		O4.3.6 護罩和配合件示意圖				
		O4.3.7 維修保養手冊修改				
		O4.3.8 製作問題彙總表				
		O4.3.9 護罩受力強度分析				
		O4.3.10 護罩製造流程表				
		O4.3.11 護罩組裝流程表				
		O4.3.12 TS、CE 及 GB 安全規範				

職能內涵（A=attitude 態度）
A01 團隊合作、A02 主動積極、A03 溝通、A04 創新

說明與補充事項

- **建議擔任此職類/職業之學歷/經歷/或能力條件：**
  - 機械/機電工程相關科系畢業。
  - 機械領域相關工作經驗 3 年以下。
  - 曾受過機械工程職訓教育者。

工程圖學概論

　　機械工程師經過一連串的規劃、計算與設計工作，最終心血產出即是圖面與圖說。所有的規格與工程要求，透過製圖規範與準則，轉化成為一張張的圖面與圖說 - 工程圖，並依據工程圖進行後續的製造生產。

　　因此要如何製作出一張讓所有機械產業內作業人員都能了解的圖面，且據此圖面生產製造出與圖面相同的產品，就是機械製圖所擔當的唯一角色。

　　機械製圖對機械產業的重要性在於：

　　圖面與圖說，是機械產業所有流程中，溝通傳遞的唯一資訊。

　　圖面與圖說，直接決定了產品的成本、品質與交期。

2.1 工程圖的重要性與意義

　　工程圖是工程界傳遞構思和交換知識的工具，也是工程人員的溝通語言。圖面是藉由投影幾何原理，將物體作適當比例的圖形表達，以供工程生產製造。所以，工程圖是工業之根本，是工程作業的開始，必須遵循國家或國際的製圖規範標準，按適當的投影和比例繪製圖形，並標註必要的尺度、符號與註解，才能達成完美正確的工程圖，如圖 2.1-1 所示。

　　學習製圖之目的即為識圖與製圖。從圖形中，能迅速且正確的瞭解他人所要表達的思想及意念，稱之為讀圖。使自己能夠依照標準的繪圖程序及表達方法，將思想及意念轉變為圖形語言，稱之為製圖。圖面的基本構成要素包括線條與字法；以線條來表示物體之稜線、面、輪廓及形狀，或為對稱中心軸、隱藏線、尺度標註線及指線等。字法是指在圖形中加註數字、文字、符號或註解說明，用以完整表達圖面的意義。製圖之要求首重圖面之正確性，乃是追求工業技術的真確。圖面的迅速完成，在爭取生產時間的契機，乃是追求工業技術的完善。圖面的整齊、清晰，乃是要求技術的傳承與溝通，達到盡善盡美。所以製圖的三大原則是正確，迅速與清楚，技術目標上要求真善美。

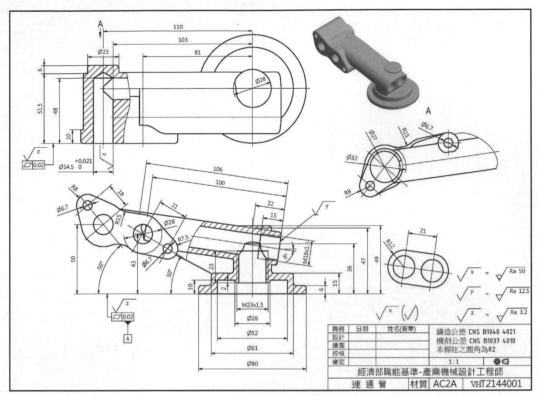

▲圖 2.1-1　工程圖

　　從製圖的歷史演進中，最早的方法是徒手畫，以鉛筆、橡皮擦爲用具，主要爲設計草圖，講求圖形的簡明、正確與迅速，亦需依製圖標準規範繪圖，以方便辨識，如圖 2.1-2 所示。

　　進而使用自動鉛筆、針筆、三角板、圓規、模板等製圖儀器，按比例大小及製圖標準規範的繪圖方法，講求正確性、精準度與美觀，統稱爲儀器畫。

　　進步到現在的電腦輔助繪圖 (Computer-aided drawing)，簡稱 CAD，是使用電腦硬體設備及繪圖軟體來輔助繪圖，需依製圖的標準繪製，以精確、快速、管理、易於修改及多量印製爲訴求，如圖 2.1-3 所示。

　　製圖的基本方法可分爲徒手畫、儀器畫與電腦繪圖。目前機械產業主要是以電腦繪圖的方式來進行繪製工程圖，已淘汰傳統的徒手畫和儀器畫方式。但徒手畫有時在加工現場，需臨時作零件繪製時，偶爾也會採用到，等確定零件可正式生產，就直接以電腦繪圖繪製零件圖。

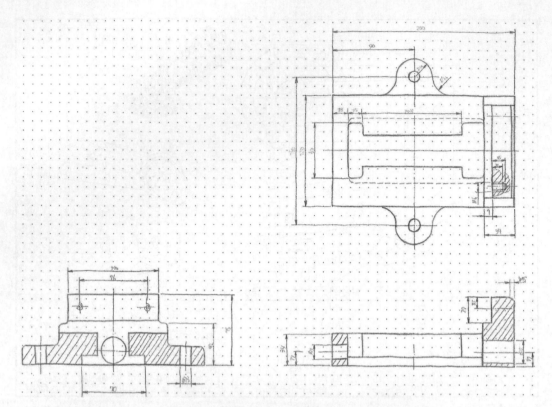

▲圖 2.1-2 徒手畫

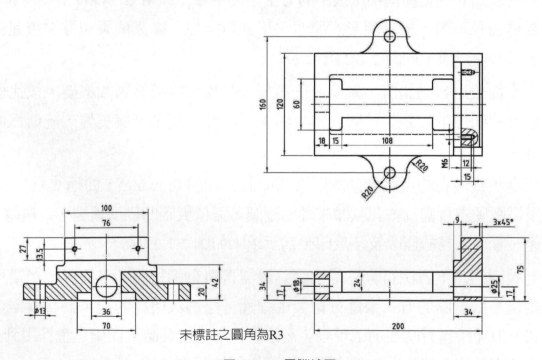

未標註之圓角為R3

▲圖 2.1-3 電腦繪圖

2.2 工程圖的種類、規範、CNS 標準

1. 工程圖依內容分類，通常可分爲：

    (1) 零件圖：表示單一零件之圖面，並有標註尺度、公差配合、表面織構符號、材料等事項，常爲現場生產用之工作圖，如圖 2.2-1 所示。

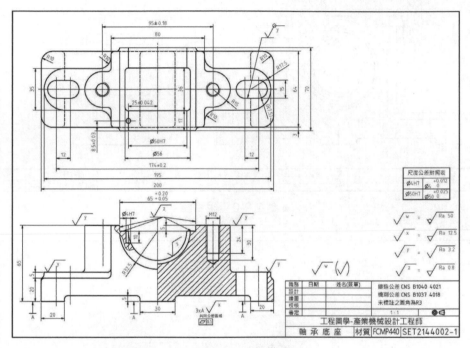

▲圖 2.2-1　零件圖

    (2) 組合圖：爲機械組合完成後之平面圖，用來表示各機件裝配之相關位置，並標示件號及最大尺度、安裝尺度，亦稱裝配圖，如圖 2.2-2 所示。

    (3) 局部放大視圖：將機件或機構某部分的輪廓外形，以放大數倍比例畫出之詳細結構圖。

    (4) 流程圖：爲表示製作加工進行過程之製作圖，或表示製造工程之系統圖。

    (5) 管路圖：爲表示輸送各種流體之管路及配件種類、大小、位置之圖面，如圖 2.2-3 所示。

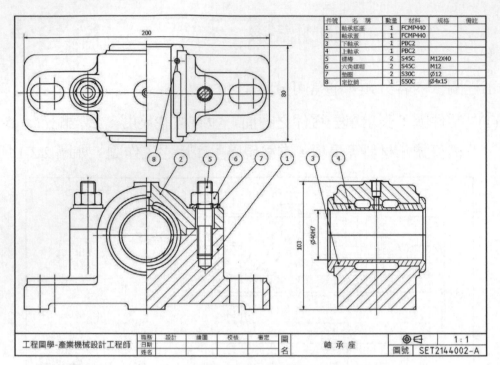

▲圖 2.2-2　組合圖

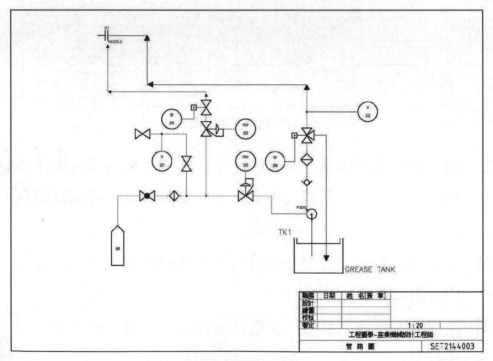

▲圖 2.2-3　管路圖

(6) 安裝圖：表示機械與設備安裝，所需空間與位置關係之圖面。

(7) 配置圖：表示工廠內，有關機械、電器等設備之排列位置圖面。或是如電氣箱內所有元件的排列位置圖面，如圖 2.2-4 所示。

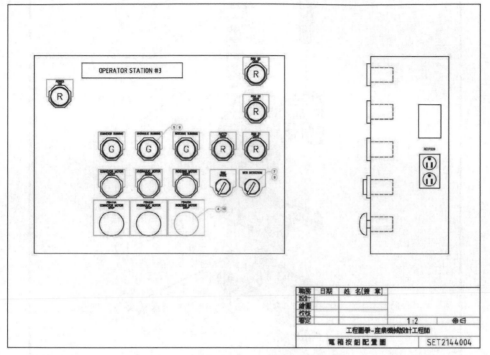

▲圖 2.2-4　配置圖

(8) 外形圖：表示構造物或機械外形，並標示最大尺度或安裝尺度之圖面，作為產品外觀與規格之介紹。

(9) 立體系統圖：表示機械零件分解後之相對位置立體圖，以裝配線連貫之，又稱爆炸圖，常用於組合或拆卸之維修參考，如圖 2.2-5 所示。

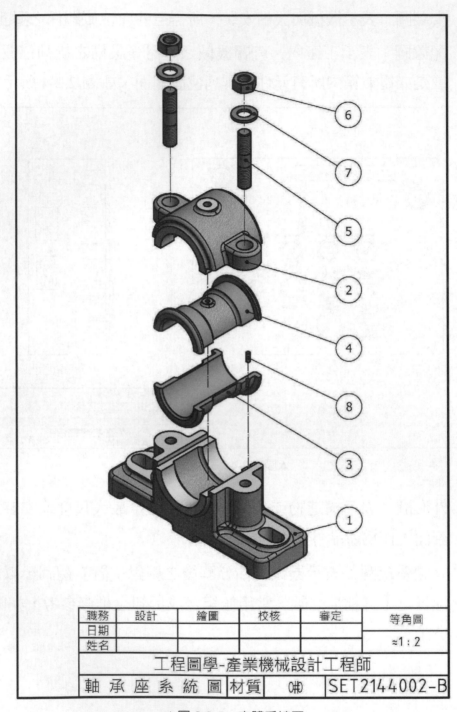

職務	設計	繪圖	校核	審定	等角圖
日期					≈1：2
姓名					

工程圖學-產業機械設計工程師

| 軸　承　座　系　統　圖 | 材質 | ⑪ | SET2144002-B |

▲圖 2.2-5　立體系統圖

(10) 立體組合圖：表示機械零件組合後之相對位置立體圖，常以立體剖切方式來表達內部結構，用於組合結構說明，如圖 2.2-6 所示。

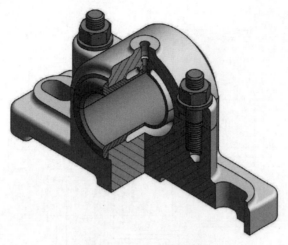

▲圖 2.2-6　立體組合圖

(11) 油路圖：表示油路系統各零件組合後之相對位置關係圖，常以各電磁閥的作動來說明油路的控制與功能，如圖 2.2-7 所示。

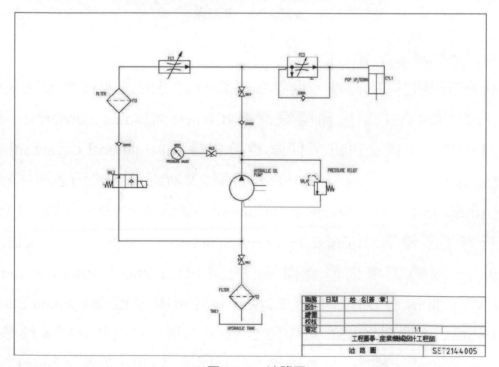

▲圖 2.2-7　油路圖

(12) 電路圖：表示電路系統各零件組合後之相對位置關係圖，常以各
PLC-I/O 的作動來說明電路的控制與功能，如圖 2.2-8 所示。

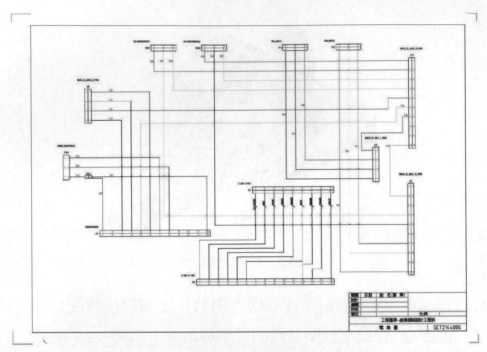

▲圖 2.2-8　電路圖

2.　世界各國國家標準

有關工程製圖的標準，世界各國都有自己的國家標準，我國的國
家標準即為中華民國國家標準 (Chinese National Standards)，簡稱
為 CNS，如圖 2.2-9(a)。國際標準組織 (International Organization for
Standardization)，簡稱為 ISO，如圖 2.2-9(b)。美國國家標準學會
(American National Standards Institute)，簡稱為 ANSI，如圖 2.2-9(c)。
日本工業標準 (Japanese Industrial Standards)，簡稱為 JIS，如圖 2.2-
9(d)。德國標準化學會標準 (德語：Deutsches Institut für Normung
e.V.)，簡稱為 DIN，如圖 2.2-9(e)。英國國家標準 (Britain Standard
Institute)，簡稱為 BSI，如圖 2.2-9(f)。中華人民共和國國家標準即是
中國大陸國家標準，簡稱國標，代號簡稱為 GB，如圖 2.2-9(g)。尚有
其他國家標準及簡稱，不再累述。

(a)中華民國國家標準(CNS)

(b)國際標準組織(ISO)

(c)美國國家標準學會(ANSI)

(d)日本工業標準(JIS)

(e)德國標準化學會標準(DIN)

(f)英國國家標準(BSI)

(g)中華人民共和國國家標準(中國大陸國家標準)(GB)

▲圖 2.2-9 各國國家標準

CNS 工程製圖標準編號類別如下：

(1) 3，B1001：工程製圖 (一般準則)

(2) 3-1，B1001-1：工程製圖 (尺度標註)

(3) 3-2，B1001-2：工程製圖 (機械元件習用表示法)

(4) 3-3，B1001-3：工程製圖 (表面織構符號)

(5) 3-4，B1001-4：工程製圖 (幾何公差)

(6) 3-5，B1001-5：工程製圖 (鉚接符號)

(7)　3-6，B1001-6：工程製圖 (銲接符號表示法)

(8)　3-7，B1001-7：工程製圖 (鋼架結構圖)

(9)　3-8，B1001-8：工程製圖 (管路製圖)

(10)　3-9，B1001-9：工程製圖 (油壓系氣壓系製圖符號)

(11)　3-10，B1001-10：工程製圖 (電機電子製圖符號)

(12)　3-11，B1001-11：工程製圖 (圖表畫法)

(13)　3-12，B1001-12：工程製圖 (幾何公差 - 最大實體原理)

(14)　3-13，B1001-13：工程製圖 (幾何公差 - 位置度公差之標註)

(15)　3-14，B1001-14：工程製圖 (幾何公差 - 基準及基準系統之標註)

(16)　3-15，B1001-15：工程製圖 (幾何公差 - 符號之比例及尺度)

(17)　3-16，B1001-16：工程製圖 (幾何公差 - 檢測原理及方法)

(18)　4-1，B1002-1：極限與配合 (公差和偏差制度)

(19)　4-2，B1002-2：極限與配合 (一般工件之檢測)

(20)　4018，B1037：一般許可差 (機械切削)

在工程製圖領域中，除了必須瞭解製圖標準的一般準則、尺度標註、習用表示法、表面織構符號、公差配合、幾何公差外，也要學習銲接符號、管路製圖、油氣壓符號及電機電子製圖符號等，在機械產業界所用到的相關知識，才不會只局限在單一領域的製圖能力，該有跨領域的發展，方可達到機電整合、自動化工程的實力。

3.　CNS 工程製圖的一般規範：

(1)　長度單位以公制為主，公厘 (毫米，mm) 為基本單位。

(2)　圖紙分 A 系列與 B 系列兩種，CNS 規定工程用圖紙為 A 系列。圖紙寬與長之比為 $1：\sqrt{2}$ (長邊為短邊的 $\sqrt{2}$ 倍)，如圖 2.2-10 所示。

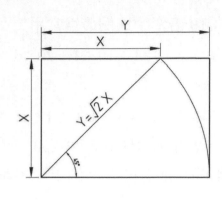 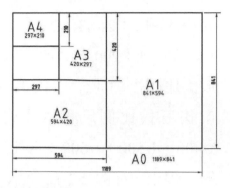

▲圖 2.2-10　CNS 工程製圖規範

▼表 2.2-1　A 系列和 B 系列圖紙大小尺度 (單位：mm)

列別　編號	A0	A1	A2	A3	A4
A 列尺度	1189×841	841×594	594×420	420×297	297×210
列別　編號	B0	B1	B2	B3	B4
B 列尺度	456×1030	1030×728	728×515	515×364	364×257

(3) 圖面的大小規範，以圖紙需裝訂成冊時，左邊的圖框應離紙邊為 25 mm 為裝訂邊，其餘三邊的尺度，則 A0 ～ A2 為 15 mm，A3 ～ A4 為 10 mm，以粗實線 (0.5 mm 或 0.7 mm) 畫出，如圖 2.2-11 所示。

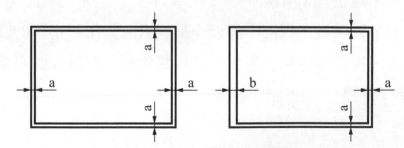

▲圖 2.2-11　圖面的大小規範

▼表 2.2-2　邊界定位尺度 (單位：mm)

紙張格式	A0	A1	A2	A3	A4
a(最小)	15	15	15	10	10
b(最小)	25	25	25	25	25

(4) CNS 標準常用之比例，以 2；5；10 倍率的比例最為常用。

縮小比例 1：2； 1：2.5； 1：4； 1：5； 1：10；1：20；1：50；

1：100；1：200；1：500；1：1000。

放大比例 2：1；5：1；10：1；20：1；50：1；100：1。

市售三稜比例尺有六種比例，規格為：1/100，1/200，1/300，

1/400，1/500，1/600，常作為量測圖面的尺度比例用，不可作為

畫直線用，如圖 2.2-12 所示。

三稜尺橫斷面

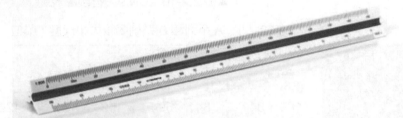

▲圖 2.2-12　三稜比例尺

(5) 公差單位常使用 μm(微米，Micrometre)，1000 μm = 1 mm。

量測單位常使用～條 (大陸用語 (絲)) = 0.01 mm = 10 μm。

(6) 標題欄是工程圖的身份證，繪製於圖面的右下角，其內容包含圖
名、圖號、公司或機關名稱、人員簽章及日期、比例、投影法 (第
一角法或第三角法，亦可用投影符號或表示)、一般公差或註解說
明，如圖 2.2-13 所示。

現大多數機械工程圖，都以一張圖紙放置單一零件的圖面，所以
為了使標題欄也能呈現零件的相關資料，建議在圖名欄位右側加
入「材料欄」，如圖 2.2-14。

職 務	日 期	姓 名(簽 章)		
設 計			(一般公差或註解說明)	
繪 圖				
校 核				
審 定		比例 1：1	◎◁	
(公 司 或 機 關 名 稱)				
(圖 名)			(圖 號)	

▲圖 2.2-13　標題欄

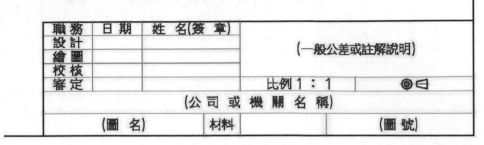

▲圖 2.2-14　單一件標題欄

(7) 因應電腦化圖檔管理的更加縝密與科技數位化,圖框上的圖號也開始被採以電子標籤化,以直接傳遞管理圖檔之取用與儲存,如圖 2.2-15 所示。

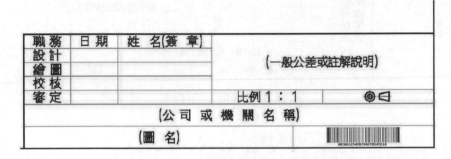

▲圖 2.2-15　電子標籤化標題欄

(8) 在機械產業的工程圖中,零件表是很重要且必須的,用於表示各零件在一機構中的件號、名稱、件數、材料、規格及備註欄,放置在圖框內的右上角,或在右下角的標題欄上方。在右上角的零件表件號排列順序是由上至下,在右下角的零件表件號排列順序是由下至上,如圖 2.2-16 所示。若組合圖的零件件數太多,零件表無法與組合圖同時放置於一張圖紙,可用單頁的零件表呈列,件號順序必須由上而下排列,如圖 2.2-17 所示。

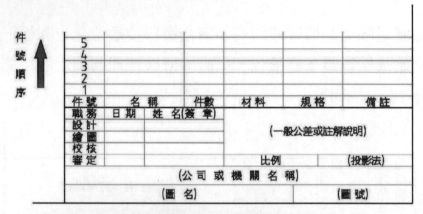

件號順序 ↓

件號	名 稱	件數	材料	規格	備註
1					
2					
3					
4					
5					

件號順序 ↑

5					
4					
3					
2					
1					
件號	名 稱	件數	材料	規格	備註

職 務	日 期	姓 名(簽 章)		
設 計			(一般公差或註解說明)	
繪 圖				
校 核				
審 定			比例	(投影法)
(公 司 或 機 關 名 稱)				
(圖 名)			(圖 號)	

▲圖 2.2-16　零件表

(機構組合圖名稱)				圖 號		
件號	名 稱	數量	材 料	尺 度	圖 號	備 註
1						
2						
3						
4						
5						
6						
7						
8						
9						
10						
11						
12						
13						
14						
15						
16						
17						
18						
19						
20						
21						
22						
23						
24						
25						
26						
27						
28						
29						
30						
31						
(公司，機關，學校名稱)						

▲圖 2.2-17　單頁零件表

(9) 更改欄，主要是針對已發出之圖面需做修改時，在圖面上列表記載，以便日後查核之用。大多繪製於圖紙的左下角或標題欄左邊。內容包含：記號、更改項目、姓名、及日期，如圖 2.2-18 所示。但在電腦化圖檔管理中，修改記號的次數常無法代表修改後的圖面能完全互通共用，因此修改記號的次號碼已逐漸被編入圖號中被管理。

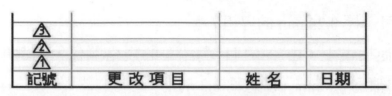

▲圖 2.2-18　標題欄更改表

 # 2.3 線條與字法

圖面的基本構成要素包括線條與字法。製圖以線條來表示物體之稜線、面、輪廓及形狀，或為對稱中心軸及尺度標註線；並在圖形中加註數字、符號或註解說明，用以完整表達圖面的意義。

因此依照 CNS 製圖的標準規範要求，繪製讓機械產業作業人員都能了解的圖面，且依據此圖面生產製造與圖面相同的產品，就是機械製圖最基本的通則與要求。

1. 線條的粗細

根據 CNS 3，B1001 工程製圖 (一般準則) 之規定，也是依國際標準組織的訂定：

粗線的線粗為中線的 $\sqrt{2}$ 倍；中線的線粗為細線的 2 倍。

線條粗細配合建議如表 2.3-1 所示：

▼表 2.3-1　建議線條粗細配合 (單位：mm)

粗	1	0.8	0.7	0.6	0.5	0.35
中	0.7	0.6	0.5	0.4	0.35	0.25
細	0.35	0.3	0.25	0.2	0.18	0.13

在機械產業工程圖的線條粗細，常使用粗線為 0.5 mm，中線為 0.35 mm，細線為 0.18 mm。有時會考慮 0.18 mm 太細，在印刷列印上不清楚，則可選擇 0.25 mm 的線粗。

在鉛筆徒手畫上，由於市售自動鉛筆的規格關係，則選用粗線為 0.7 mm，中線為 0.5 mm，細線為 0.3 mm。

CNS 3，B1001 工程製圖 (一般準則) 之規定各種線型之粗細如表 2.3-2，參考線型圖如圖 2.3-1 所示：

▼表 2.3-2　參考線型圖

種類	式樣	線寬	畫法	用途
實線	A ————	粗	連續線	可見輪廓線、圖框線、移轉剖面的輪廓線
	B ————	細	連續線	尺度線、尺度界線、指線、剖面線、因圓角而消失之稜線、旋轉剖面的輪廓線、作圖線、折線、投影線、水平面等
	C 〜〜〜		不規則連續線 (徒手畫)	折斷線
	D ——√——√——		兩相對銳角高約為字高 (3 mm)，間隔約為字高 6 倍 (18 mm)	長折斷線
虛線	E － － － － －	中	線段長約為字高 (3 mm)，間隔約為線段之 1/3(1 mm)	隱藏線 (不可見輪廓線)

▼表 2.3-2　參考線型圖 (續)

種類	式樣	線寬	畫法	用途
鏈線	F	細	空白之間格約為 1mm，兩間隔中之小線段長約為空白間隔之半 (0.5 mm)	中心線、節線、基準線等
	G	粗		表面處理範圍
	H	粗、細	與式樣 F 相同，但兩端及轉角之線段為粗，其餘為細，兩端粗線最長為字高 2.5 倍 (7.5 mm)，轉角粗線最長為字高 1.5 倍 (4.5 mm)	割面線
	J	細	空白之間格約為 1mm，兩間隔中之小線段長約為空白間隔之半 (0.5 mm)	假想線

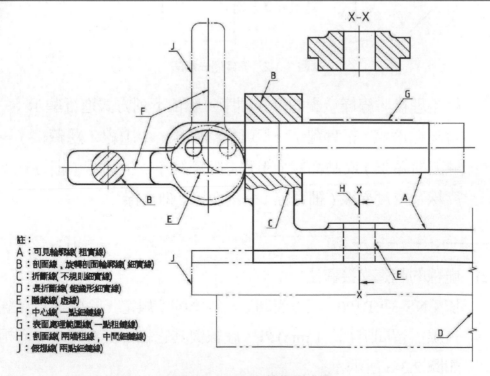

註：
A：可見輪廓線(粗實線)
B：剖面線，旋轉剖面輪廓線(細實線)
C：折斷線(不規則細實線)
D：長折斷線(鋸齒形細實線)
E：隱藏線(虛線)
F：中心線(一點細鏈線)
G：表面處理範圍線(一點粗鏈線)
H：割面線(兩端粗線，中間細鏈線)
J：假想線(兩點細鏈線)

▲圖 2.3-1　CNS 線條型式圖

2. 線條的畫法

(1) 線條之優先次序

當工程圖的視圖中，有不同線條發生交錯重疊之情況，如輪廓線與其他線條重疊時，則一律畫輪廓線；如隱藏線與中心線重疊時，則畫隱藏線。所以線條重疊時，皆以粗者為優先，遇粗細相同時，則以重要者為優先，如圖 2.3-2 所示。

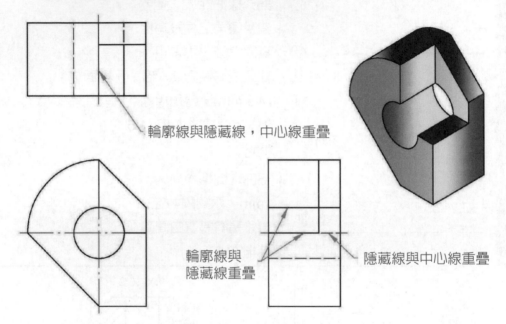

▲圖 2.3-2　線條優先順序

經整理後，線條重疊的優先順序，應依下列方式進行顯示：
可見輪廓線 (粗實線) →不可見輪廓線 (中虛線，隱藏線) →中心線 (細鏈線) 或割面線 (粗實 - 細鏈線) →折斷線 (細實線) →尺度線及尺度界線 (細實線) →剖面線 (細實線)。

(2) 虛線的起迄交接畫法

依 CNS 3，B1001 工程製圖 (一般準則) 規定，除虛線為實線的延長線需留間隙 (約 1 mm) 外，虛線與其它線條交會時，均需相交，如圖 2.3-3 所示。

依圖 2.3-3 各項圖示正確與否之說明：

A、K 圖示：虛線與實線垂直或傾斜非延長，必須相交。

B、C、F、G 圖示：虛線與虛線相接連時，必須相交。

D、E、I 圖示：虛線為實線的延長端時，必須留空隙，不得相交。

H、L 圖示：圓弧為虛線時，虛線起迄處為圓弧兩端點，亦圓弧相
切處不宜過長。

J 圖示：兩相近且平行之虛線，線型需交錯不對齊。

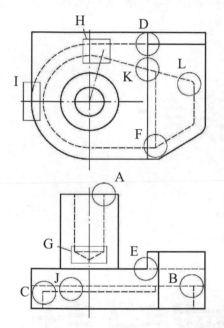

正確	錯誤		正確	錯誤	
		A			G
		B			H
		C			I
		D			J
		E			K
		F			L

▲圖 2.3-3　虛線起迄

3. 字法的粗細

根據 CNS 3，B1001 工程製圖 (一般準則) 之字法規定：工程圖上所使
用之字體，以書寫等線體為主，力求端正劃一的工程字體，一律由左
至右橫向書寫。初次練寫工程字等線體時，宜打好方格，排列整齊，
大小一致，並避免字與字相接觸。

書寫等線體字的要領有：

(1) 橫平豎直—平橫筆劃由左至右橫寫，保持水平；直豎筆劃由上至
下垂直書寫。

(2) 填滿方格─文字應充滿整個方格，筆劃不可超出格線，使字體大小能一致。

(3) 排列勻整─中文字各部的排列比例要均勻，不可頭重腳輕，或左右不平衡。

(4) 筆劃均勻─每一筆劃應單筆書寫，粗細一致。

中文字的字形分為方形、長形、寬形三種，方形的字寬等於字高，長形的字寬為字高的 $\frac{3}{4}$，寬形的字寬為字高的 $\frac{4}{3}$，筆畫粗細約為字高的 $\frac{1}{15}$，如圖 2.3-4 所示。

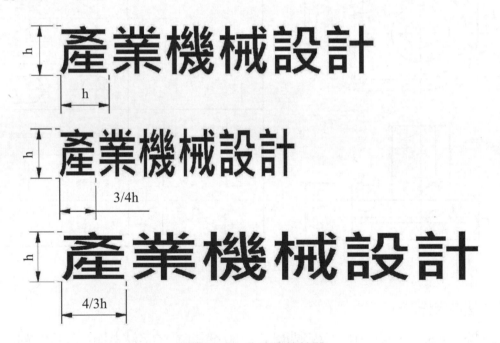

▲圖 2.3-4　中文字等線體

拉丁字母與阿拉伯數字的字形分為直式和斜式兩種，斜式的傾斜角度約為 75°，筆畫粗細約為字高的 $\frac{1}{10}$，行與行之間隔約為字高的 $\frac{2}{3}$，如圖 2.3-5 所示。一般圖面上，拉丁字母都用大寫書寫，而小寫拉丁字母只限用在特定的符號或縮寫上。

字高=7mm
字高=5mm
字高=3.5mm
字高=3mm
字高=2.5mm

▲圖 2.3-5　全行拉丁阿伯字等線體

此標準規定之最小字高與換算筆畫粗細即如表 2.3-3：

▼表 2.3-3　最小字高換算筆畫粗細

應用	圖紙	中文字		拉丁字母與阿拉伯數字	
		最小字高	筆畫粗細	最小字高	筆畫粗細
標題圖號	A0、A1	7	>0.47 → **0.5**	7	～ 0.7 → **0.7**
	A2 ～ A4	5	>0.33 → **0.35**	5	～ 0.5 → **0.5**
尺度註解	A0、A1	5	>0.33 → **0.35**	3.5	～ 0.35 → **0.35**
	A2 ～ A4	3.5	>0.23 → **0.25**	2.5	～ 0.25 → **0.25**

4. 畫線順序與繪圖步驟

畫線運筆時，鉛筆應向畫線的方向傾斜，並與紙面約成 60°，稍略轉動鉛筆，使線條粗細能均勻，且濃黑紮實。畫水平線時，運筆方向應由左至右劃，如圖 2.3-6 所示；畫垂直線時，運筆方向應由下而上劃，如圖 2.3-7 所示；畫傾斜線時，運筆方向應由左下至右上或左上至右下劃。畫圓弧時，以姆指與食指執持圓規柄頭，針腳插入中心點，筆腳以順時鐘方向畫出圓弧，如圖 2.3-8 所示。

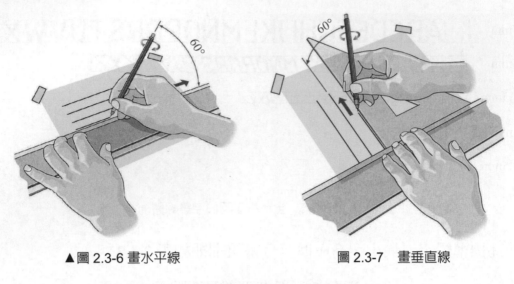

▲圖 2.3-6 畫水平線　　　　　　　　　圖 2.3-7　畫垂直線

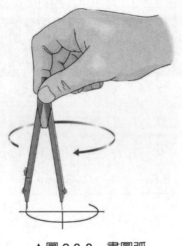

▲圖 2.3-8　畫圓弧

　　一般畫圖時，都是先從打底稿作圖線開始，作圖線宜細而淡，不可太濃黑，是作為線條加深畫黑的引導，便於最後完成圖面時將其擦拭。

▼表 2.3-4　一般繪圖步驟與畫線順序

繪圖步驟	畫線順序
1. 鉛筆作圖	中心線 →輪廓線 →隱藏線
2. 鉛筆加深或線條上墨	規則由實線 →虛線 →細線 小圓 (弧) →大圓 (弧) →曲線→水平線 (由上至下) →垂直線 (由左至右) →傾斜線
3. 標註尺度	尺度界線→尺度線→箭頭→符號→數字→註解
4. 完成其他線條	中心線 →剖面線
5. 填寫標題欄	等線體工程字

2.4 應用幾何

1. 基本幾何圖形

製圖的圖面表現，就是以平面的繪製方式，來表達各種形狀輪廓的幾何 (geometry)，例如平面圖，立面圖，立體圖…等等。而幾何形狀的基本要素包括點、線、面、體和角度。無限多個點沿著一固定方向排列，就形成直線；圓是無限多個點與一定點保持一定距離排列的圖形。而面是由無限多條線所構成的，體也是無限多個面所構成的。至於角度，即是直線或平面依固定點作一定範圍的擺動，所形成的圖形就是角度，或稱弧度。

(1) 線、角度的等分

一直線或一圓弧線作等分的方法，如圖 2.4-1 所示，取 R 大於 AB 一半的長度為半徑，以 A、B 兩點為圓心畫弧，再連接兩圓弧的交點 C、D，即為垂直平分線。

依此方法可求作過不共線三點的圓弧，如圖 2.4-2 所示，連 A、B、C 三點並作兩條垂直平分線，交點即為圓心 O，可畫出一圓；該圓心 O 亦為三點連線三角形的外心。

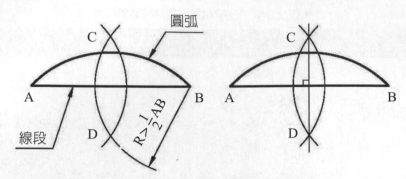

▲圖 2.4-1　一直線或一圓弧線作等分法

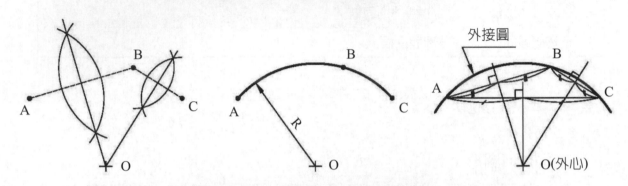

▲圖 2.4-2　求作過不共線三點的圓弧

如圖 2.4-3 所示，等分一角度∠ABC，取 B、D、E 為圓心，以適當長作半徑畫弧，再連接頂點 B 及弧線交點 F，即得角度∠ABC 平分線。依此方法可求出任意三角形內切圓的圓心，亦稱三角形內心。

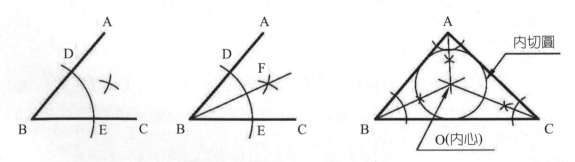

▲圖 2.4-3 求出任意三角形內切圓圓心

(2)　多邊形的形成與作法

決定一平面的基本條件：①不共線三點、②一直線和線外一點、③兩相交直線、④兩平行直線，如圖 2.4-4 所示。

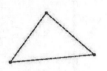
1.不共線三點

2.一直線與線外一點

3.兩相交直線

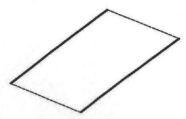
4.兩平行直線

▲圖 2.4-4　決定一平面之基本條件

多邊形面積是由三條或三條直線以上所圍成的形狀，如三角形成形的定義爲兩邊長之和必大於第三邊長。三角形種類有：等邊（正）三角形、等腰三角形、直角三角形及不等邊三角形，如圖 2.4-5 所示。常見的直角三角形三邊長的比例：① 30° 邊：60° 邊：90° 邊＝ 1：$\sqrt{3}$：2，② 45° 邊：45° 邊：90° 邊＝ 1：1：$\sqrt{2}$。三角形內角和恆爲 180°。

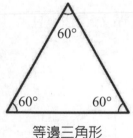
等邊三角形

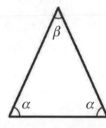
等腰三角形

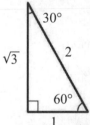
直角三角形

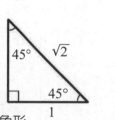
不等邊三角形

▲圖 2.4-5　三角形種類

四邊形的種類有：正四邊形、平行四邊形、不等邊四邊形（梯形），如圖 2.4-6 所示。畫正四邊形的方法，則取已知 $\overline{AB}$ 長爲半徑畫弧，再畫弧交於 D 點，連接 B、D 與 C、D 即可得正四邊形，如圖 2.4-7 所示。

正四邊形

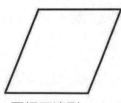
平行四邊形

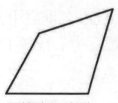
不等邊四邊形

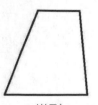
梯形

▲圖 2.4-6　四邊形種類

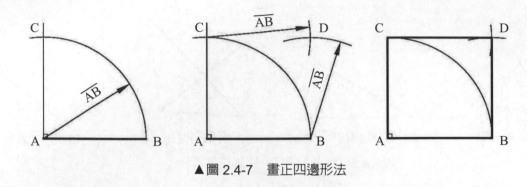

▲圖 2.4-7　畫正四邊形法

畫已知一邊長 $\overline{AB}$ 的正五邊形，如圖 2.4-8 所示，作法如下：

① 作 $\overline{AB}$ 之垂直平分線得 C 點，並過 B 點畫一垂直線。

② 以 B 點為圓心，$\overline{AB}$ 為半徑畫弧，交 B 點垂直線於 D 點。

③ 再以 C 點為圓心，取 $\overline{CD}$ 為半徑畫弧交 $\overline{AB}$ 延長線於 E 點。

④ 以 A 點為圓心，取 $\overline{AE}$ 為半徑畫弧交 $\overline{AB}$ 垂直平分線及 AF 弧於 G、F 兩點。

⑤ 分別以 A、G 為圓心，$\overline{AB}$ 為半徑畫弧相交於 H 點，連接 $\overline{AH}$ 與 $\overline{BF}$ 即得正五邊形。

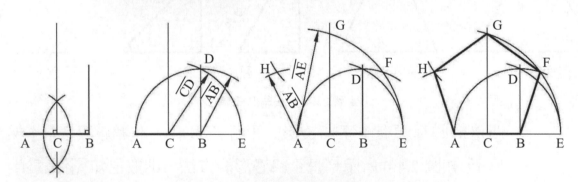

▲圖 2.4-8　畫已知一邊長 $\overline{AB}$ 的正五邊形

畫已知一圓的內接正五邊形，如圖 2.4-9 所示，作法如下：

① 作半徑 $\overline{OP}$ 之垂直平分線得 G 點，再以 G 點為圓心，$\overline{AG}$ 為半徑畫弧交中心線於 F 點。

② 以 A 點為圓心，$\overline{AF}$ 為半徑畫弧交已知圓於 B、E 兩點。

③ 再以 B、E 為圓心，取 $\overline{AF}$ 為半徑畫弧交已知圓於 C、D 兩點，連接各點即得正五邊形。

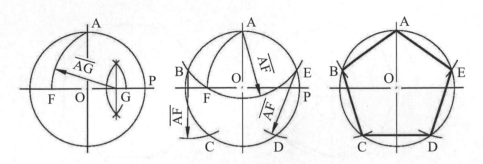

▲圖 2.4-9 畫已知一圓的內接正五邊形

畫圓之內接正六邊形，作法如圖 2.4-10 所示，圓之半徑恰好**等於**其**邊長**。

畫圓之外切正六邊形，需以 30°×60° 之三角板畫出圓的相切線，如圖 2.4-11 所示。

畫圓之內接正八邊形及圓之外切正八邊形，需使用 45°×45° 之三角板繪製，如圖 2.4-12 所示。

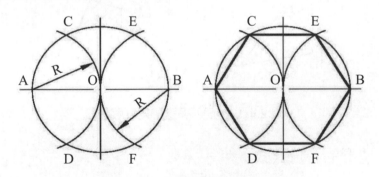

▲圖 2.4-10 畫圓之內接正六邊形

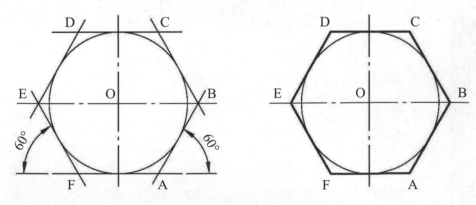

▲圖 2.4-11 畫圓之外切正六邊形

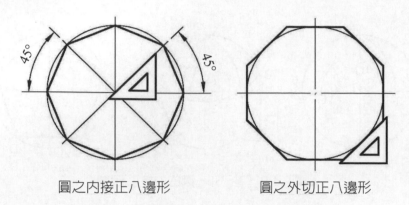

圓之內接正八邊形　　　　圓之外切正八邊形

▲圖 2.4-12　畫圓之內接及外切的正八邊形

如圖 2.4-13 所示，任何多邊形的某一內角 ($\angle \alpha$) 與其外角 ($\angle \mu$) 互為補角，即是內角 $\angle \alpha$ + 外角 $\angle \mu$ = 180°；任何多邊形的外角和恆為 360°，如三角形三個外角相加：$\angle \mu$ + $\angle \nu$ + $\angle \omega$ = 360°；四邊形四個外角相加：$\angle \mu$ + $\angle \nu$ + $\angle \omega$ + $\angle x$ = 360°。

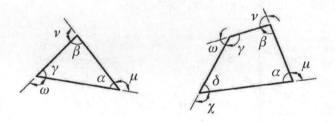

▲圖 2.4-13　任何多邊形角度關係

歸納正多邊形的各角公式：

▼表 2.4-1　正多邊形各角公式

正 n 邊形	內角和	每一內角	外角和	每一外角	可分成之三角形
公式	(n－2)×180°	$\dfrac{(n-2)\times180°}{n}$	360°	$\dfrac{360°}{n}$	n-2
正三角形	180°	60°	360°	120°	1
正方形	360°	90°	360°	90°	2
正五邊形	540°	108°	360°	72°	3
正六邊形	720°	120°	360°	60°	4
正八邊形	1080°	135°	360°	45°	6

(3) 體的形態

平面體是由多個平面相交所組成的多邊形體，可分為：①正多邊形體、②角柱體、③角錐體。正多邊形體如圖 2.4-14 所示，敘述如下：

① 正四面體：由四個正三角形所組成，如正三角錐體。

② 正六面體：由六個正四邊形所組成，如正立方體。

③ 正八面體：由八個正三角形所組成，如正菱形體。

④ 正十二面體：由十二個正五邊形所組成。

⑤ 正二十面體：由二十個正三角形所組成。

  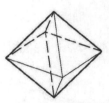 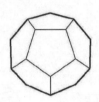 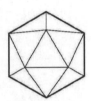

| 正四面體 | 正六面體 | 正八面體 | 正十二面體 | 正二十面體 |

▲圖 2.4-14　各種立體面

欲求正多面體 (m) 之邊線數 (q)，需先得知該體積是由何種正多邊形 (n) 所組成，再依公式：$q = \dfrac{m \times n}{2}$，即可得知。如正八面體 (m=8)，是由正三角形 (n = 3) 所組成，其邊線數 $q = \dfrac{8 \times 3}{2} = 12$。

曲面體可分為單曲面體、複曲面體、翹曲面體三種。

① 單曲面體係指直線繞一定軸旋轉所形成的空間形體，如圓柱體、圓錐體等，如圖 2.4-15。

② 複曲面體是由曲線或平面繞一定軸旋轉所形成的空間形體，如球體、環、橢圓球體、拋物線體、雙曲面體等，如圖 2.4-16。

③ 翹曲面體是由直線移動或轉動所產生的曲面形體，其相鄰之素線既不平行亦不相交，故翹曲面體非複曲面體，如螺旋面、雙曲面、雙曲線拋物面等，如 2.4-17。

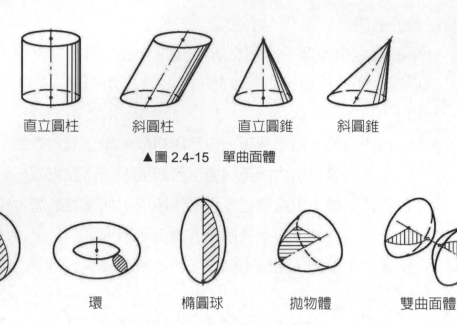

▲圖 2.4-15　單曲面體

直立圓柱　　　斜圓柱　　　直立圓錐　　　斜圓錐

球體　　　環　　　橢圓球　　　拋物體　　　雙曲面體

▲圖 2.4-16　複曲面體

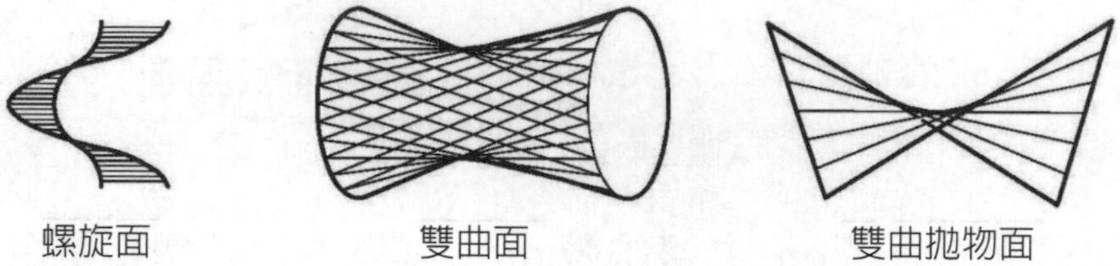

螺旋面　　　雙曲面　　　雙曲拋物面

▲圖 2.4-17　翹曲面體

2. 切線與相切

在製圖的過程中，常會有畫圓和畫直線相切的情況，圓形是表示物體可能是圓柱或圓孔，但圓與直線或圓弧相切，就有外形輪廓變化的可能。在圓周上畫一線相切，相切點與圓心之連線必和切線夾角 90°，且圖周上任何一點僅能作 1 條切線。若通過圓外一點，可作 2 條與圓相切的切線，如圖 2.4-18 所示。

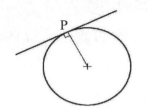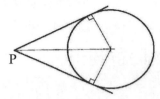

▲圖 2.4-18　切線

兩圓互相外切，則連心線長＝兩半徑之和。

兩圓互相內切，則連心線長＝兩半徑之差。

兩圓相離，則連心線長＝兩圓周最近距離 L＋兩半徑之和，如圖 2.4-19
所示。

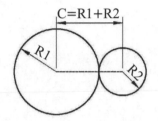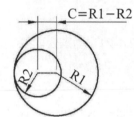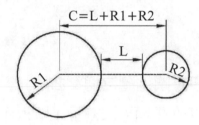

▲圖 2.4-19　兩圓連心線長

當兩圓外切時，有 2 條外公切線，但僅有 1 條內公切線。

當兩圓內切時，僅有 1 條外公切線。

當兩圓相離時，有 2 條內公切線及 2 條外公切線，如圖 2.4-20 所示。

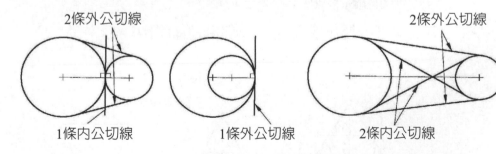

▲圖 2.4-20　兩圓公切線

當兩圓外切時，有 2 條外切弧、2 條內切弧及 2 條內外切弧，共 6 條
切弧。

當兩圓內切時，有 1 條外切弧和 1 條內切弧。

當兩圓相離時，有 2 條外切弧、2 條內切弧及 4 條內外切弧，共 8 條切弧，如圖 2.4-21 所示。

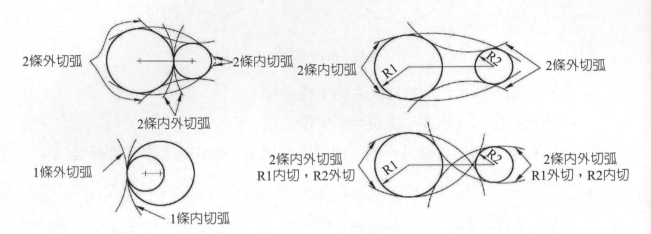

▲圖 2.4-21　兩圓公切弧

3.　**直立圓錐體之切割曲線**

以一平面 (切割面) 用以不同角度來剖切直立圓錐時，會形成五種圖形，其中一種為等腰三角形，另四種為圓錐曲線 (Conic Section)，又稱為割錐線，屬於平面曲線，分別為圓、橢圓、拋物線及雙曲線。

(1)　等腰三角形

如圖 2.4-22 所示，切割面必須通過圓錐頂點，且 $0° ≦ ∠β < ∠α$，所剖切的圖形即為等腰三角形。

PS：切割面不得超出圓錐體，或與圓錐面相切。

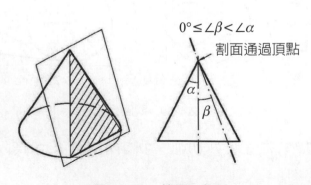

▲圖 2.4-22　等腰三角形

(2) 圓

如圖 2.4-23 所示，切割面垂直錐軸或平行圓錐底面，$\angle \beta = 90°$，所剖切的圖形即為圓。圓的定義：平面上一動點繞著一定點 (圓心) 保持一定距離連續運動的軌跡，即為圓。圓之數學標準式：

$(x-a)^2 + (y-b)^2 = 1$，$(a，b)$ 為圓心座標點。

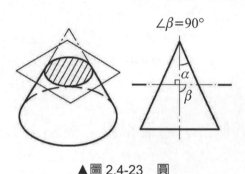

▲圖 2.4-23　圓

(3) 橢圓

如圖 2.4-24(a) 所示，切割面與錐軸之夾角大於錐軸與素線之夾角，$\angle \beta > \angle \alpha$，所剖切的圖形即為橢圓。若切割面切過底面，曲線則為部分橢圓。橢圓的定義：平面上一動點與兩定點距離之和恆為常數時，該動點所形成之曲線，即為橢圓。所以，橢圓上任一點至兩焦點之距離和恆等於長軸。以短軸之端點為圓心，取 1/2 長軸為半徑畫圓弧，與長軸相交得 E、F 兩定點，如圖 2.4-24(b) 所示。橢圓之數學標準式：$\dfrac{x^2}{a^2} + \dfrac{y^2}{b^2} = 1$ ，長軸長 =2a，短軸長 =2b。

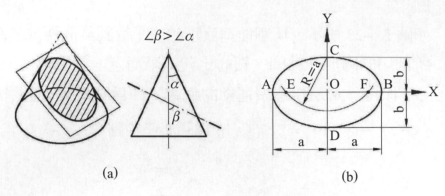

▲圖 2.4-24　橢圓

橢圓之畫法：

① 四圓心近似法，爲最常用之橢圓近似畫法，如圖 2.4-25(a) 所示。

② 同心圓法，如圖 2.4-25(b) 所示。

③ 平行四邊形法，如圖 2.4-25(c) 所示。

④ 等角橢圓法，如圖 2.4-25(d) 所示。

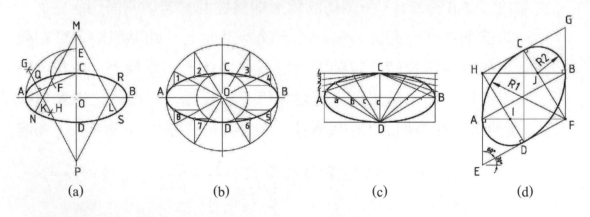

▲圖 2.4-25　橢圓之畫法

(4)　拋物線

如圖 2.4-26(a) 所示，切割面與錐軸之夾角等於錐軸與素線之夾角，$\angle \beta = \angle \alpha$，所剖切的圖形即爲拋物線。切割面必與素線平行，但不得與圓錐面相切。拋物線的定義：平面上一動點與一定點之距離，恆等於動點至一直線之垂直距離，則此動點所形成之軌跡即爲拋物線，如圖 2.4-26(b) 所示。拋物線之數學標準式：

$y^2 = 4cx$ ，c 爲焦距，$|c| = a$。

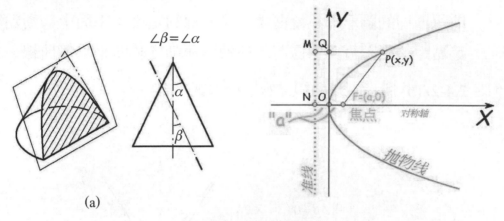

(a)

▲圖 2.4-26　拋物線

拋物線之畫法：

① 四邊形法，如圖 2.4-27(a) 所示。

② 支距法，如圖 2.4-27(b) 所示，是根據數學公式 $y = x^2$ 之圖形。

③ 包絡線法，如圖 2.4-27(c) 所示。

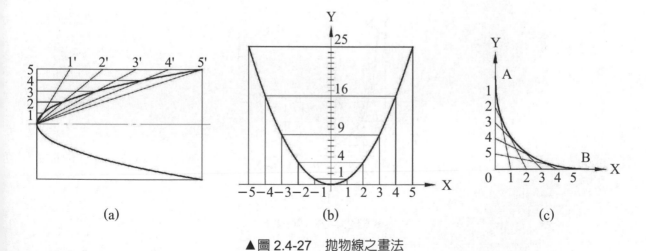

(a)　　　　　　　　(b)　　　　　　　　(c)

▲圖 2.4-27　拋物線之畫法

(5) 雙曲線

如圖 2.4-28(a) 所示，切割面不得通過頂點，與錐軸之夾角小於錐軸與素線之夾角，$\angle \beta < \angle \alpha$；或切割面與錐軸平行，$\angle \beta = 0°$，則所剖切的圖形即為雙曲線。雙曲線的定義：平面上一動點與二定點距離之差恆為常數時，該動點運動之軌跡稱為雙曲線，如圖 2.4-28(b) 所示。雙曲線之數學標準式：$\dfrac{x^2}{a^2} - \dfrac{y^2}{b^2} = 1$。

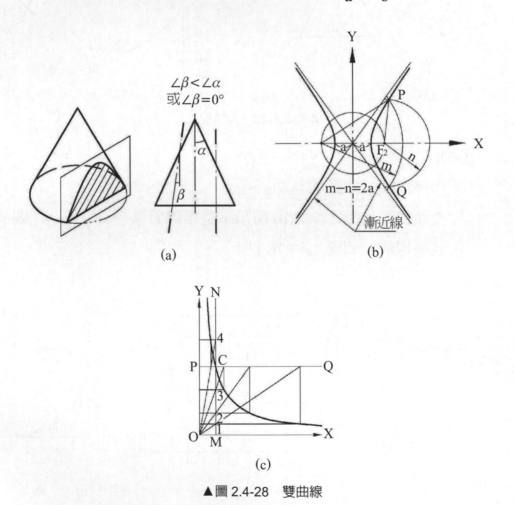

(a)

(b)

(c)

▲圖 2.4-28　雙曲線

雙曲線之畫法：

① 焦距法，如圖 2.4-28(b) 所示。

② 等軸法，如圖 2.4-28(c) 所示。

4. 其他種類之曲線

(1) 漸開線

一條繩索纏繞於圓柱或多邊形柱體上，將繩端點逐漸展開時，其端點所行經之軌跡即為漸開線，如圖 2.4-29 所示。漸開線常用於齒輪之齒形曲線，如圖 2.4-30 所示。

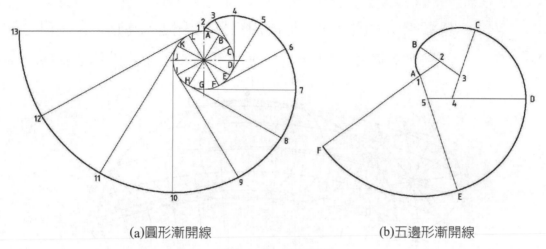

(a)圓形漸開線　　　　　　　(b)五邊形漸開線

▲圖 2.4-29　漸開線

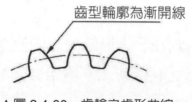

齒型輪廓為漸開線

▲圖 2.4-30　齒輪之齒形曲線

(2) 擺線

當一小圓沿一直線或大形圓周滾動時，則小圓圓周上一點之軌跡，即為擺線。

擺線常運用於精確儀器或鐘錶的傳動齒輪之齒形，共有三種擺線，分述如下：

① **正擺線**：一圓在平面上沿一**直線滾動**時，圓上某定點之運動軌跡，如圖 2.4-31 所示。應用實例如齒輪與齒條之嚙合，像量錶。

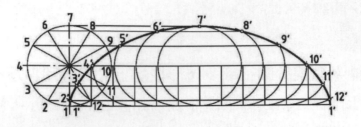

▲圖 2.4-31　擺線

② **外擺線**：一圓在一大形圓周之**外側滾動**，此圓上某定點之運動
軌跡，如圖 2.4-32 所示。應用實例如兩相互外切之齒輪。

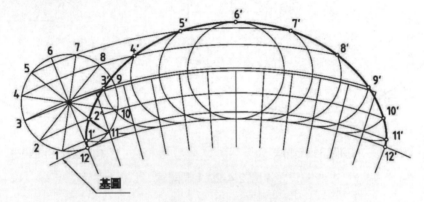

▲圖 2.4-32　外擺線

③ **內擺線**：一圓在一大形圓周之**內側滾動**，此圓上某定點之運動
軌跡，如圖 2.4-33 所示。應用實例如兩相互內切之齒輪。

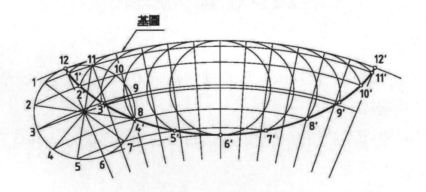

▲圖 2.4-33　內擺線

(3) 阿基米德螺線

當一動點沿直線作等速運動，同時又繞一定點作等角速度運動，則該動點所形成之軌跡就是阿基米德螺旋線，是屬於平面曲線，如圖 2.4-34 所示。常用於等速旋轉改變為等速往復運動的凸輪機構之曲線。

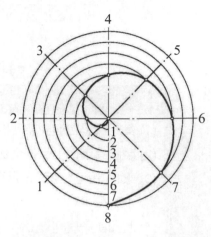

▲圖 2.4-34　阿基米德螺線

(4) 螺旋線

一動點繞著圓柱或圓錐之軸線作等角速圓周運動，並沿著軸線作等速直線運動，該動點所行經之軌跡即為螺旋線，如圖 2.4-35 所示。螺旋線屬於空間曲線，所謂空間曲線即為一曲線並無連續的四個點在同一平面者，又稱複曲線。

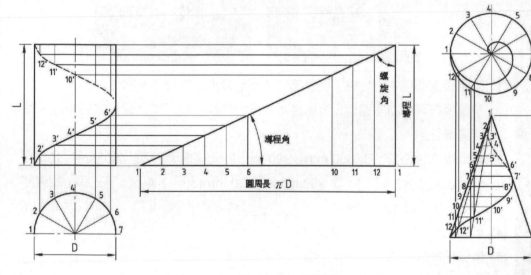

▲圖 2.4-35　螺旋線

2.5 製圖設備與用具

▼表 2.5-1 製圖桌椅及週邊設備

項目	材質種類及使用說明
製圖桌	(1) 其結構是由製圖架、製圖板、墊皮所組成。 (2) 製圖桌市面上目前有普通型及氣壓型二種。 (3) 製圖桌應放置於光源充足處，使光線由左方或左上方照入，高度約為 90 ～ 100 公分。 (4) 製圖桌角度可作 0° ～ 75° 調整。  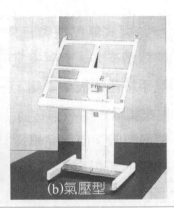 (a)普通型　　(b)氣壓型
製圖板	(1) 製圖板宜選用木紋細緻、硬度適中，不易變形之乾燥木材製成。 (2) 製圖板在其左右兩邊鑲有直的硬木條或金屬條，用以防止圖板彎曲變形，並兼作導邊之用。 (3) 製圖板的規格有：① 600 mm×900 mm(2 尺 ×3 尺)、② 750 mm×1050 mm(2.5 尺 ×3.5 尺)、③ 900 mm×1200 mm(3 尺 ×4 尺) 等三種，厚度約 20 mm ～ 30 mm 之間。 (4) 板面可裝磁性墊皮或塑膠墊皮。 (5) 製圖板應保持清潔，避免刀割、水淋或日照。 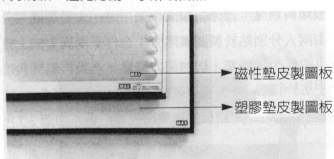 ◀ 磁性墊皮製圖板 ◀ 塑膠墊皮製圖板

▼表 2.5-1　製圖桌椅及週邊設備 (續)

項目	材質種類及使用說明
製圖椅	(1) 可分螺桿式及氣壓式兩種。 (2) 製圖椅以實用、平穩為原則。 (3) 一般以椅腳所跨佔面積較大者較平穩，椅面可旋轉調整高度，使用上不可多人同坐。 (a)螺桿式　　　　　　　　　(b)氣壓式
桌邊櫃	(1) 是一種置放在製圖桌旁邊的輔助櫃，可將製圖儀器放置在其桌面上。 (2) 抽屜內或夾層可放置圖紙、毛刷或其他工具用品。

▼表 2.5-2　製圖用筆

種類	項目	說明
鉛筆	等級分類	(1) 製圖鉛筆依筆心的硬度來區分，可分為**硬質類**、**中質類**、**軟質類**三種。 (2) 按等級區分共 18 級，硬質類的 9H、8H、7H、6H、5H、4H 有 6 級，中質類的 3H、2H、H、F、HB、B 有 6 級，軟質類的 2B、3B、4B、5B、6B、7B 也有 6 級。 (3) 鉛筆由硬→軟的順序中，等級 H、F、HB、B 四個需特別注意順序排列。 　硬質類　　　　　　　　中質類　　　　　　　　軟質類 9H 8H 7H 6H 5H 4H　　3H 2H H F HB B　　2B 3B 4B 5B 6B 7B (H值增加，筆心變細)　　　　　　(B值增加，筆心變粗)

▼表 2.5-2　製圖用筆 (續)

種類	項目	說明
鉛筆	用途區分	(1) 硬質類 9H ～ 4H 鉛筆專用於圖稿。 (2) 中質類 3H ～ B 屬一般工程製圖用鉛筆。 　① 3H、2H 繪製作圖線 (底線) 　② H、F、HB 繪製原圖或寫字 　③ F、HB、B 為圓規筆心之用，畫圓弧筆心需比畫直線筆心軟一級至二級為宜。 (3) 軟質類 2B ～ 7B 鉛筆專用於潤飾及素描。
	筆心削法	(1) 削木質鉛筆時，所削去木材長度自筆尖量起約 **30 mm**，筆蕊露出約 **10 mm** 長。 (2) 筆心研磨的形狀： 　① **圓錐形筆心**：適用於**寫字**及**徒手畫**。 　② **楔尖形筆心**：用於**圓規筆心及畫直線**，其耐用度較圓錐尖形筆心為佳。 削去木皮　等級記號　30 10 削去木皮 磨尖後之錐形尖　旋轉鉛筆並左右移動　在砂紙上往復運動　畫直線時之楔形尖
	其他鉛筆	(1) 製圖鉛筆可分**木質鉛筆**、**填心鉛筆 (自動鉛筆)**、**工程筆**三種。 (2) **填心鉛筆**之筆心常用者有 **0.3、0.5、0.7、0.9 mm** 四種，筆心無需研磨。 (3) 自動鉛筆依線條粗細選用相同筆寬來畫線，筆身與圖面成 **60°**，需略微轉動筆身以使線條深黑紮實。 (4) **工程筆**其筆心直徑為 **2 mm**，使用時，將筆心伸出約 **10 mm**。

▼表 2.5-2　製圖用筆 (續)

種類	項目	說明
針筆	構造	分為筆帽、保濕套頭、筆尖本體、墨水管、筆桿等五部分。 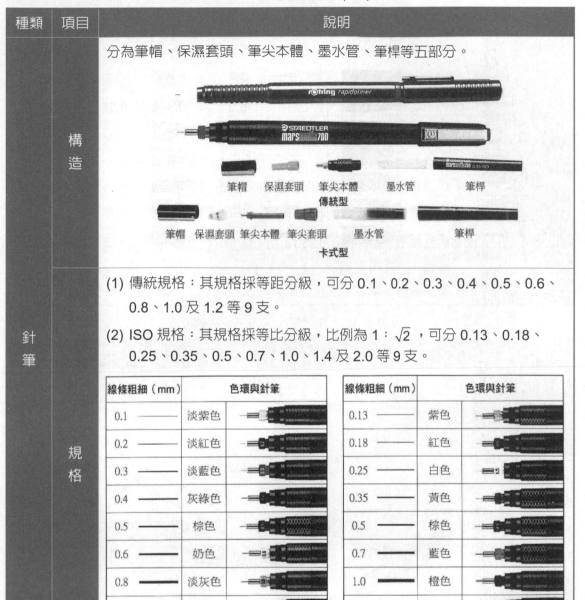
	規格	(1) 傳統規格：其規格採等距分級，可分 0.1、0.2、0.3、0.4、0.5、0.6、0.8、1.0 及 1.2 等 9 支。 (2) ISO 規格：其規格採等比分級，比例為 1：$\sqrt{2}$，可分 0.13、0.18、0.25、0.35、0.5、0.7、1.0、1.4 及 2.0 等 9 支。

線條粗細（mm）／色環與針筆

線條粗細（mm）	色環與針筆		線條粗細（mm）	色環與針筆
0.1	淡紫色		0.13	紫色
0.2	淡紅色		0.18	紅色
0.3	淡藍色		0.25	白色
0.4	灰綠色		0.35	黃色
0.5	棕色		0.5	棕色
0.6	奶色		0.7	藍色
0.8	淡灰色		1.0	橙色
1.0	橙色		1.4	綠色
1.2	暗紅色		2.0	灰色

▼表 2.5-2　製圖用筆 (續)

種類	項目	說明					
針筆	使用	(1) 針筆粗細規格的選用，視圖面大小而定，請參考下表：					
		粗	1.0	0.8	0.7	0.6	0.5	0.35
		中	0.7	0.6	0.5	0.4	0.35	0.25
		細	0.35	0.3	0.25	0.2	0.18	0.13

(針筆行：)

(2) 常用的規格為粗線 0.5 mm、中線 0.35 mm，細線 0.18 mm。

(3) 針筆畫線時，筆尖與紙面需成 90° **垂直**，為避免造成線條粗細不均勻，或使筆尖磨損。畫線時，運筆方向可略微傾斜，不可超過 **5°** 以上。

鴨嘴筆　使用
(1) 係利用液體表面張力的原理，使墨水吸附於鴨嘴筆上，主要用來畫線或圓弧，不能用來寫字。
(2) 畫直線時，筆身沿畫線方向與圖面約成 60°，不得旋轉筆桿。

▼表 2.5-3　丁字尺、平行尺與三角板

種類	項目	說明
丁字尺	構造及種類	(1) 丁字尺其構造是由尺頭與尺身組成。 (2) 分為木製固定型及壓克力活動型兩種。 尺身工作邊　尺頭工作邊　尺身　尺頭　尺身　尺頭 (A)固定型　(a)拆卸　(B)拆卸型　(b)結合
	規格及檢驗	(1) 丁字尺依尺身之長短可分 45 cm、60 cm、75 cm、90 cm、105 cm、120 cm 等規格。以 75 cm 者最為常用。 (2) 丁字尺之檢驗方法： ① 在圖紙上畫一直線，在線兩端上任取兩點。 ② 將圖紙旋轉 180°，重合該兩點再繪一直線。 ③ 兩線重合者即為平直丁字尺，否則尺身已有變形。

▼表 2.5-3　丁字尺、平行尺與三角板 (續)

種類	項目	說明
丁字尺	使用及畫線	(1) 丁字尺是畫水平線的工具，如配合三角板使用，可畫垂直線與角度傾斜線。 (2) 丁字尺畫水平線要領： 　① 畫水平線時左手大拇指移按於製圖板上，其餘四指按於尺身上方，右手握持鉛筆沿畫線方向與圖面約成 60° 角，由左至右畫水平線。 　② 畫線時，筆身宜以順時針方向略微旋轉，以維持筆尖的尖銳度，使線條均勻。 　③ 筆身略向外側傾，促使筆心儘量靠近丁字尺尺身之工作邊。
平行尺	構造及原理	(1) 係利用鋼索平行機構原理製成。 (2) 平行尺以尼龍繩或不銹鋼線與導輪固定於圖板上，尺身可以上下平行滑動。 (3) 有一調整輪，可調整平行尺成傾斜，用來畫平行傾斜線。 (A)畫平行之水平線　　(B)畫平行之角度線
	用途	(1) 平行尺功用與丁字尺完全相同，主要用來畫水平線與兼作三角板導邊之用。

▼表 2.5-3 丁字尺、平行尺與三角板 (續)

種類	項目	說明
三角板	規格及檢驗	(1) 通常係由一片 45°×45°×90° 及另一片 30°×60°×90° 之直角三角形壓克力製成。 (2) 其長度規格為以 45° 三角板的斜邊或 60° 角的對邊有長度刻劃者稱之，製圖所用的三角板長度均為 30 cm。 (3) 三角板之檢驗方法： ① 先將三角板的直角邊與丁字尺緊密貼合，畫一垂直線。 ② 再將三角板翻轉，其直角邊仍需與丁字尺緊密貼合，再畫一垂直線。 ③ 若兩條垂直線沒有重合，表示三角板的垂直度有誤差。 (A)一對三角板　(B)校正誤差
	使用及畫線	(1) 畫垂直線： 三角板垂直邊宜朝向左側，鉛筆依靠三角板左側邊緣，由下往上畫垂直線。為使畫線時手勢順暢，最好將身體略扭轉朝左。 略為扭轉身體 (2) 畫 30°、45°、60° 特殊角度傾斜線： 僅使用一塊三角板來畫線，畫線方向應由左下往右上或左上往右下。 (3) 畫 15° 及 75° 角傾斜線： 須使用二塊三角板來畫線。 (4) 一組三角板配合丁字尺可畫出 15° 倍角的傾斜線。

▼表 2.5-3　丁字尺、平行尺與三角板 (續)

種類	項目	說明
三角板	等分圓方式	(1) 使用單獨一塊 30°×60°×90° 三角板，可畫 **30° 倍角**的斜線，可將全圓等分最多 **12 等分**。 (2) 使用單獨一塊 45°×45°×90° 三角板，可畫 **45° 倍角**的斜線，可將全圓等分最多 **8 等分**。 (3) 使用一組三角板配合丁字尺，可畫 **15° 倍角**的斜線，並可將全圓等分最多 **24 等分**。

▼表 2.5-4　直尺與比例尺

種類	項目	說明
直尺	使用場合及材質	(1) 製圖用及一般用：塑膠尺。 (2) 機械工廠現場用：鋼尺。 (3) 木工、裝潢用：鋼尺、角尺或木製尺。
	用途	(1) 量度尺度。 (2) 畫直線。 (3) 分公制與英制兩種。
	公制	(1) 採十進位，以 mm 為單位，每一小格為 1 mm，每十小格為 1 cm。 (2) cm 是直尺上長度標記的單位，最小刻度為 0.5 mm。
	英制	(1) 採十六進位，以吋為單位，最小刻度為 1/64 吋。

▼表 2.5-4　直尺與比例尺 (續)

種類	項目	說明
比例尺	使用場合及材質	(1) 可分類有：機械工程用、建築工程用、土木工程用等多種。 (2) 有扁平尺及三稜尺兩種，其材質通常用黃楊木製成外皮鑲以白色賽璐璐塑膠。 三稜尺橫斷面 扁平尺橫斷面
	用途	(1) 縮放尺度。 (2) 量度圖面尺度。
	規格及讀法	(1) 依規格分公制比例尺及英制比例尺，長度常為 30 cm。 (2) 三稜尺有六個比例，其規格有 1/100、1/200、1/300、1/400、1/500、1/600 等六種。 (3) 比例尺之讀法： ① 若採用 1/100 的比例尺刻度，正好與標準尺之刻度相同，其每一小格刻度為 1 mm，可視為 1：1 的比例尺；若以 1 cm 視為 1 m，則比例即變為 1：100。 ② 若採用 1/200 之比例尺，係將 1 公尺之距離分為 200 等分，因此每一大格刻度為 0.5 cm(5 mm)，但刻度上以 1 m 來表示之；若圖面上為 5mm 的長度，用 1/200 比例尺量取的刻度為 1，視為 1 cm，即變為 1：2。 ③ 若採放大比例繪圖，將 0.5 cm 當作 1 mm，即圖上之 0.5 cm 代表實物之 1 mm，其比例標註為 5：1。

▼表 2.5-5　萬能製圖儀

項目	說明
功能	(1) 萬能製圖儀乃集**丁字尺 (平行尺)**、**直尺**、**比例尺**、**三角板**、**量角器**等功能於一身之製圖設備。 (2) 使用萬能製圖儀除可增進繪圖之**準確度**、**美觀**，亦可**節省繪圖時間**，比使用丁字尺、三角板繪圖，可節省 **30 ～ 35%** 之時間。
種類	(1) 懸臂式萬能製圖儀 　① 係利用平行桿機構原理製成。 　② 基本構造可分直尺、分度盤、上臂、下臂、固定夾等部分。 　③ 製圖儀分度盤具有 15° 之倍角分度裝置，亦可做任意角度的固定裝置。 (2) 軌道式萬能製圖儀 　① 係利用十字軌道導桿方式製成。 　② 其基本構造由直尺 (橫尺、縱尺)、分度盤、橫軌、縱軌、軌道導桿及固定器所組成。有剎車桿裝置，可在製圖板上之任意位置固定直尺。 　③ 有五段式等距間隔設定功能，以利繪製等距平行線或剖面線。 　④ 分度盤具有 15° 之倍角分度裝置，最小分度能力為 5'。 (a)臂式 (b)軌式

▼表 2.5-6　圓規及分規

種類	項目	說明
圓規	用途	(1) 主要用於畫圓及圓弧，其筆腳可裝鉛筆筆心、自動筆心或替換成鴨嘴筆及針筆。 (2) 圓規的鉛筆心大都採用 HB 級筆心。 (3) 圓規針尖之長度稍長於筆尖約 0.5 mm。 紙面　約0.5 mm
	種類	(1) 點圓規：用來畫直徑 6 mm 以下之小圓或小圓弧。 (2) 彈簧圓規：用來畫直徑 6 mm 至 50 mm 之圓或圓弧，又稱弓形圓規。 (3) 普通圓規：用來畫直徑 50 mm 至 250 mm 之圓或圓弧，加裝延伸桿後則可畫至直徑 400 mm 之圓或圓弧。 (4) 樑規：專門用來畫大圓或大圓弧，其直徑可由 50 mm 至 800 mm 之間調整，常用於板金製圖。 (5) 速調圓規：綜合彈簧圓規及普通圓規功能之圓規。 點圓規　彈簧圓規　普通圓規　延伸桿　速調圓規 樑規
分規	用途	(1) 主要用來量取長度或等分線段，不能用來畫圓。

▼表 2.5-6　圓規及分規 (續)

種類	項目	說明
分規	使用	(1) 分規與圓規構造相似，其兩腳皆為針腳，兩腳閉合時針尖必平齊。 (2) 分規的持法是以大拇指、食指和小指分別置於兩針腳之**外側**，而以無名指及中指置於**內側**。欲調整兩腳距離時，以內側兩指控制其張開，以外側三指控制其閉合。 (3) 欲等分已知線段，則以分規旋轉近似量法作等分。 (A)分規執法　　(B)分規旋轉法
比例分規	用途	(1) 用於以按一固定比例放大或縮小線段，及等分圓周的量度工具。
	使用	(1) 放大或縮小線段之方法： ① 欲將線段放大 2 倍時，調整樞紐在「Lines」的刻度上，移動至刻度「2」，並適度鎖緊樞紐。 ② 此時比例分規之長腳端所分開之尺度即為短腳端分開尺度 2 倍。 (2) 等分圓周之方法： ① 欲將圓周作 8 等分時，調整樞紐在「Circles」的刻度上，對準刻度「8」，並適度鎖緊調整樞紐。 ② 將比例分規之長腳端置於已知圓周之半徑兩端點上，然後用短腳端在圓周上順次度量即得圓周之 8 等分。 (A)比例分規　(B)設定等分並量取半徑　(C)等分圓弧

▼表 2.5-7　各種製圖模板及用具

種類	說明
圓形 模板、 圓弧 模板	(1) 主要用來畫圓或圓弧，一般模板都以直徑 ϕ36 以下的圓來製作。 (2) 亦有圓弧模板及**圓弧切線模板，用來畫各種尺度的圓弧線。** (3) 模板通常有**凹槽式、斜角式**與**凸點式**三種，主要目的在於使用針筆時，可避免墨汁滲入圖紙與模板之間而污染圖面。 (4) 使用模板主要的用途是**增快繪圖的速度**，並保持**圖面美觀與工整。** 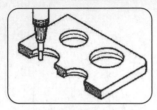 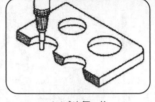 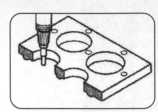 (a)凹槽式　　　　　(b)斜角式　　　　　(c)凸點式 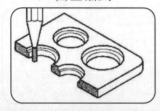 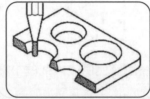 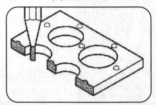
橢圓 模板	(1) **35°16' 等角橢圓板**主要用來畫等角立體圖之橢圓形，以直徑 ϕ55 以下的橢圓製作模板。 (2) 立體定規為萬能製圖儀的附件，專用於繪製等角投影圖的橢圓。 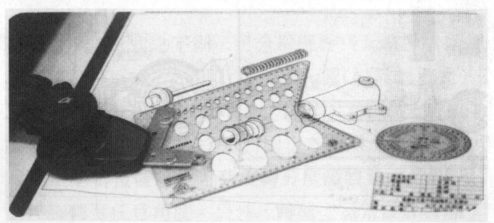

▼表 2.5-7　各種製圖模板及用具 (續)

種類	說明
橢圓模板	(3)15° ～ 60° 橢圓模板用於畫各種角度的立體橢圓形。  圓模板  表面符號模板　　　 　　　　　　　　　圓弧模板  35°16'等角橢圓模板　　 　　　　　　　　　圓弧切線模板 　　　 螺帽模板　　　　15°~60°橢圓模板
其他模板	(1) 螺栓模板主要用來畫六角螺釘頭或螺帽的視圖。 (2) 表面符號模板主要用來畫表面加工符號及填寫數字用。
量角器	(1) 量角器又稱為分度器，可分為一般量角器與橢圓量角器兩種。 (2) 一般量角器用於量角度與畫角度用，其形狀可分為半圓形和圓形兩種。上面的每一刻劃均為 1°。 (3) 橢圓量角器用於等角圖與等角投影圖之角度的繪製或度量，可求取橢圓角度與縮率之變化。 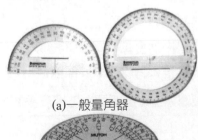 (a)一般量角器 (b)橢圓量角器

▼表 2.5-7　各種製圖模板及用具 (續)

種類	說明
曲線板	(1) 係由不規則曲線所製作成的模板，用來繪製圓弧外的各種曲線。 (2) 曲線板的外形是由漸開線、擺線、橢圓、雙曲線、拋物線、阿基米德螺線、螺旋線等曲線或其他不規則曲線所組成。 (3) 描繪曲線時，須觀察曲線之圓滑合理的路徑，以曲線板有 4 點以上的點重合，然後僅畫出中央 2 點之部分線段。 (4) 曲線板所配合之曲線長度一定要比所畫之長度長。
曲線規	(1) 又稱曲線條，係採用橡膠包覆鉛條製成。 (2) 使用時，將曲線條彎曲成欲求之曲線形狀，畫出曲線。但不可使用於太狹彎的曲線 (曲率太大)，否則會使曲線規破損。
字規	(1) 有孔式字規與軌式字規兩種。 (2) 依字體可分直式與斜式兩種。 軌式字規　　　　孔式字規
橡皮擦	(1) 橡皮擦是用以擦去畫錯或多餘之線條與文字。 (2) 通常製圖用橡皮擦有兩種，一為軟橡皮擦用以擦鉛筆線；一為化學橡皮擦用以擦拭墨線之用。
擦線板 (消字板)	(1) 擦線板通常是由薄金屬或塑膠所製成。 (2) 使用時，將欲擦拭的線條置於擦線板中之空隙處，再用橡皮擦擦拭之。
刷子	(1) 用於清潔製圖桌上及圖紙面上之橡皮擦屑。

模擬考題

一、選擇題

(　) 1. 學習製圖的目的是　(A) 製圖　(B) 識圖　(C) 製圖與識圖　(D) 瞭解符號。

(　) 2. 製圖之目標是真善美，作圖最重要的是　(A) 清晰　(B) 迅速　(C) 美觀　(D) 正確。

(　) 3. 下列何者為繪圖的基本要素　(A) 線條與字法　(B) 尺度與公差　(C) 符號與比例　(D) 精度與配合。

(　) 4. 有關機械製圖，何者為非？　(A) 為一重要的工程語言　(B) 電腦繪圖軟體已取代正投影法　(C)2D 圖面比 3D 圖面重要　(D) 識圖能力很重要。

(　) 5. 目前工程製圖繪製的主要方式是　(A) 徒手畫　(B) 製圖儀器繪製　(C) 電腦製圖　(D) 徒手畫與儀器搭配使用。

(　) 6. 中華民國製圖之規範是依據「中華民國國家標準」，簡稱為　(A)JIS　(B) DIN　(C)CNS　(D)ISO。

(　) 7. 公制之機械製圖中一般不用下列何種縮小比例？　(A)1：2.5　(B)1：3　(C)1：4　(D)1：5。

(　) 8. 物體上實際尺度為 5 mm，而在圖面上以 10 mm 來表示，則其比例為　(A)5：10　(B)10：5　(C)1：2　(D)2：1。

(　) 9. CNS 標準圖紙 A2 的大小，其短邊長度為 420 mm，長邊長度應為　(A)600 mm　(B)594 mm　(C)590 mm　(D)584 mm。

(　) 10. 下列描述何者為正確？　(A)A0 大於 B0　(B)B4 小於 A4　(C)A0 的面積為 1 m^2　(D)A0 的面積為 A2 的 2 倍。

(　) 11. 機械製圖所使用的線條中，折斷線為　(A) 粗實線　(B) 虛線　(C) 細鏈線　(D) 細實線。

(　) 12. 因圓角而消失的稜線，應在原位置以何種線條繪製？　(A) 粗實線　(B) 假想線　(C) 虛線　(D) 細實線。

(　) 13. 下列何種線條可延長作為尺度界線用？　(A) 中心線　(B) 尺度線　(C) 指線　(D) 輪廓線。

( ) 14. 機件的表面特殊處理，需用何種線，畫於需處理部分輪廓線之外，平行並稍離，再用指線及文字或符號註明其加工法？ (A) 粗鏈線 (B) 細實線 (C) 虛線 (D) 粗實線。

( ) 15. 依 CNS 規定，剖面線之種類為何？ (A) 細實線 (B) 粗實線 (C) 虛線 (D) 鏈線。

( ) 16. CNS 規範中，線條的中線使用於： (A) 輪廓線 (B) 中心線 (C) 尺度線 (D) 隱藏線。

( ) 17. 線條依粗細分：粗、中、細三級。下列何者必須以粗線表示？ (A) 尺度線 (或稱尺寸線) (B) 尺度界線 (或稱尺寸界線) (C) 作圖線 (D) 圖框線。

( ) 18. 虛線若為實線之連續部份時，始端應該 (A) 留空隙 (B) 不留空隙 (C) 不限定 (D) 加粗。

( ) 19. 忽略粗細，對於虛線的起迄與交會，下列畫法何者不正確？

(A) ⎯⎯⎯ ¦   (B) ------+------   (C) ----+----   (D) ⌐¦   。

( ) 20. 製圖時常使用之線條特性，下列敘述何者不正確？

(A) 割面線都是用細的虛線表達

(B) 中心線的線型，也可以用於當做假想線

(C) 可見的輪廓線，都一律用粗實線

(D) 隱藏線都用中等粗細的虛線表達。

( ) 21. 工程字體的大小以： (A) 字體的面積 (B) 字體的寬度 (C) 字體的寬高比 (D) 字體的高度 來決定的。

( ) 22. A3 圖面上尺度註解，拉丁字母與阿拉伯數字最小字高為 (A)5 (B)4.5 (C)3.5 (D)2.5 mm。

( ) 23. 長形中文工程字體以等線體為原則，其字寬為字高的

(A) $\frac{3}{5}$ (B) $\frac{3}{4}$ (C) $\frac{4}{3}$ (D) $\frac{2}{3}$ 。

( ) 24. 下列有關工程圖中字體規範的敘述，何者錯誤？

    (A) 工程圖中的中文註解，以由左至右橫寫為原則

    (B) 工程圖中所使用的拉丁字母僅限使用小楷書寫，不可使用大楷

    (C) 工程圖中所使用的中文字體，以等線體為原則

    (D) 工程圖中的拉丁字母與阿拉伯數字，有直式與斜式兩種。

( ) 25. 依 CNS 工程製圖規範，拉丁字母與阿拉伯數字的字高若為 3.5 mm，筆劃的粗細則為 (A)0.7 (B)0.5 (C)0.35 (D)0.25 mm。

( ) 26. 用一割面截割直立正三角錐，當割面與水平面成垂直所形成的截面可為 (A) 三角形 (B) 六角形 (C) 菱形 (D) 五角形。

( ) 27. 正十二面體是由 12 個 (A) 正三角形 (B) 正四方形 (C) 正五邊形 (D) 正六邊形 所構成。

( ) 28. 下列對應用幾何繪圖的敘述，何者錯誤？

    (A) 以垂直平分線方法等分線段時，必須取大於線段一半長為半徑畫弧

    (B) 過不共線三點的圓弧，只能應用垂直平分線法求得

    (C) 三角形作兩角的角平分線，可得外接圓的圓心

    (D) 作線段 $\overline{AB}$ 的 5 等分時，可畫另一線段 $\overline{AC}$ 分 5 等分後，再依平行線方法求出 $\overline{AB}$ 的 5 等分。

( ) 29. 有關應用幾何作圖的敘述，下列何者錯誤？ (A) 正五邊形每一內角為 108° (B) 六邊形的內角和為 720° (C) 任意長度之三邊均可作一個三角形 (D) 兩圓相互外切，連心線長等於兩半徑和。

( ) 30 某三角形其內角分別為 90°、60° 和 30°，其中 90° 對應邊與 60° 對應邊之長度比應為：A)1：2 (B)2：1 (C)3：1 (D)2：$\sqrt{3}$ 。

( ) 31. 用一平面剖切一正圓錐，不可能得到下列那種曲線？ (A) 正圓 (B) 拋物線 (C) 擺線 (D) 橢圓。

( ) 32. 以割面切割直立圓錐時，下列何種切割方式所形成之曲線為拋物線？

    (A)   (B)   (C)   (D)   。

(　　) 33. 繞於一多邊形或圓之緊索一點轉開時所形成之曲線為：　(A) 漸開線　(B) 擺線　(C) 拋物線　(D) 雙曲線 。

(　　) 34. 當一圓在平面上沿一直線滾動時，圓周上一點移動的軌跡所形成的曲線稱為：　(A) 擺線　(B) 漸開線　(C) 螺旋線　(D) 拋物線。

CHAPTER

3

正投影

　　正投影原理是將一假想透明的投影面，置於物體之前或物體之後，而觀察者位於無窮遠處，以平行投射方式，將物體之輪廓呈現在投影面上的方法，如圖 3.1-1 所示。此種投影方法，可將立體以平面圖形呈現，使物體的空間三度 (寬、高、深) 之大小和位置正確表達，得以標註其尺度，是機械工程製圖最廣爲使用的投影原理。所謂正投影，是指由觀察者 (視點) 到物體的投射線，必與投影面成垂直，所以視點必須距離物體無窮遠處，投射線方能相互平行，所得到的物體輪廓圖形才能不失眞。

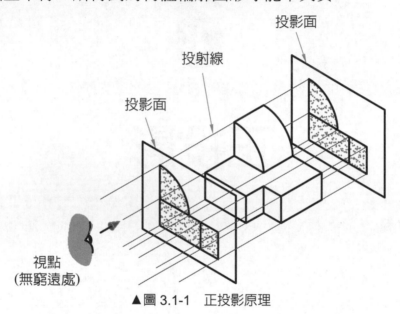

▲圖 3.1-1　正投影原理

3.1 第一角法投影、第三角法投影

　　十八世紀法國數學家兼軍事工程師格斯帕 - 蒙奇 (Gaspard Monge) 創立投影幾何學，在空間中以一直立投影面 (VP) 和一水平投影面 (HP) 作垂直相交，可將空間分成四個象限，分別爲第一象限 (I Q)、第二象限 (II Q)、第三象限 (III Q)、第四象限 (IV Q)，如圖 3.1-2 所示。以位於第一象限 (I Q) 和第四象限 (IV Q) 這一側的爲前視方向，位於第二象限 (II Q) 和第三象限 (III Q) 另一側的爲後視方向，上、下、左、右則依自然定義的方向。所以，

第一象限 (I Q) 在直立投影面 (VP) 之前，水平投影面 (HP) 之上；第二象限 (II Q) 在直立投影面 (VP) 之後，水平投影面 (HP) 之上；第三象限 (III Q) 在直立投影面 (VP) 之後，水平投影面 (HP) 之下；第四象限 (IV Q) 在直立投影面 (VP) 之前，水平投影面 (HP) 之下。

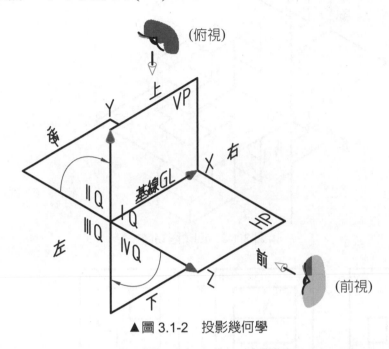

▲圖 3.1-2　投影幾何學

　　將物體置於四個象限內，以正投影的原理作投影，會得到直立投影 (前視圖) 和水平投影 (俯視圖) 兩個視圖。再將水平投影面 (HP) 依弗萊明右手定則作順時鐘旋轉 90°，使其與直立投影面 (VP) 成同平面，形同一張紙面，各投影的視圖即為平面圖，如圖 3.1-3 所示。

　　依上述所定的方式，將水平投影面 (HP) 的視圖作旋轉後，第一象限 (I Q) 和第三象限 (III Q) 的視圖不會重疊，但第二象限 (II Q) 和第四象限 (IV Q) 的視圖會重疊在一起，造成混亂不易辨識，如圖 3.1-4 所示。所以，工程製圖規定：正投影法分為第一角法和第三角法兩種，此兩種同等適用，但在同一張圖紙中不可同時使用。

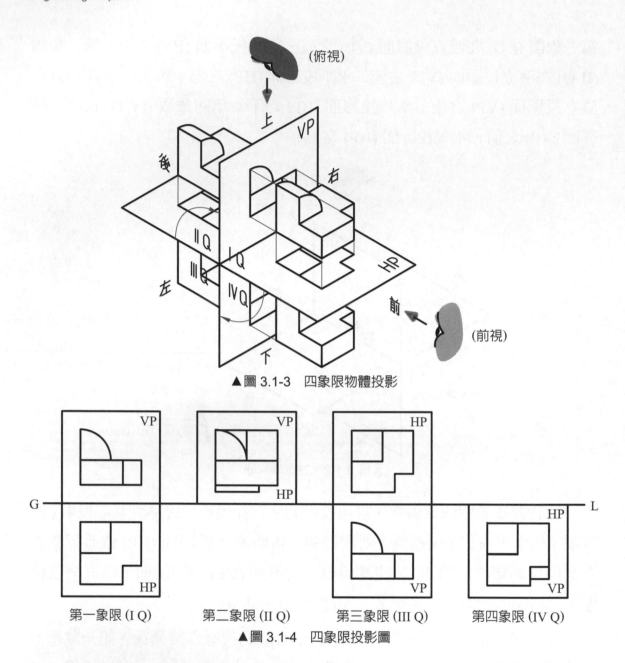

▲圖 3.1-3　四象限物體投影

第一象限 (I Q)　　第二象限 (II Q)　　第三象限 (III Q)　　第四象限 (IV Q)

▲圖 3.1-4　四象限投影圖

1. 第一角投影法

　　第一象限投影稱為第一角法，係將物體置於第一象限，以觀察者→物體→投影面之順序作正投影，即視圖在物體後方的投影面成形。如圖 3.1-5 所示，分別從前視、俯視、右視三方向投影，可得前視圖、俯視圖、右側視圖。再將俯視圖、右側視圖展開成與前視圖同一平面，則俯視圖在前視圖的下方，右側視圖在前視圖的左方。

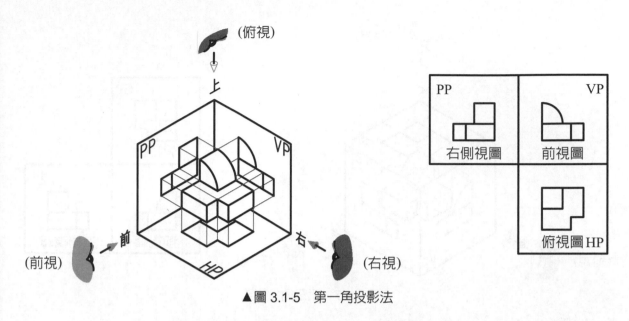

▲圖 3.1-5　第一角投影法

工程圖必須於標題欄中標示圖面所採的投影法是何種？CNS 規定第一角法的符號如圖 3.1-6 所示，h 為圖面尺度的字高 (約 2.5 mm ～ 3.5 mm)，可繪製投影符號或書寫「第一角法」字樣 (字高約 5 mm ～ 7 mm)。

▲圖 3.1-6　第一角法符號

2.　第三角投影法

第三象限投影稱為第三角法，係將物體置於第三象限，以觀察者→投影面→物體之順序作正投影，即視圖在物體前方的投影面成形。如圖 3.1-7 所示，分別從前視、俯視、右視三方向投影，可得前視圖、俯視圖、右側視圖。再將俯視圖、右側視圖展開成與前視圖同一平面，則俯視圖在前視圖的上方，右側視圖在前視圖的右方。

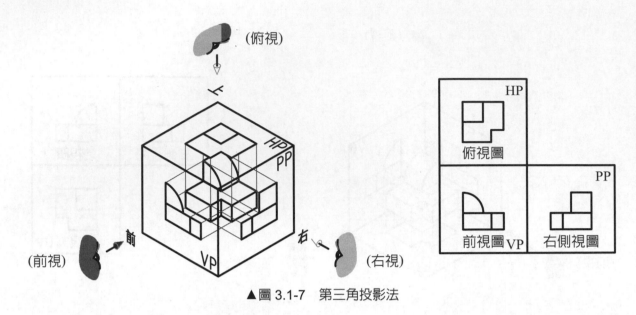

▲圖 3.1-7　第三角投影法

CNS 規定第三角法的符號如圖 3.1-8 所示，h 為圖面尺度的字高 (約 2.5 mm ～ 3.5 mm)，可繪製投影符號或書寫「第三角法」字樣 (字高約 5 mm ～ 7 mm)。

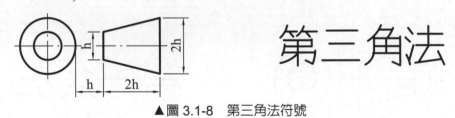

第三角法

▲圖 3.1-8　第三角法符號

3.2 視圖之排列與選擇

　　正投影原理雖以象限投影法來定義，其後來發現不是只用兩個或三個視圖，就能表達出完整的物體輪廓。投影箱的概念孕育而生，第一角法和第三角法都是將物體假想置於一個投影箱內，經投影方法的不同，視圖所成形的位置也就不同。視圖如何排列？視圖多寡如何選擇？變成為極重要的課題！

1. 第一角視圖之排列

   第一角法是以觀察者→物體→投影面之順序作正投影，視圖成形在物體的後方投影面，以前視圖為基準，採內部展開的方式展平投影箱的六個面，即為第一角視圖之排列，如圖 3.2-1 所示。俯視圖在前視圖的下方，仰視圖在前視圖的上方，右側視圖在前視圖的左方，左側視圖在前視圖的右方，後視圖均置於左側視圖的旁邊。

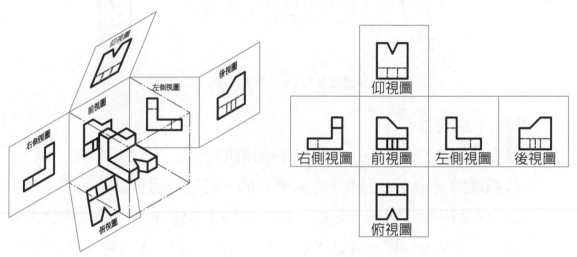

▲圖 3.2-1　第一角投影箱

2. 第三角視圖之排列

   第三角法是以觀察者→投影面→物體之順序作正投影，視圖成形在物體的前方投影面，以前視圖為基準，採外部展開的方式展平投影箱的六個面，即為第三角視圖之排列，如圖 3.2-2 所示。俯視圖在前視圖的上方，仰視圖在前視圖的下方，右側視圖在前視圖的右方，左側視圖在前視圖的左方，後視圖均置於左側視圖的旁邊。

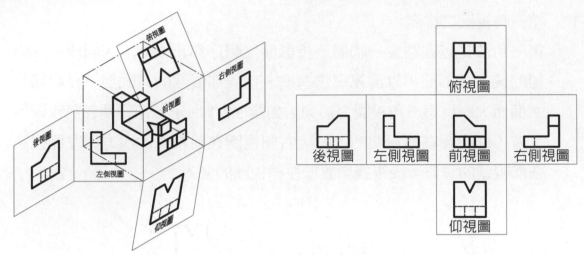

▲圖 3.2-2　第三角投影箱

3.　視圖的空間三度

物體在空間的投影，是為了取得正確比例的空間三度 (寬、高、深)，所以視圖間必須上下對齊、左右標正的，否則看圖者是無法由視圖中辨識出物體的輪廓外形。如圖 3.2-3 所示，為物體的第三角投影法六個視圖，其中深度的轉量可以圓弧方式來繪製，或以 45° 轉折線來繪製，達到視圖相互對齊的要求。而每個視圖都必呈現出二個空間尺度，分述如下：

(1)　前視圖、後視圖：表達出寬度及高度。

(2)　俯視圖、仰視圖：表達出寬度及深度。

(3)　右側視圖、左側視圖：表達出深度及高度。

要描述物體之形狀，有時並不需要投影六個視圖，通常會選擇以前視圖、俯視圖、右側視圖 (或左側視圖) 三個視圖來表達，就是一般所稱呼的「三視圖」，但正確的名稱應該是「正投影視圖」。物體的三視圖在圖紙上之排列，必須視物體的形狀輪廓而定，一般大多數採用 L 字形，即是前視圖、俯視圖、右側視圖；或採逆向 L 字形，即是前視圖、俯視圖、左側視圖，如圖 3.2-4 所示。

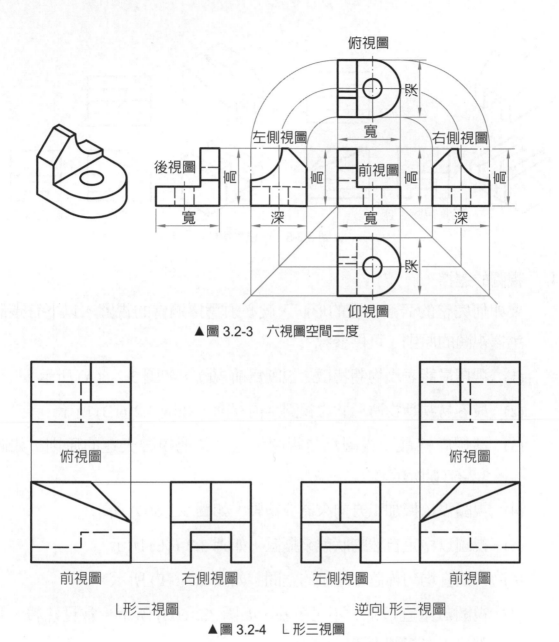

▲圖 3.2-3　六視圖空間三度

▲圖 3.2-4　L 形三視圖

就圖 3.2-4 視圖選擇的擺放方向，有著決定視圖表達優劣的情形，此兩物體是不同形狀的，若選擇了不同方向的三視圖，結果就很不理想，如圖 3.2-5 所示。

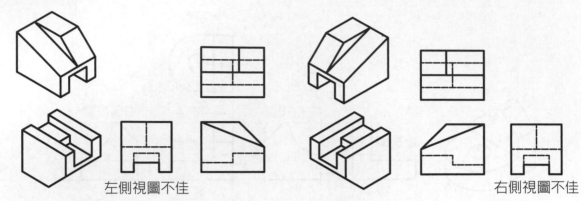

左側視圖不佳   右側視圖不佳

▲圖 3.2-5　三視圖零件

4.　視圖的選擇

要如何完整的表達物體的形狀，就必須選擇適當的視圖。以下有幾個選擇視圖的原則，可供參考：

(1)　選擇最能表現物體特徵之視圖為前視圖，如圖 3.2-6(A) 所示。

(2)　最容易判斷物體形狀之視圖為前視圖，如圖 3.2-6(B) 所示。

(3)　選擇虛線最少視圖為前視圖，也是其他視圖表達的原則，如圖 3.2-6(C) 所示。

(4)　視圖需依據加工方向來擺放繪製，如圖 3.2-6(D) 所示。

(5)　視圖以穩定自然的狀態來擺置，如圖 3.2-6(E) 所示。

(6)　視圖宜均勻佈置在圖紙的空間，如圖 3.2-6(F) 所示。

(7)　視圖數量宜適當，不可多餘，如圖 3.2-6(G) 所示，常見柱體、錐體只用二視圖表達。

(8)　加上尺度符號，儘量以單視圖表達，如圖 3.2-6(H) 所示。

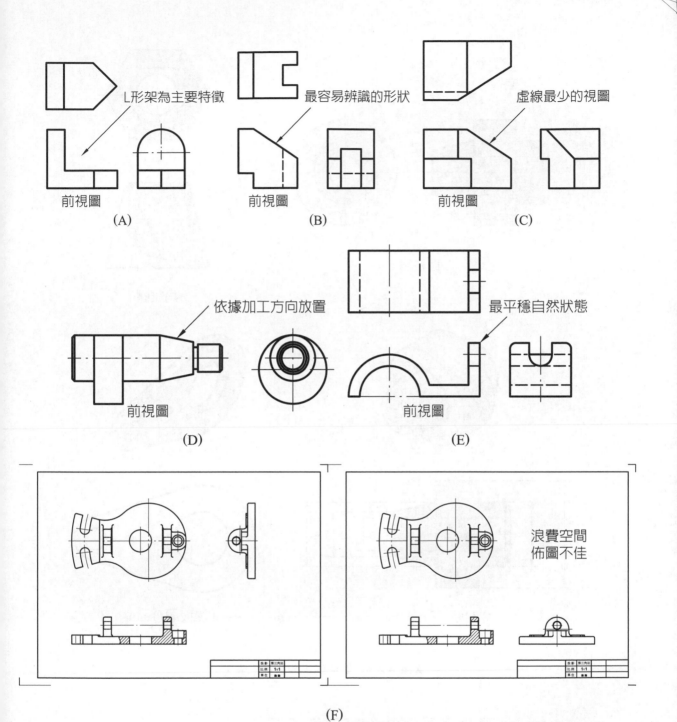

L形架為主要特徵

最容易辨識的形狀

虛線最少的視圖

前視圖

前視圖

前視圖

(A)

(B)

(C)

依據加工方向放置

最平穩自然狀態

前視圖

前視圖

(D)

(E)

浪費空間
佈圖不佳

(F)

▲圖 3.2-6 最佳前視圖選擇

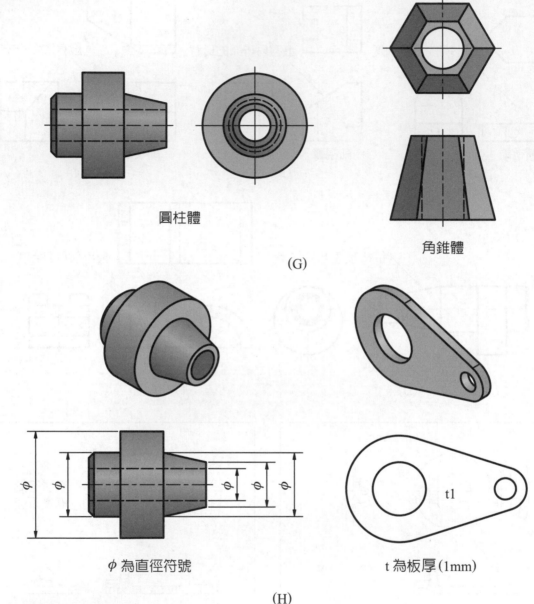

圓柱體

角錐體

(G)

ϕ 為直徑符號

t 為板厚(1mm)

(H)

▲圖 3.2-6　最佳前視圖選擇 (續)

3.3 正投影之幾何作圖

幾何圖形是由點構成線，線構成面，面再構成體的方式形成，而正投影視圖是屬於平面圖，所呈現的幾何要素就是線條。物體上的稜線、表面在正投影視圖上所呈現的狀態，可依據點、線、面來表現，所代表的意義會因與投影面的關係而有所不同。

1. 直線、平面與投影面的關係

物體表面上任兩個平面的交接，必產生一條直線，稱為稜線或邊線。一直線與投影面的關係，會有下列幾種情形：

(1) 正垂線

直覺上，正垂是與某物垂直的意思。但在投影幾何上，是指與投影面相互平行，經投影後所得到的圖形，為原來真實的形狀。如圖 3.3-1 所示，物體上的直線 ab 與水平投影面 (HP)、側投影面 (PP) 平行，投影後所得的線段即為直線的實際長度 (True Length)、簡稱實長 (TL)，就是所謂的正垂線。直線 ab 而與直立投影面 (VP) 成垂直，投影所得的點即為直線的端視圖 (End View，縮寫 EV)。所以，正垂線是與兩個主要投影面平行，與一個主要投影面垂直的關係。點 a 投影在直立投影面 (VP) 上為 a^v，投影在水平投影面 (HP) 上為 a^h，投影在側投影面 (PP) 上為 a^p。

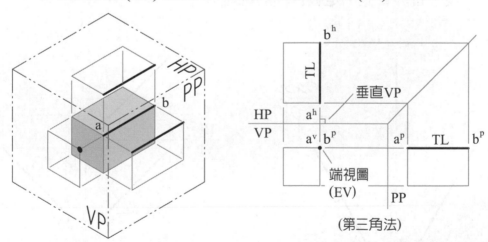

▲圖 3.3-1 正垂線之投影

(2) 單斜線

單斜線是與一個主要投影面平行，與另兩個主要投影面成傾斜的線段。如圖 3.3-2 所示，直線 ab 與直立投影面 (VP) 平行，投影所得的線段即為實長 (TL)，但與水平投影面 (HP)、側投影面 (PP) 成傾斜，投影所得的即為縮短的線段。

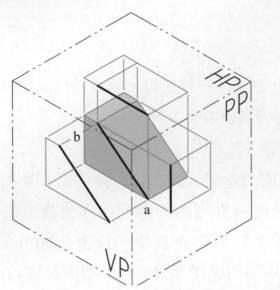
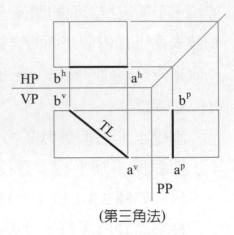

(第三角法)

▲圖 3.3-2　單斜線之投影

(3)　複斜線

複斜線是與三個主要投影面既不平行，也不垂直的線段。如圖 3.3-3 所示，直線 ab 在三個主要投影面 (VP、HP、PP) 的投影線段，皆非實長，是較為縮短的線段。

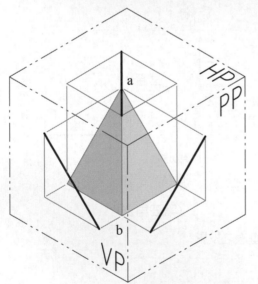
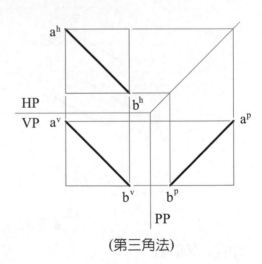

(第三角法)

▲圖 3.3-3　複斜線之投影

關於平面的投影，也是有三種情況產生：

(1) 正垂面

正垂面與投影面的關係為平行一個主要投影面，與另二個主要投影面成垂直，投影呈現一面二線的圖形。如圖 3.3-4 所示，物體的 A、B、C 三個面皆與主要投影面 (VP、HP、PP) 成正垂面的投影關係，都會得到真實大小的形狀 (True Shape)，簡稱為實形 (TS)，又稱為正垂面。而與另二個投影面垂直的投影，即呈現正垂面的邊視圖 (Edge View)。

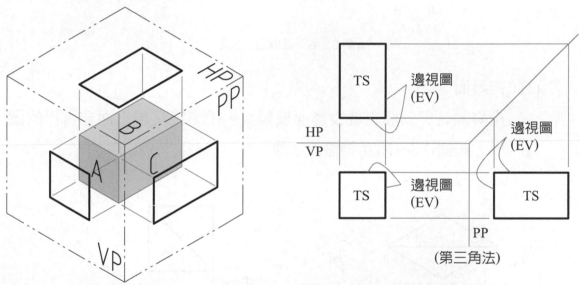

▲ 圖 3.3-4　正垂面之投影

(2) 單斜面

單斜面是與一主要投影面成垂直，與另二個主要投影面成傾斜，投影呈現二面一線的圖形。如圖 3.3-5 所示，物體的 A、B 二個面與一主要投影面成垂直，與另二主要投影面成傾斜，成傾斜的投影圖形皆不是真實形狀，成垂直的投影圖形呈一直線，即為單斜面之邊視圖 (Edge View)。

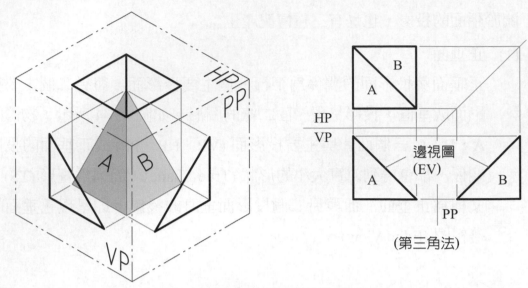

▲圖 3.3-5　單斜面之投影

(3)　複斜面

複斜面皆與三個主要投影面成傾斜，投影後呈現三面非實形的圖形，如圖 3.3-6 所示物體的 A 面。

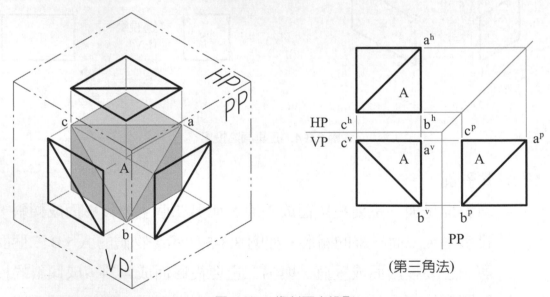

▲圖 3.3-6　複斜面之投影

2.　曲線的幾何投影

如圖 3.3-7 所示，物體上有一斜面與曲面相交，其交線於視圖上會產生曲線。此時曲線之繪製，先畫出正投影三視圖 (前、俯、右)，於前視

圖將 1/4 圓弧作四等分，得五個等分點 (1，2，3，4，5)，再投影至俯
視圖及右側視圖；右側視圖斜邊上的點，經 45° 轉折線投影至俯視圖，
所得交點即是曲線上投影，再以曲線板連接各點即爲曲線。等分點分
得越多，所得的曲線越爲精準，現大多以電腦輔助 3D 製圖，曲線都可
方便投影視圖表現，無須再用儀器畫方式繪製，但基本投影觀念還是
必須具備的。

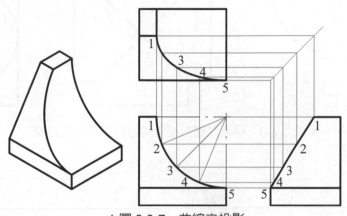

▲圖 3.3-7　曲線之投影

若有兩個直徑大小不同的圓柱體相交，其交線的投影如圖 3.3-8 所示。
兩圓柱體直徑相同的相交，所得的曲線在空間上還是曲線，但在正投
影視圖上已成兩條相交的直線，如圖 3.3-9 所示。

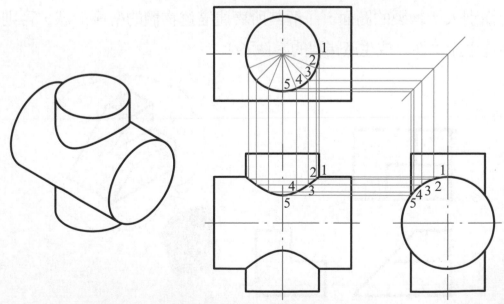

▲圖 3.3-8　兩個直徑大小不同的圓柱體相交之曲線投影

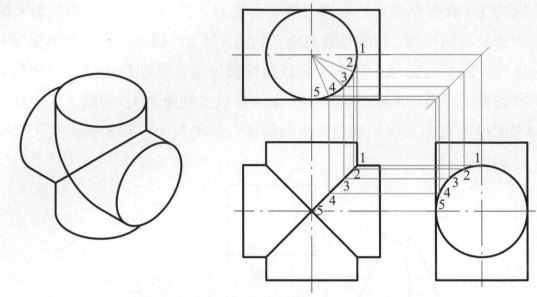

▲圖 3.3-9　兩圓柱體直徑相同的相交之曲線投影

3.4 讀圖與識圖

　　從圖形中，依據正投影原理的觀念，將平面視圖經由大腦的邏輯思考與構想，迅速且正確的瞭解圖面所要表達的立體形狀及幾何意義，這種轉換理解的過程，稱之為讀圖或識圖。學工程的人必須具備識圖能力，才能夠看懂別人所繪製的圖面，了解其所表達描述物體的輪廓形狀，否則就無法製造生產零件，或生產錯誤的零件了！

1. 模型製作識圖法

此為初學識圖者的最好方法，利用油性黏土 (勞作黏土) 或質地柔軟容易切割的材料，依平面視圖之形狀切割製作成模型。藉由此方法作多次的練習，養成興趣，將能建立良好的立體空間概念，以為工程技能之基礎。

如圖 3.4-1 所示之三視圖，依步驟說明模型製作的讀圖方法，如圖 3.4-2 所示：

(1) 依據正投影三視圖，判斷物體之特徵，讀出寬度、高度與深度，並切出各視圖方向的物體特徵。

(2) 前視圖為 L 形特徵，依照尺度切除多餘部份。

(3) 俯視圖右下方切除小三角形尺度的多餘部份。

(4) 依右側視圖左上方切除大三角形尺度的多餘部份。

(5) 最終得到該物體的立體形態。

▲圖 3.4-1

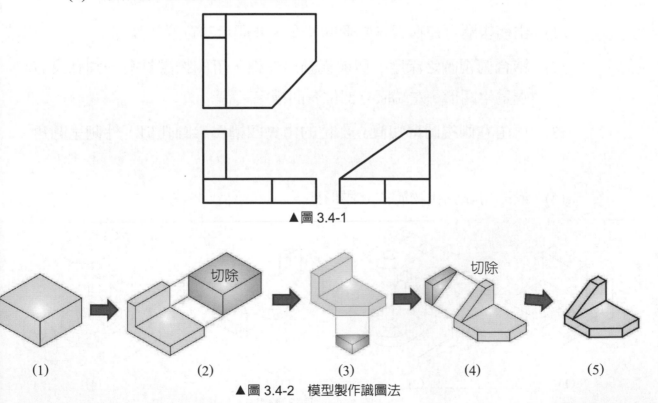

(1)　　　　　(2)　　　　　(3)　　　　　(4)　　　　　(5)

▲圖 3.4-2　模型製作識圖法

2. 直接讀圖法

具有良好的空間立體觀念和投影幾何能力的工程人員，從正投影視圖所示之三度空間(寬、高、深)尺度，就可構思出物體的形狀和大小，並自腦海中將視圖組合成物體的立體形態。此法需經大量識圖練習，以豐富的經驗做為基礎，方能熟練的運用自如。

如圖 3.4-3 所示之三視圖，依步驟說明直接讀圖的方法，如圖 3.4-4 所示：

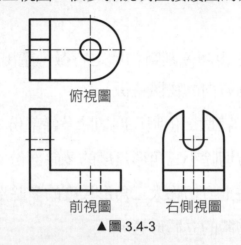

俯視圖

前視圖　　　　右側視圖

▲圖 3.4-3

(1) 由前視圖可知物體為 L 形的特徵，亦顯示其寬度及高度。

(2) 結合俯視圖之深度，與前視圖之虛線，可知物體具有一圓孔及右端為半圓形，左端直立部位有凹槽。

(3) 再由右側視圖得知直立部位的中央凹槽為半圓弧口，外側呈圓角狀。

(4) 最終可識圖出物體的立體形態。

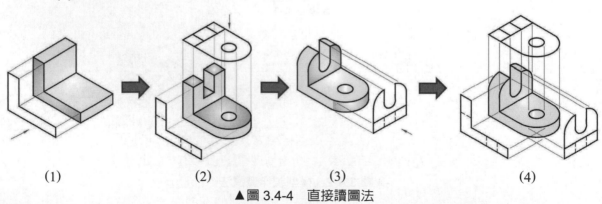

(1)　　　　　　　(2)　　　　　　　(3)　　　　　　　(4)

▲圖 3.4-4　直接讀圖法

3. 識圖練習

(1) 請將下列各物體上各平面之英文字母，填入三視圖內。

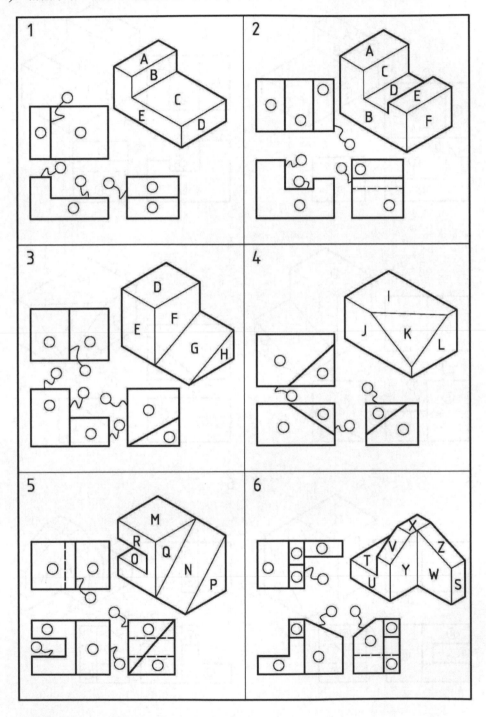

解答

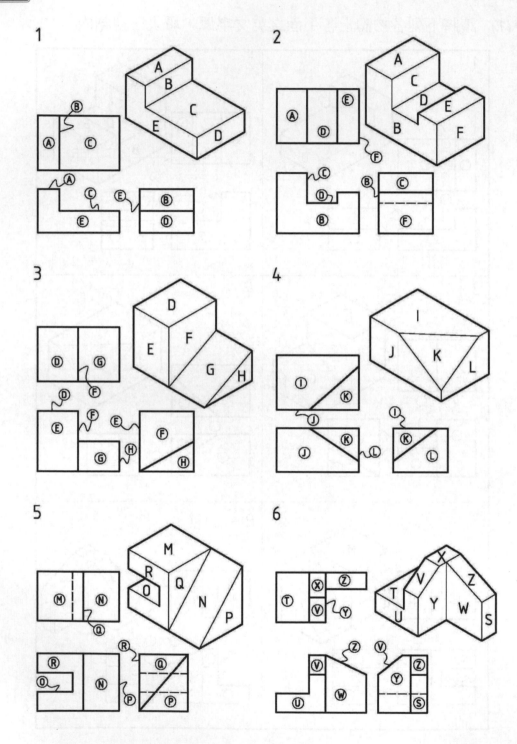

(2) 請參照各物體立體圖,將各面出現在視圖中之平面或直線的代號,填入右表中。

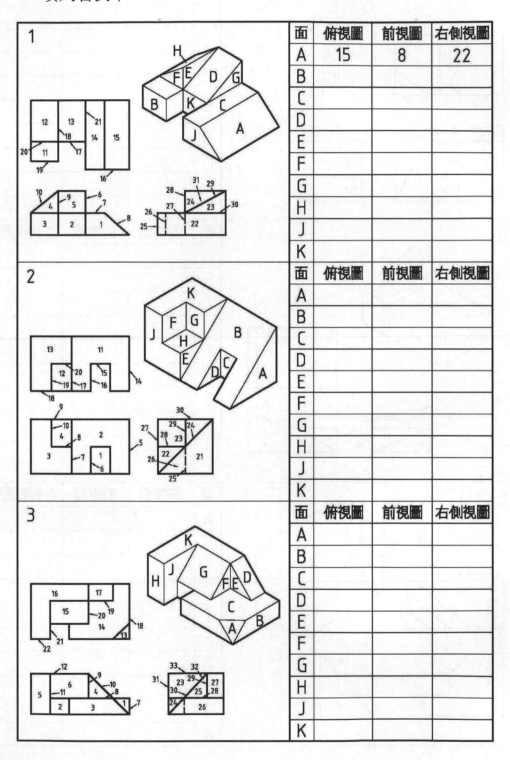

1

面	俯視圖	前視圖	右側視圖
A	15	8	22
B			
C			
D			
E			
F			
G			
H			
J			
K			

2

面	俯視圖	前視圖	右側視圖
A			
B			
C			
D			
E			
F			
G			
H			
J			
K			

3

面	俯視圖	前視圖	右側視圖
A			
B			
C			
D			
E			
F			
G			
H			
J			
K			

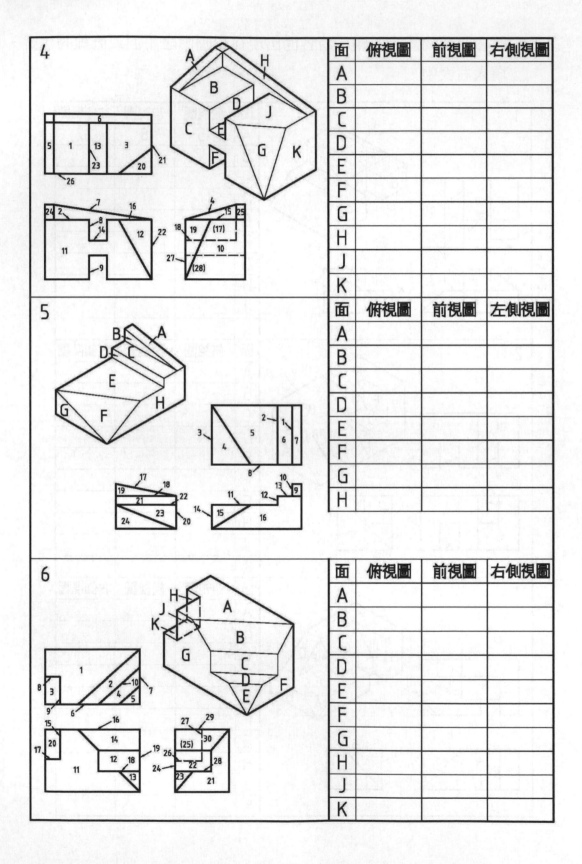

面	俯視圖	前視圖	右側視圖
A			
B			
C			
D			
E			
F			
G			
H			
J			
K			

面	俯視圖	前視圖	左側視圖
A			
B			
C			
D			
E			
F			
G			
H			

面	俯視圖	前視圖	右側視圖
A			
B			
C			
D			
E			
F			
G			
H			
J			
K			

7

面	俯視圖	前視圖	右側視圖
A	1,2,10,9	13,15	26,27
B			
C			
D			
E			
F			
G			
H			
J			
K			

8

面	俯視圖	前視圖	右側視圖
A			
B			
C			
D			
E			
F			
G			
H			
J			
K			

9

面	俯視圖	前視圖	右側視圖
A			
B			
C			
D			
E			
F			
G			
H			
J			
K			

解答

1.

面	俯視圖	前視圖	右側視圖
A	15	8	22
B	19	3	26
C	14	7	30
D	13	5	29
E	18	9	24
F	20	4	28
G	21	6	23
H	12	10	31
J	16	1	25
K	17	2	27

2.

面	俯視圖	前視圖	右側視圖
A	14	5	21
B	11	2	24
C	15	1	25
D	16	6	26
E	17	7	22
F	19	10	23
G	20	4	29
H	12	8	28
J	18	3	27
K	13	9	30

3.

面	俯視圖	前視圖	右側視圖
A	13	1	24
B	18	7	26
C	14	8	28
D	17	10	27
E	19	4	29
F	20	9	25
G	15	6	32
H	22	5	31
J	21	11	23
K	16	12	33

4.

面	俯視圖	前視圖	右側視圖
A	5	24	4
B	1	2	15
C	26	11	27
D	23	8	17
E	13	14	18
F	23	9	28
G	20	12	19
H	6	7	25
J	3	16	15
K	21	22	10

5.

面	俯視圖	前視圖	右側視圖
A	7	9	17
B	1	10	19
C	6	13	18
D	2	12	21
E	5	11	22
F	4	15	23
G	3	14	24
H	8	16	20

6.

面	俯視圖	前視圖	右側視圖
A	1	16	29
B	2	14	30
C	10	12	22
D	4	18	28
E	5	13	23
F	7	19	21
G	6	11	24
H	8	20	27
J	9	15	25
K	3	17	26

7.

面	俯視圖	前視圖	右側視圖
A	1，2，10，9	13，15	26，27
B	9，10，11	13，14，16，22	25，26
C	2，3，7，8，9，11	22，17	24，28
D	8，6	22，17，23，19，20，21	24，30
E	2，10，11	14，15，16	26，27
F	2，11	15，16	25，26，27
G	3，7	17，23	24，28，32，31
H	3，4，5，12	17，18，19，23	28，32
J	5，6，7，12	23，19	31，32
K	4，6	18，20	28，29，30，31

8.

面	俯視圖	前視圖	右側視圖
A	13，10，16	17，18	29，30
B	1，6，9	17，18，19，20	29，38
C	11，12，15，16	20，28	37，38
D	12，13，14，15	20，21，27，28	36，37
E	3，4，9，10	18，19	29，30，31，38
F	2，13	20，25	31，32，34，35，36，37，39
G	2，5，8，11	22，23	32，39
H	11，7	22，23，24，25	34，39
J	5，6，7，8	23，24	32，33，34，39
K	13，14	21，25，26，27	35，36

9.

面	俯視圖	前視圖	右側視圖
A	12，10，13	14，15	23，24
B	10，11，12，13	14，15，21，22	23，28
C	10，11	15，21	23，27，28
D	9，10	15，16，20，21	23，27
E	2，3，9，10	15，16	23，24，25，31
F	3，4，5，7，9	16，18	25，29
G	4，6	18，19	25，26，28，31
H	5，6，7	17，18，19	28，29，31
J	6，8	17，19，20	28，29
K	7，8，9	16，17，20	28，29，31

(3) 請依箭頭方向，將正確的視圖號碼填入試題空格內。

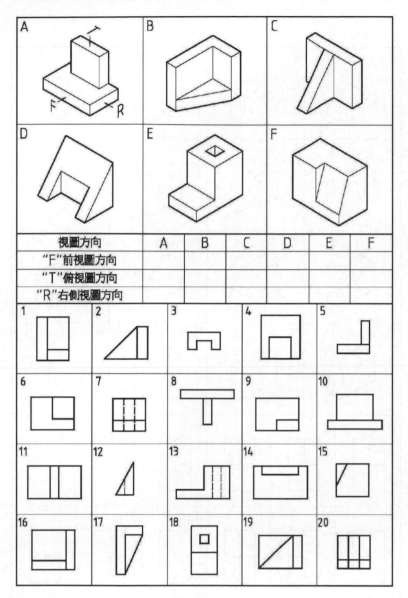

視圖方向	A	B	C	D	E	F
"F"前視圖方向						
"T"俯視圖方向						
"R"右側視圖方向						

解答

視圖方向	A	B	C	D	E	F
"F" 前視圖方向	10	1	11	4	7	8
"T" 俯視圖方向	14	17	8	3	18	9
"R" 右側視圖方向	5	16	2	12	13	15

(4) 請依各題箭頭方向，將正確視圖的代號，填入括弧中。

①

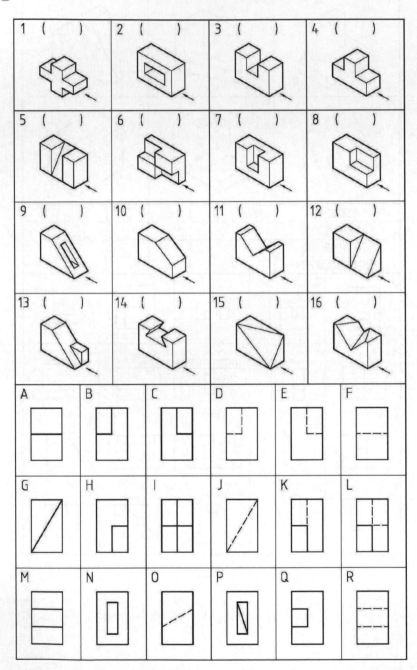

解答

1. (M)　2. (R)　3. (F)　4. (A)　5. (J)　6. (K)　7. (D)　8. (B)　9. (N)　10. (A)

11. (F)　12. (G)　13. (H)　14. (F)　15. (G)　16. (O)

②

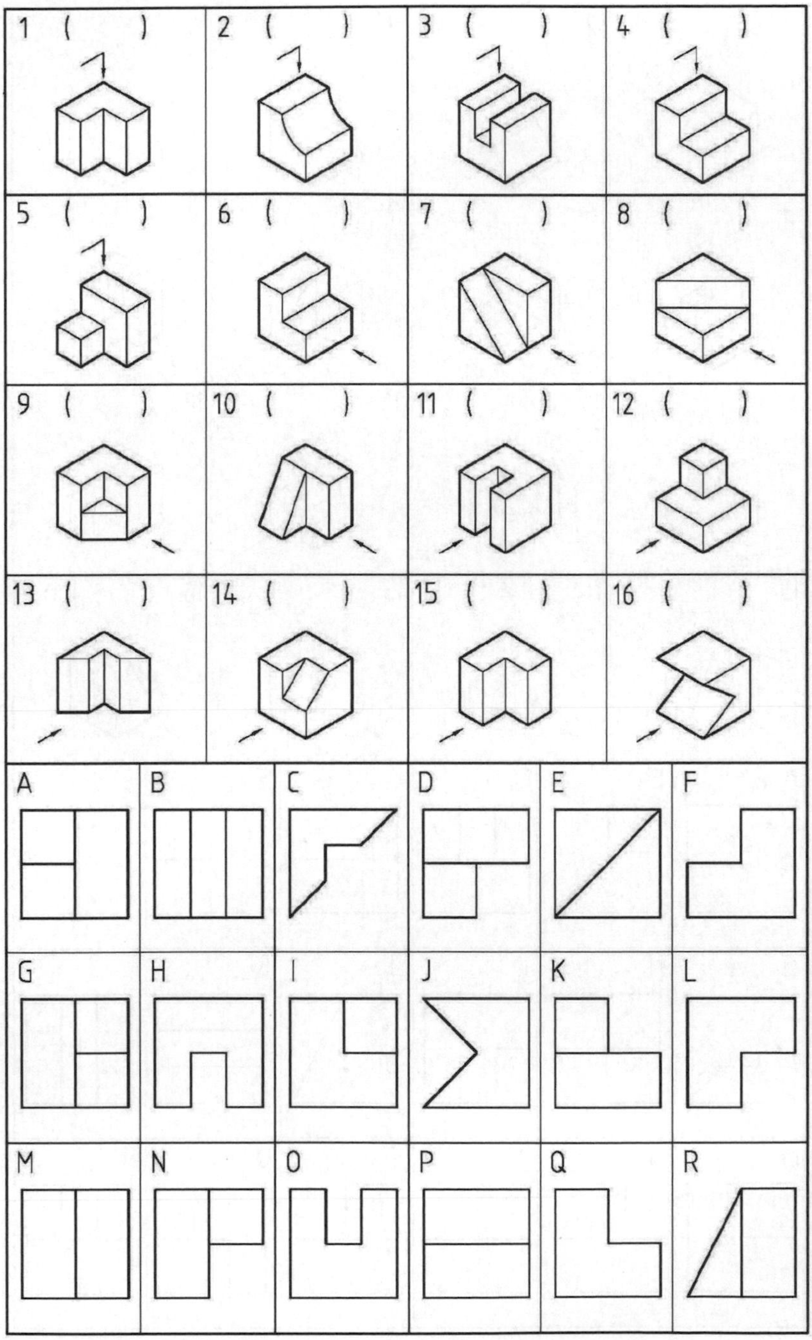

1 ( )	2 ( )	3 ( )	4 ( )
5 ( )	6 ( )	7 ( )	8 ( )
9 ( )	10 ( )	11 ( )	12 ( )
13 ( )	14 ( )	15 ( )	16 ( )

A	B	C	D	E	F
G	H	I	J	K	L
M	N	O	P	Q	R

解答

1. (L) 2. (M) 3. (B) 4. (M) 5. (D) 6. (P) 7. (M) 8. (P) 9. (A) 10. (R)
11. (B) 12. (K) 13. (B) 14. (I) 15. (M) 16. (P)

③

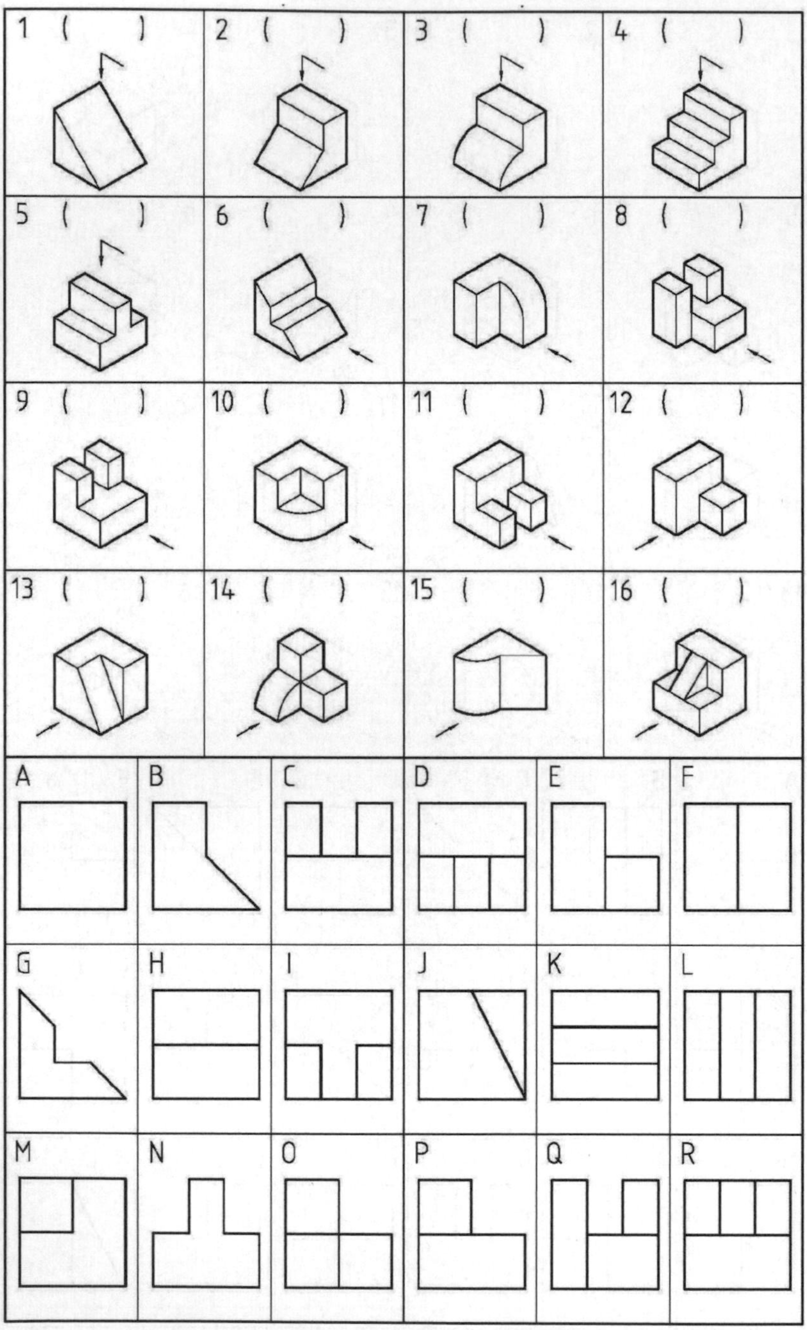

1 ( )	2 ( )	3 ( )	4 ( )
5 ( )	6 ( )	7 ( )	8 ( )
9 ( )	10 ( )	11 ( )	12 ( )
13 ( )	14 ( )	15 ( )	16 ( )

A	B	C	D	E	F
G	H	I	J	K	L
M	N	O	P	Q	R

解答

1. (A) 2. (F) 3. (F) 4. (L) 5. (L) 6. (K) 7. (F) 8. (Q) 9. (C) 10. (M)
11. (I) 12. (E) 13. (J) 14. (O) 15. (F) 16. (R)

④

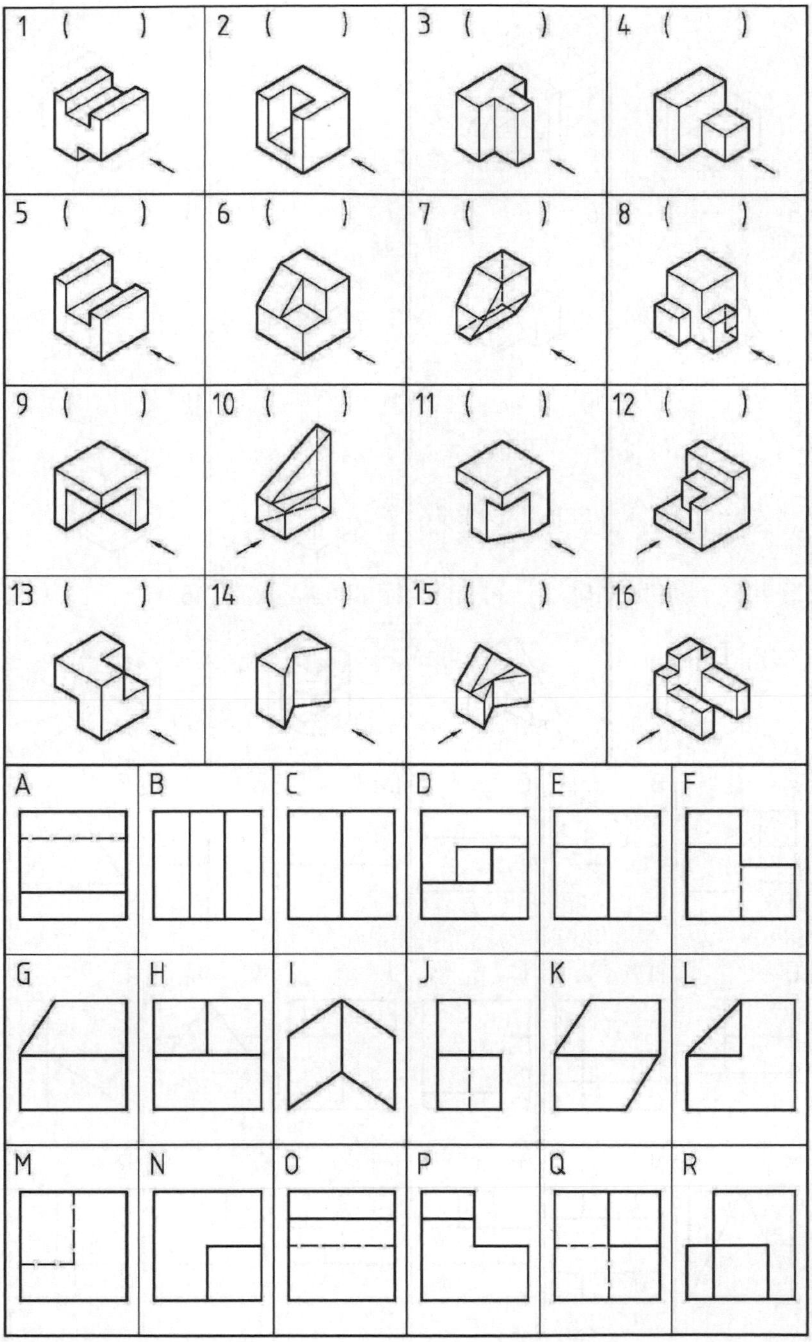

1 ( )	2 ( )	3 ( )	4 ( )
5 ( )	6 ( )	7 ( )	8 ( )
9 ( )	10 ( )	11 ( )	12 ( )
13 ( )	14 ( )	15 ( )	16 ( )

A	B	C	D	E	F
G	H	I	J	K	L
M	N	O	P	Q	R

解答

1. (A) 2. (M) 3. (B) 4. (N) 5. (O) 6. (L) 7. (G) 8. (R) 9. (E) 10. (J)

11. (E) 12. (D) 13. (Q) 14. (C) 15. (J) 16. (F)

⑤

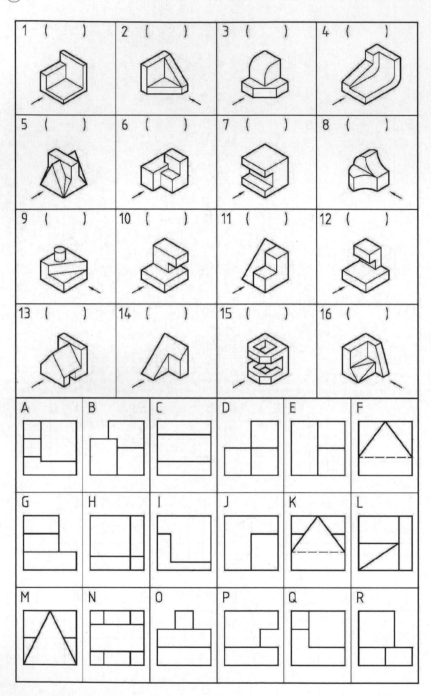

解答

1. (I)　2. (H)　3. (R)　4. (A)　5. (M)　6. (B)　7. (C)　8. (D)　9. (O)　10. (P)

11. (E)　12. (G)　13. (F)　14. (J)　15. (N)　16. (L)

⑥

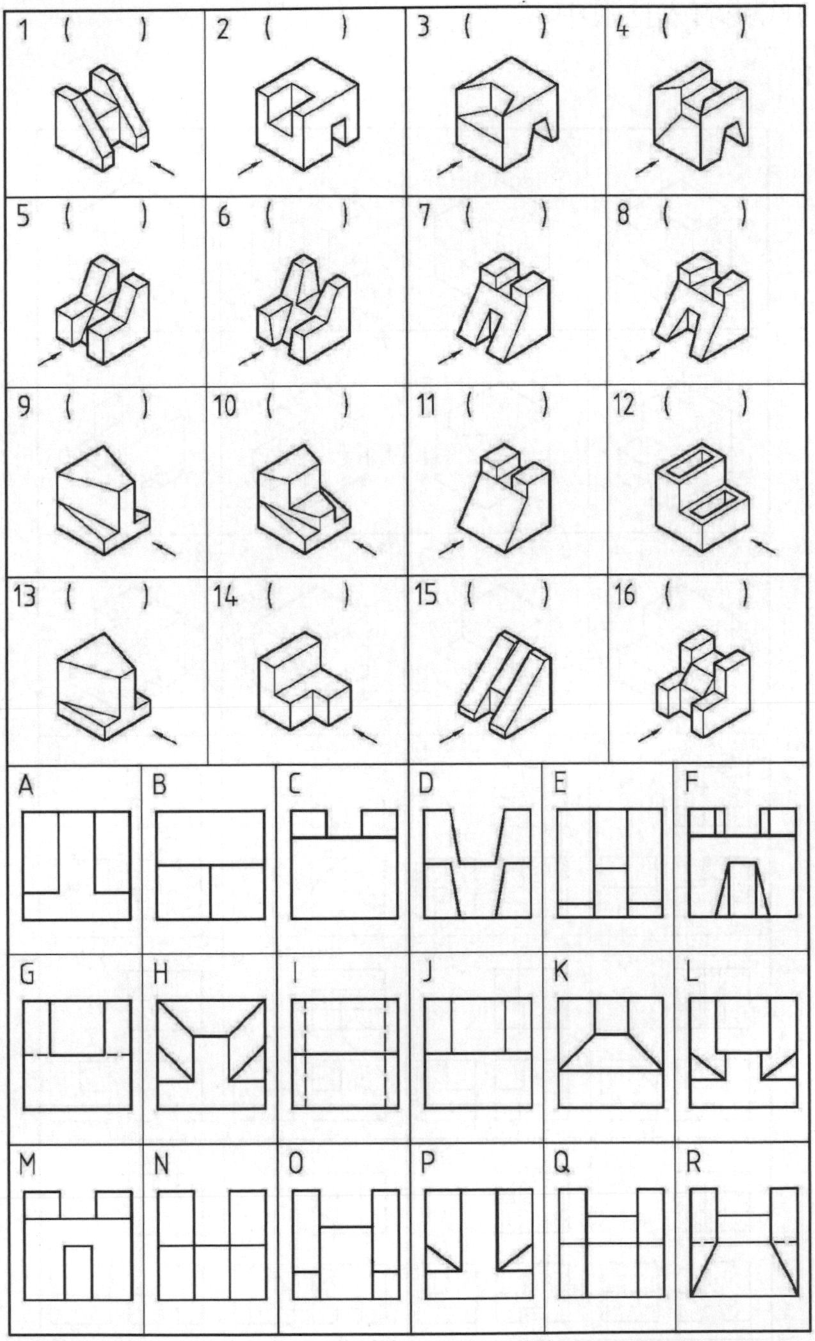

1 ( )	2 ( )	3 ( )	4 ( )
5 ( )	6 ( )	7 ( )	8 ( )
9 ( )	10 ( )	11 ( )	12 ( )
13 ( )	14 ( )	15 ( )	16 ( )

A	B	C	D	E	F
G	H	I	J	K	L
M	N	O	P	Q	R

解答

1. (O) 2. (G) 3. (J) 4. (R) 5. (N) 6. (D) 7. (M) 8. (F) 9. (P) 10. (L)
11. (C) 12. (I) 13. (A) 14. (B) 15. (E) 16. (Q)

(5) 請依各題立體圖，以第三角法選出正確之正投影視圖，並將視圖
的代號填入括弧中。

①

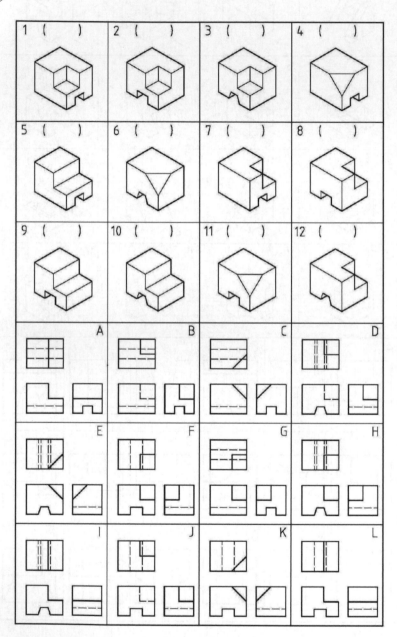

解答

1. (G)　2. (F)　3. (H)　4. (C)　5. (A)　6. (E)　7. (B)　8. (J)　9. (L)　10. (I)
11. (K)　12. (D)

②

解答

1. (J)　2. (K)　3. (E)　4. (B)　5. (A)　6. (L)　7. (G)　8. (F)　9. (L)　10. (D)
11. (I)　12. (C)

(6) 已知下列各題之前視圖，請選出正確之右側視圖。

		A	B	C	D
( ) 1					
( ) 2					
( ) 3					
( ) 4					
( ) 5					
( ) 6					
( ) 7					
( ) 8					
( ) 9					
( ) 10					

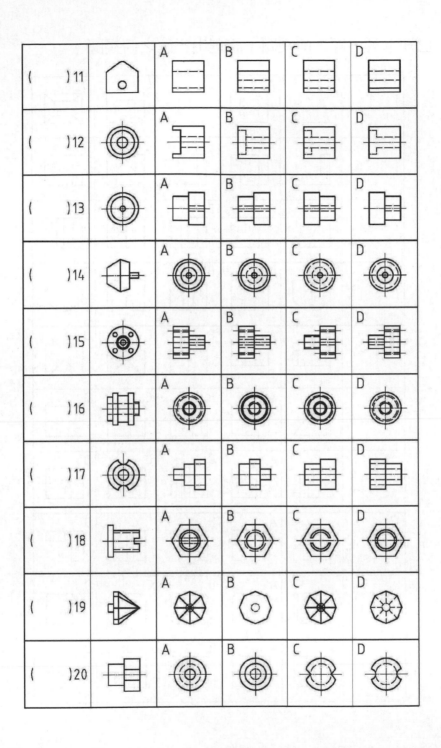

解答

1. (D)　2. (C)　3. (D)　4. (B)　5. (D)　6. (D)　7. (A)　8. (C)　9. (C)　10. (B)

11. (B)　12. (B)　13. (B)　14. (B)　15. (C)　16. (A)　17. (A)　18. (D)　19. (A)　20. (D)

(7) 已知下列各題之前視圖，請選出正確之俯視圖。

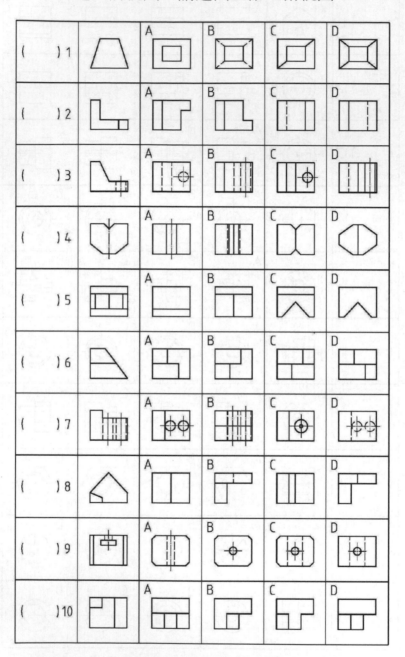

解答

1. (D)　2. (A)　3. (C)　4. (B)　5. (C)　6. (A)　7. (A)　8. (D)　9. (C)　10. (C)

3.5 製圖、立體的等角投影圖與等角圖

　　製圖的工作需要具備極爲細心、專心、用心的態度，才能繪製完整的工程圖。圖面首重正確性，沒有正確的視圖，就如同一張廢紙。在工商業分秒必爭的時代，工程圖沒有迅速的完成，且達到整齊美觀的乾淨圖面，顯示出設計師或製圖員能力的不足，必定會遭受主管老闆的不悅與斥責。如何繪製正確的視圖？或學習立體圖的畫法，加以立體圖的輔助表達，成爲學習製圖的另一項重要的課題。

1. 製圖

　　如圖 3.5-1(A) 爲一 V 型枕的立體圖，其繪製視圖之步驟：

(1) 繪製圖框及標題欄，如圖 3.5-1(B) 所示。

(2) 選擇前視圖的方向、視圖的比例及視圖的數量。

(3) 計算視圖的寬、高、深尺度與視圖間距【設 A = 30 mm，B = (277 – 100 – 60 – 30 – 24) / 2 = 31.5，C = (385 – 140 – 100 – 30) / 2 = 72.5】，並輕繪出基準線或中心線，以及視圖最大輪廓範圍線。

(4) 依物體各部的尺度，繪製出各視圖之輪廓線條，再畫 45° 轉折線並投影，如圖 3.5-1(C) 所示。

(5) 先擦拭一些不必要的線條。沿輕繪視圖的作圖線，先加深畫小圓至大圓，及圓弧，如圖 3.5-1(D) 所示。

(6) 依線條粗細和線型，加深畫視圖各部輪廓的水平線，由上往下的順序，由左至右畫。先畫粗實線，再畫虛線，最後畫中心線，如圖 3.5-1(E) 所示。

(7) 再加深畫視圖各部輪廓的垂直線，由左往右的順序，由下至上畫。也是先畫粗實線，再畫虛線，最後畫中心線，如圖 3.5-1(F) 所示。

(8) 最後畫斜線，填寫標題欄，再校核與送審，如圖 3.5-1(G) 所示。

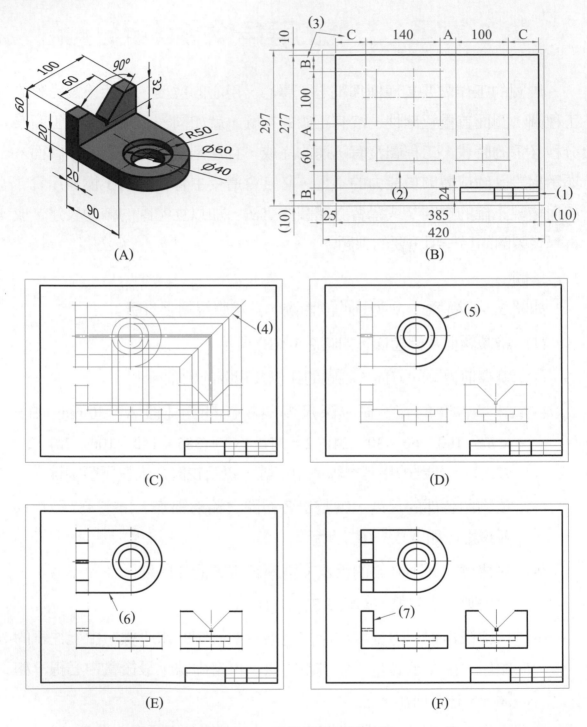

▲圖 3.5-1　V 型枕視圖繪製步驟

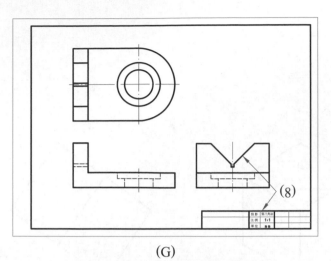

(G)

▲圖 3.5-1　V 型枕視圖繪製步驟

2.　立體等角投影圖與立體等角圖

一般人們從圖紙看見的立體圖，其實也是平面的視覺效果，主要是將物體的寬、高、深同時表現在一個視圖上，即有立體的感覺。適度的將物體作旋轉和擺置，使三個主要面皆與投影面成傾斜，再作正投影的視圖成影，即可產生立體圖。立體等角投影圖是利用正投影原理的投影方式所繪製，如圖 3.5-2 所示，係先將物體於俯視圖繞直立軸水平轉 45° 角，再由右側視圖繞水平軸前傾 35°16′，物體的正投影視圖的三軸線互夾 120°，形成一 60° 菱形等角面，稱之為等角投影圖。假設物體的寬、高、深三個尺度皆為 1，經立體等角投影後，長度變為 a，a 係經 cos45° 和 sec30° 之比例投影 (a = 1 ×cos45° ×sec30° ≒ 0.816)，或經前傾 35°16′ 的投影 (a = 1 cos 35°16′ ≒ 0.816)，約縮短原來長度的 81.6%。

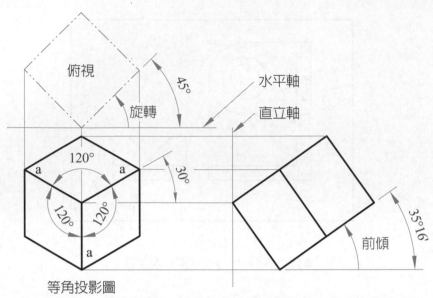

▲圖 3.5-2　立體等角投影圖

雖然等角投影圖之繪製，可使用三角板 30°、60° 的角度來畫，但長度的縮率 81.6% 難以計算，又非整數。所以，一般則採以原實際長度 1 來繪製，即是等角圖，如圖 3.5-3 所示，圖中與等角軸平行的直線稱為等角線；不與等角軸平行的直線稱為非等角線。立體等角圖各主要等角面上的圓或圓弧，須繪成內切 60° 菱形之橢圓或橢圓弧，稱為等角圓或等角圓弧，亦稱為 35°16′ 橢圓，如圖 3.5-4 所示。等角圓的畫法已在 2.4-3 章節詳述說明，或是使用圖 3.5-5 之等角橢圓板來繪製。

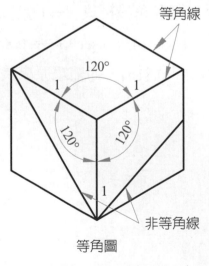

▲圖 3.5-3　等角圖

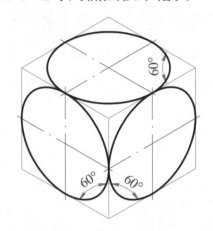

▲圖 3.5-4　60° 菱形內切等角圓

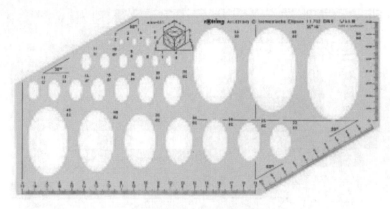

▲圖 3.5-5　等角橢圓板

有關等角投影圖與等角圖的差別，一般人常常不太瞭解，其實只是大小比例不同，等角投影圖是真正物體投影後的立體圖，而等角圖是經設定原尺度畫出的立體圖，會比原來物體大一些，兩者比例關係如圖 3.5-6 所示。

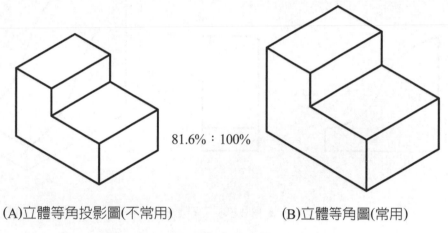

(A)立體等角投影圖(不常用)　　　　(B)立體等角圖(常用)

▲圖 3.5-6　等角投影圖與等角圖的比例關係

81.6%：100%

等角圖上的角度，不可使用一般的量角器直接量度或繪製，它不是實際的角度，乃因物體經旋轉前傾後的投影圖形。有一種等角立體量角器如圖 3.5-7 所示，可作為等角圖的角度量取和繪製，但市面上不易購買，且價格不斐。現在大多採用座標法和支距法來繪製等角圖的角度，有時使用計算方式求得距離尺度，如圖 3.5-8 所示之座標法，$a = (20 - 6) \times \tan30° \fallingdotseq 8.08$，$b = (12 - 8) \times \tan60° \fallingdotseq 6.93$，$c = 8 \times \tan45° = 8$。如

圖 3.5-9 所示之支距法，則使用分規量度 x 尺度和 y 尺度，再轉量至等角圖上，再連接支距上的各點，可將曲線繪製完整。

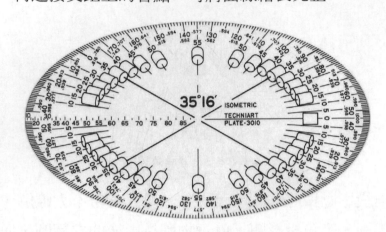

▲圖 3.5-7　等角立體量角器

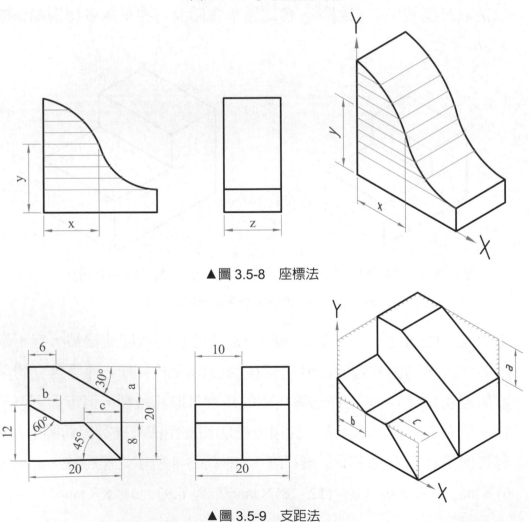

▲圖 3.5-8　座標法

▲圖 3.5-9　支距法

模擬考題

一、選擇題

(　　) 1. 工作圖上常用投影方法為　(A) 透視投影　(B) 側面投影　(C) 正投影　(D) 輔助投影。

(　　) 2. CNS 標準投影係採用　(A) 第一角法　(B) 第二角法　(C) 第三角法　(D) 第一角法與第三角法同等適用。

(　　) 3. 物體投影時如為「視點→畫面→物體」之關係，此為？　(A) 第一角法　(B) 第二角法　(C) 第三角法　(D) 第四角法。

(　　) 4. 畫正投影視圖時，最能表現物體特徵之視圖應為　(A) 俯視圖　(B) 側視圖　(C) 仰視圖　(D) 前視圖。

(　　) 5. 第三角法與第一角法最主要的差別，在於何種關係不同　(A) 視點　(B) 物體與投影　(C) 視點與展開面　(D) 展開面。

(　　) 6. 等角圖之邊長大小約為等角投影圖的　(A)0.816　(B)0.866　(C)1.225　(D)1.414 倍。

(　　) 7. 等角圖之軸互夾的角度是多少？　(A)150°　(B)120°　(C)30°　(D)60°。

(　　) 8. 三視圖中缺少一個視圖，請補出視圖：

　　　　(A)

　　　　(B)

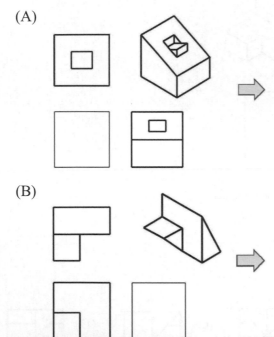

(　　) 9. 三視圖中缺少一個視圖，請補出視圖：

(A)

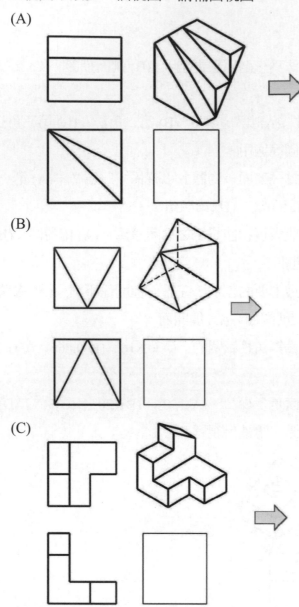

(B)

(C)

10. 請依立體圖箭頭指示方向選擇正確的視圖：

(　　) (1)

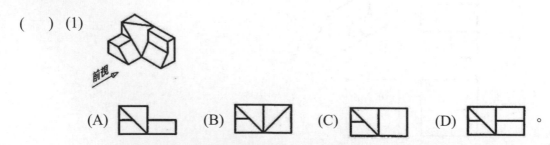

(A) (B) (C) (D) 。

(　) (2)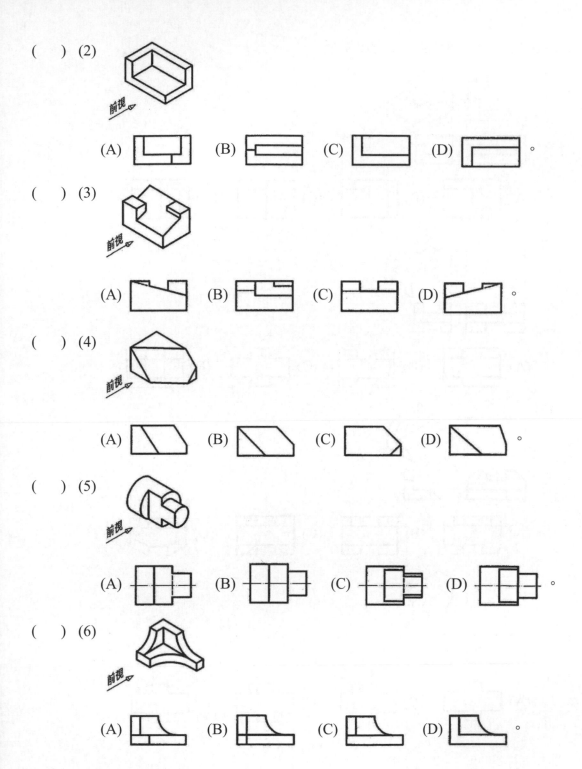

(A) (B) (C) (D) 。

(　) (3)

(A) (B) (C) (D) 。

(　) (4)

(A) (B) (C) (D) 。

(　) (5)

(A) (B) (C) (D) 。

(　) (6)

(A) (B) (C) (D) 。

11. 三視圖中缺少一個視圖，請選出視圖：

(　) (1)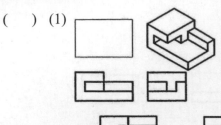

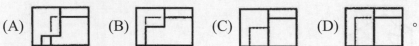

(A) 　　(B) 　　(C) 　　(D) 　　。

(　) (2)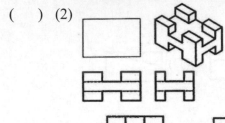

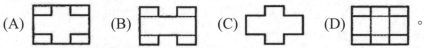

(A) 　　(B) 　　(C) 　　(D) 　　。

(　) (3)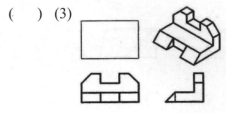

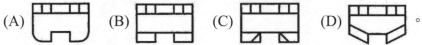

(A) 　　(B) 　　(C) 　　(D) 　　。

(　) (4)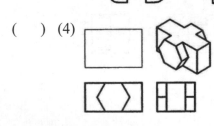

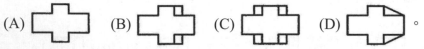

(A) 　　(B) 　　(C) 　　(D) 　　。

12. 請以圖示的三視圖，選出物體立體圖：

( ) (1)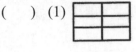
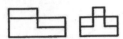

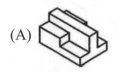 (A) (B) 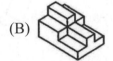 (C) 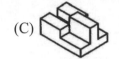 (D)  。

( ) (2)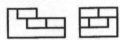

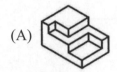 (A) (B) 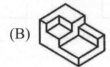 (C) 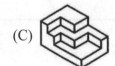 (D) 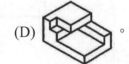 。

( ) (3)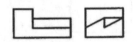

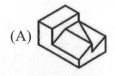 (A) (B) 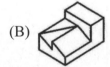 (C) 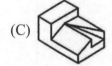 (D) 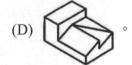 。

( ) (4)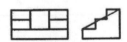

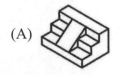 (A) (B) 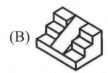 (C) 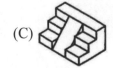 (D) 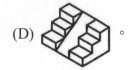 。

二、繪圖題

13. 按物體形狀與尺度大小完成其三視圖投影，並加註可見面的英文與數字代號。

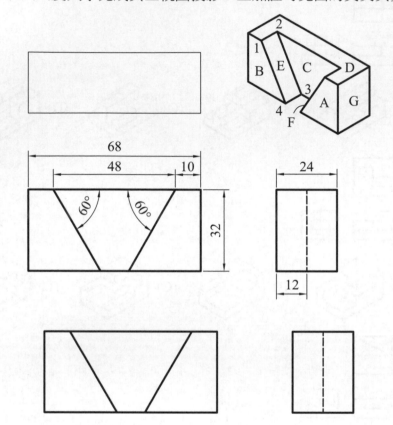

14. 按物體形狀與尺度大小完成其三視圖投影，並加註可見面的英文與數字代號。

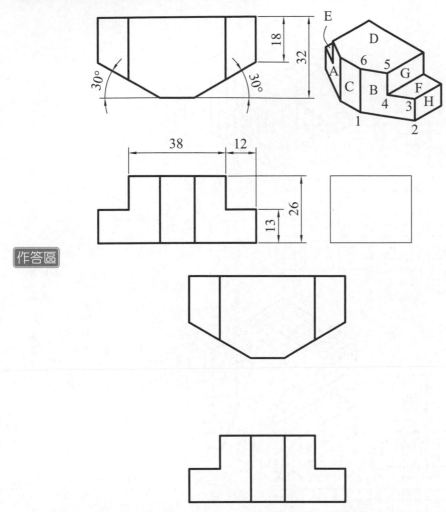

作答區

15. 按物體的形狀與大小，完成投影三視圖。

(1)

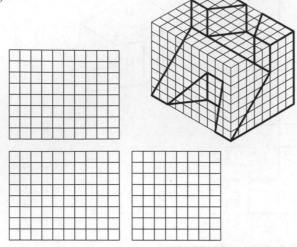

(2)

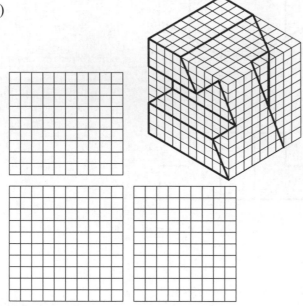

16. 依第三角法按物體的形狀與大小 (每一小方格為 5 mm)，繪於圖紙方格內，標註
　　尺度，完成其正投影三視圖。

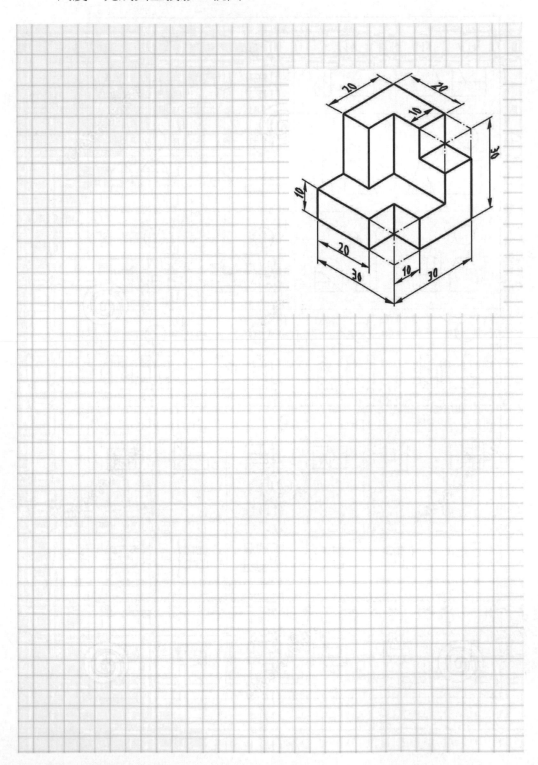

17 下列各題均缺一個視圖，請於下列 A ～ R2 答案中，選出正確的視圖，並將其代
號填入圈圈內。

(1)

(2)

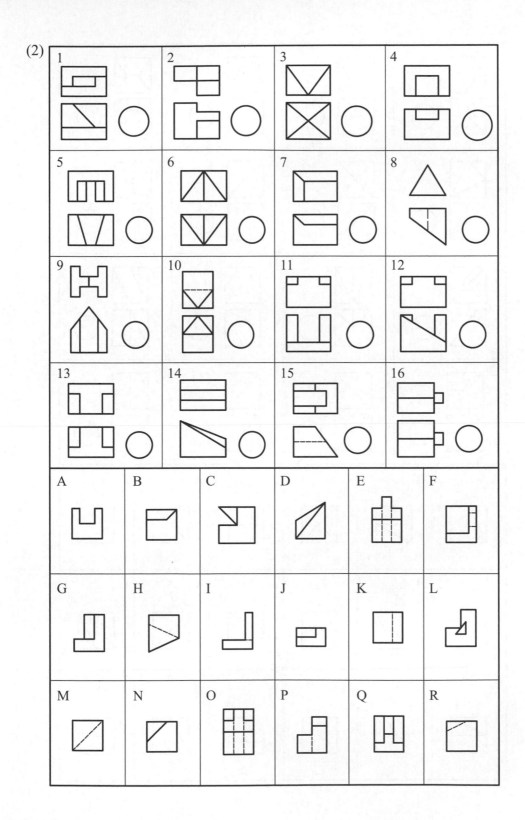

(3)

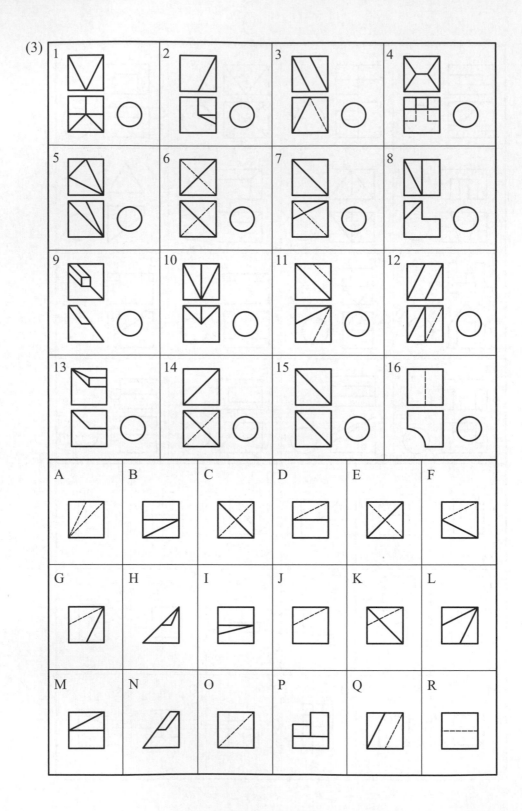

18. 已知下列各題之前視圖和俯視圖，請選出正確之右側視圖。

1 ( )	A	B	C	D	E

2 ( )	A	B	C	D	E

3 ( )	A	B	C	D	E

4 ( )	A	B	C	D	E

5 ( )	A	B	C	D	E

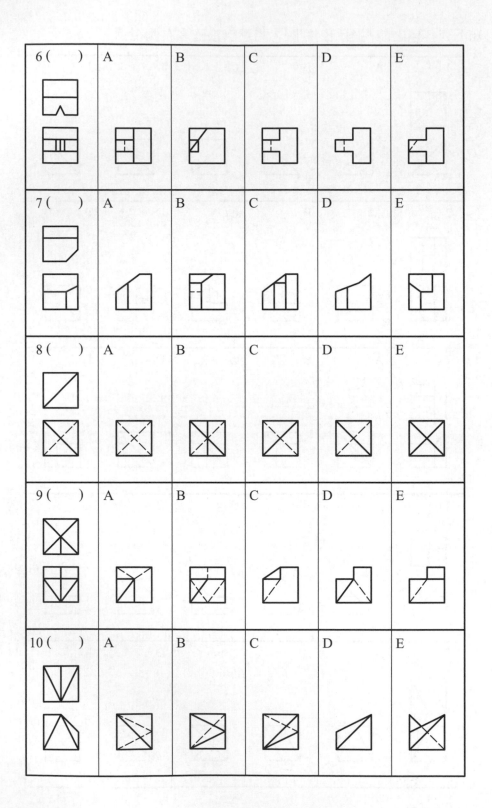

11 ( )	A	B	C	D	E

12 ( )	A	B	C	D	E

13 ( )	A	B	C	D	E

14 ( )	A	B	C	D	E

15 ( )	A	B	C	D	E

16 ( )	A	B	C	D	E

17 ( )	A	B	C	D	E

18 ( )	A	B	C	D	E

19 ( )	A	B	C	D	E

20 ( )	A	B	C	D	E

21 ( )	A	B	C	D	E

22 ( )	A	B	C	D	E

23 ( )	A	B	C	D	E

24 ( )	A	B	C	D	E

25 ( )	A	B	C	D	E

26 ( )	A	B	C	D	E

27 ( )	A	B	C	D	E

28 ( )	A	B	C	D	E

29 ( )	A	B	C	D	E

30 ( )	A	B	C	D	E

31 ( )	A	B	C	D	E

32 ( )	A	B	C	D	E

33 ( )	A	B	C	D	E

34 ( )	A	B	C	D	E

35 ( )	A	B	C	D	E

36 ( )	A	B	C	D	E

37 ( )	A	B	C	D	E

38 ( )	A	B	C	D	E

39 ( )	A	B	C	D	E

40 ( )	A	B	C	D	E

41 ( )	A	B	C	D	E

42 ( )	A	B	C	D	E

43 ( )	A	B	C	D	E

44 ( )	A	B	C	D	E

45 ( )	A	B	C	D	E

46 ( )	A	B	C	D	E

47 ( )	A	B	C	D	E

48 ( )	A	B	C	D	E

49 ( )	A	B	C	D	E

50 ( )	A	B	C	D	E

51 ( )	A	B	C	D	E

52 ( )	A	B	C	D	E

53 ( )	A	B	C	D	E

54 ( )	A	B	C	D	E

55 ( )	A	B	C	D	E

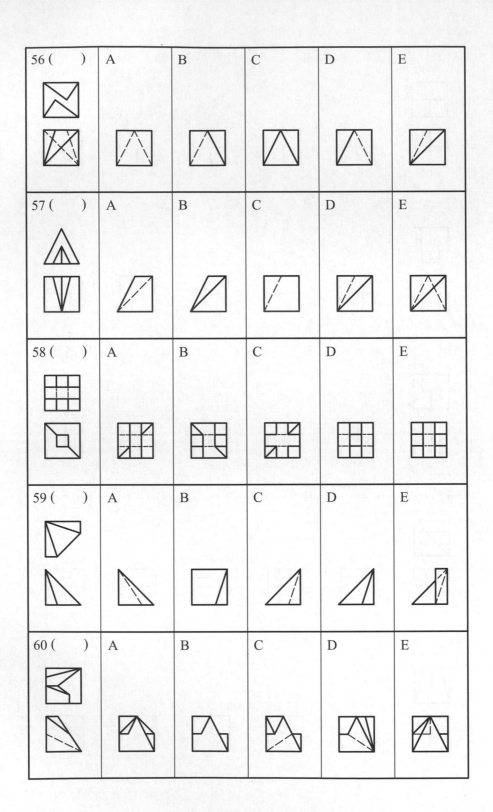

56 (　)　A　B　C　D　E

57 (　)　A　B　C　D　E

58 (　)　A　B　C　D　E

59 (　)　A　B　C　D　E

60 (　)　A　B　C　D　E

61 ( )	A	B	C	D	E

62 ( )	A	B	C	D	E

63 ( )	A	B	C	D	E

64 ( )	A	B	C	D	E

65 ( )	A	B	C	D	E

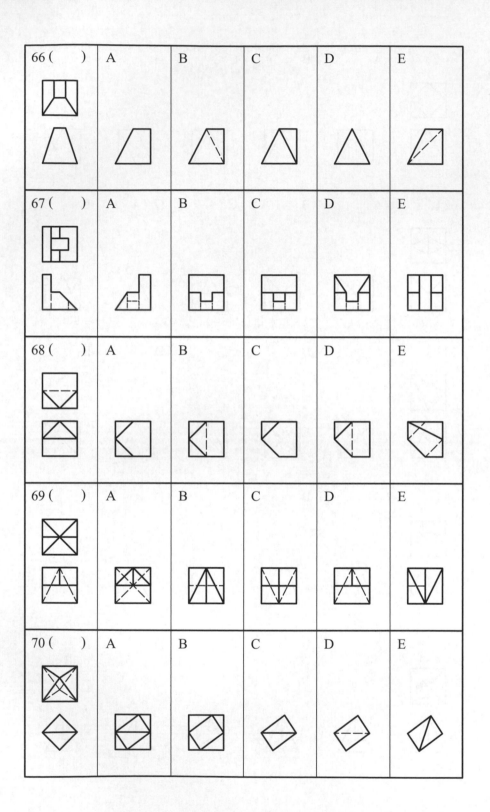

19. 已知下列各題之前視圖，請選出正確之右側視圖。(複選題)

	前視圖	A	B	C	D	E
1 ( )						
2 ( )						
3 ( )						
4 ( )						
5 ( )						
6 ( )						
7 ( )						
8 ( )						
9 ( )						
10 ( )						

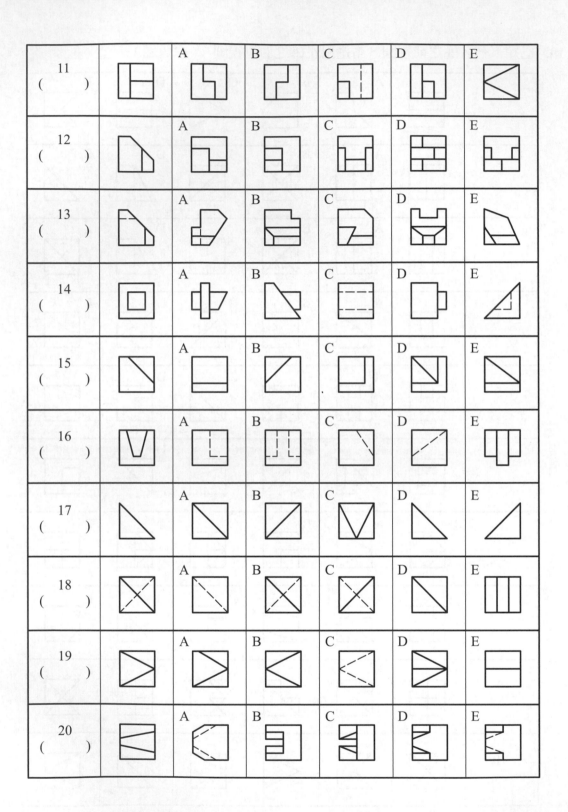

		A	B	C	D	E
11 ( )						
12 ( )						
13 ( )						
14 ( )						
15 ( )						
16 ( )						
17 ( )						
18 ( )						
19 ( )						
20 ( )						

CHAPTER

4

尺度標註與圖面表示法

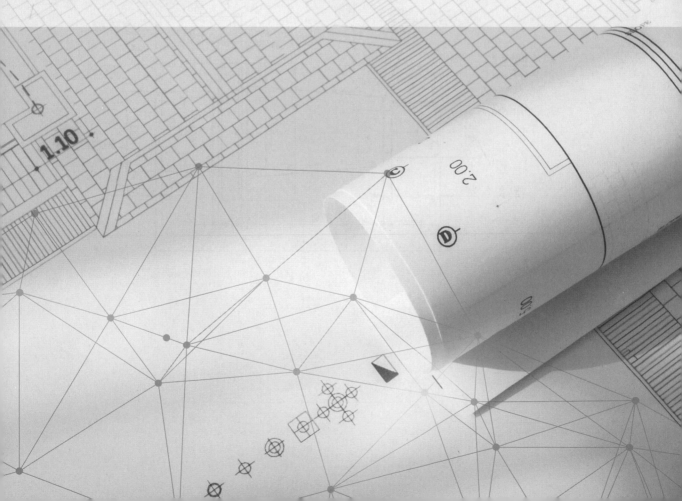

在工程製圖上，描述一個物體必須包括形狀與大小兩部分。形狀的描述是用正投影視圖來表示；大小的描述則是對視圖上的長度、角度、圓弧及相關位置等的描述。有關尺度標註的內涵，就是物體大小的描述，是以數字、符號和文字加諸於各視圖上，讓圖面更清楚的表達物體的內容，使讀圖者能更瞭解工程圖的意義。

尺度係表示二點、二線、二面或點線面間之距離。尺度標註的目的是決定物件的大小與位置。正確、簡明的尺度標註對製造者、品管人員、裝配者有很大的便利。錯誤、繁複不良的標註，則導致工件的製造錯誤並影響裝配時效。因此，尺度標註的技術與方法在工程製圖上占極重要之地位。

CNS，3-1，B1001-1：工程製圖 (尺度標註) 標準之規定，詳述一般尺度標註方法與原則。

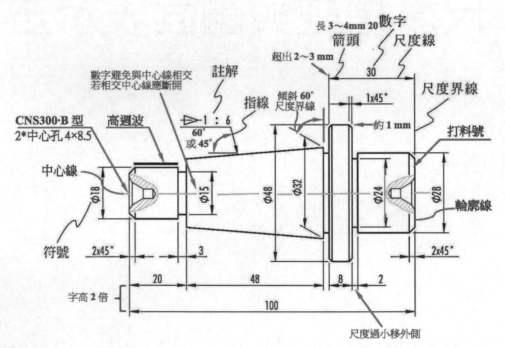

4.1 尺度標註基本規範

1. 尺度的種類

依照尺度的用途來分別，最主要的尺度種類爲大小尺度和位置尺度，敘述如下：

(1) 大小尺度：表示物體各部位形狀的高度、寬度及深度三個空間尺度，如圖 4.1-1 所示之 A 尺度。

(2) 位置尺度：表示物體各部位形狀的相對位置尺度。通常以基準面或中心線來標定位置，圓柱及圓孔都以中心線來標定位置，如圖 4.1-1 所示之 B 尺度。

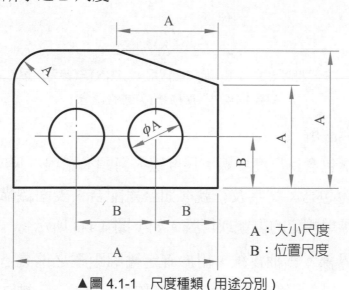

▲圖 4.1-1　尺度種類 (用途分別)

依照尺度的功能性來區分，尺度種類有功能尺度、非功能尺度和參考尺度，敘述如下：

(1) 功能尺度：兩機件間如有軸與孔組裝的相關大小尺度或位置尺度，就是有功能性的尺度。功能尺度不一定要標註公差，是以國家標準訂定的機械加工一般公差爲準。如有標註公差者，則爲精密的配合件，如圖 4.1-2 所示之 F 尺度。

(2) 非功能尺度：爲不影響兩機件組合之尺度，即表示無關組合的尺度，不可標註公差，但必須顧及加工及檢驗之順序與要求，如圖4.1-2所示之 NF 尺度。

(3) 參考尺度：就是多餘的、可省略而僅供參考之尺度，不得標註公差，須加註括弧，如圖4.1-2所示之 (AUX) 尺度。

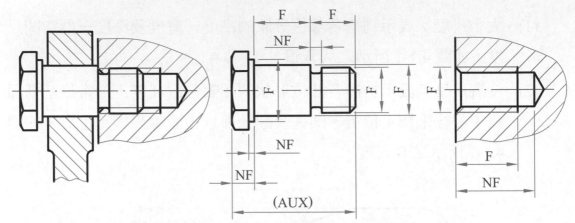

F=功能尺度，NF=非功能尺度，(AUX)=(參考尺度)

▲圖 4.1-2　尺度種類 (功能性區分)

2.　尺度要素與註解

尺度的要素包含：尺度界線、尺度線、箭頭、指線、尺度數字。

註解的內容包含：文字及符號。如公差配合、表面織構符號、表面特殊處理及標準規定的編號或符號。如下圖4.1-3所示：

(1) 尺度界線：爲細實線，用於確定輪廓距離之位置。與輪廓線約留1 mm 空隙，終止於尺度線之外約2～3 mm。標註中心位置尺度時，中心線則延伸視圖外以細實作爲尺度界線。與輪廓線近似平行時，可使用 60° 之傾斜尺度界線。

(2) 尺度線：爲細實線，用於表示距離之方向。尺度線不得中斷，兩端以箭頭和尺度界線相交。相同方向的兩尺度線，短尺度應置於長尺度之內側，其間隔約爲字高2倍。不同方向的兩尺度線，不可相交，除非是標註圓形直徑的兩尺度線。輪廓線、中心線不可用作尺度線，如圖4.1-4所示。

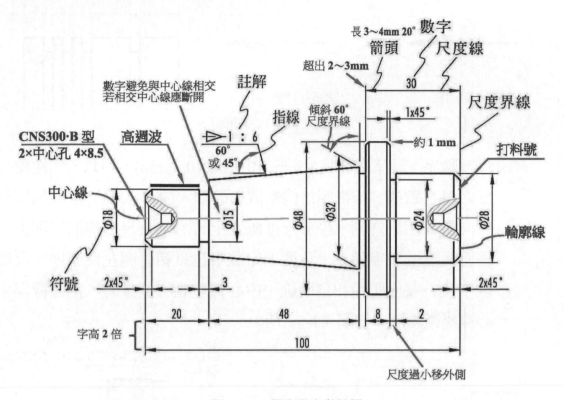

▲圖 4.1-3　尺度要素與註解

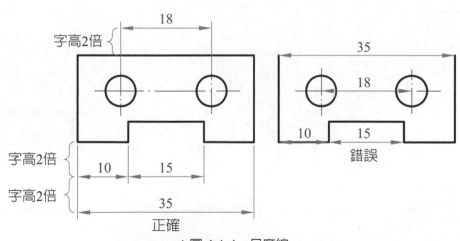

▲圖 4.1-4　尺度線

(3)　箭頭：用於指示尺度之範圍，分為填滿式和開尾式兩種，開尾角度皆為 20°，箭頭長度與尺度數字高 h 相等，建議約 3 ～ 4 mm。尺度過小時，可將箭頭移至線外側；若相鄰兩尺度皆狹擠時，可用小圓點代替箭頭，如圖 4.1-5 所示。

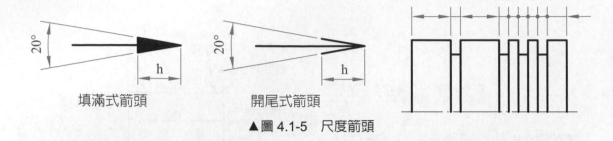

填滿式箭頭　　　　　開尾式箭頭

▲圖 4.1-5　尺度箭頭

(4) 尺度數字：建議字高爲 3 mm，中粗線 (0.3 mm)，用以表示距離尺度之眞實數據，不得因比例縮放而改變。CNS 規範，尺度數字的方向是採用對齊制，標於尺度線之上方，水平尺度線數字朝上，垂直尺度線數字朝左，角度上的數字也以朝上朝左爲原則。尺度數字及符號應避免和剖面線、中心線重疊；重疊時，剖面線與中心線應斷讓開，如圖 4.1-6 所示。

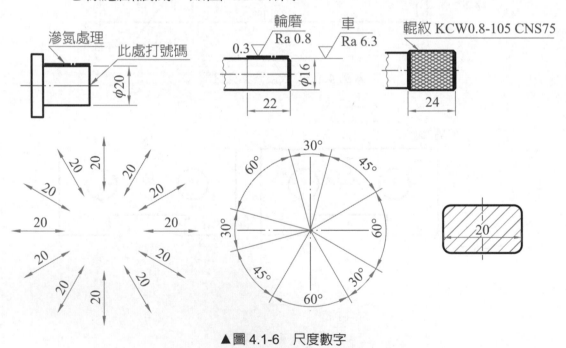

▲圖 4.1-6　尺度數字

(5) 指線：爲細實線，專用於註解，不得用於標註尺度，用來導引註解說明。指示端帶有箭頭，與水平線約成 45° 或 60°，避免與尺度線、尺度界線或剖面線平行。引線端爲一水平線，註解寫在引線之上方，如圖 4.1-7 所示。

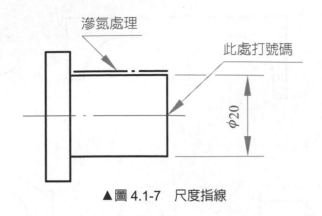

▲圖 4.1-7　尺度指線

(6)　註解：凡不能用視圖或尺度表達的資料，以文字及數字表示者，稱為註解。如公差配合、表面織構符號、表面特殊處理及標準規定的編號或符號，如下圖 4.1-8 所示。

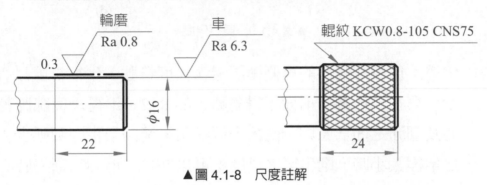

▲圖 4.1-8　尺度註解

3.　尺度符號

(1)　直徑：為標註圓形的極限邊緣尺度符號，直徑以 "ϕ" 表示，寫在尺度數字的前面不得省略，如 $\phi20$，符號中的直線與尺度線成 75°，如圖 4.1-9(a) 所示。當只有圓形視圖且大於半圓之圓弧時，直徑尺度則標註於圓形視圖上，如圖 4.1-9(b) 所示。若視圖有圓柱、圓孔的結構輪廓，直徑尺度應標註於非圓形之視圖上為原則，以引導識圖者搜尋圓柱的高度和圓孔的深度，如圖 4.1-9(c) 所示。如為半視圖或半剖視圖時，標註直徑尺度則不畫省略邊的尺度界線及箭頭，但其尺度線之長必須超過圓心，如圖 4.1-9(d) 所示。

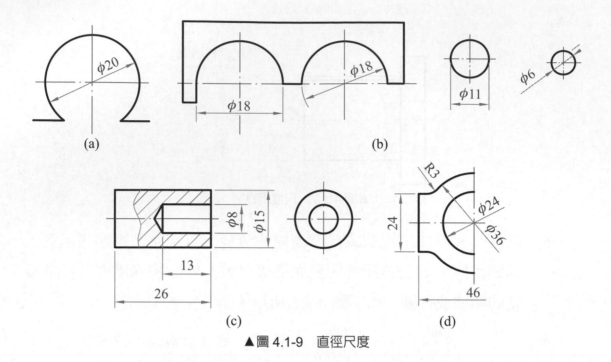

▲圖 4.1-9　直徑尺度

(2) 半徑：為標註圓形的單側極限邊緣尺度符號，半徑符號以 "R" 表示，寫在半徑數字前面不得省略，如 R12。半徑尺度線應畫在圓心及圓弧之間為原則，僅繪一個箭頭，箭頭須指在圓弧上。圓弧之半徑太小時，則半徑之尺度線可以伸長，但必須通過圓心或對準圓心，如圖 4.1-10(a) 所示。圓弧之半徑太大時，則半徑之尺度線可以縮短，但必須對準圓心，如圖 4.1-10(b) 所示。當半徑很大，圓心離圓弧很遠，可將圓心移近，標示在該圓弧的中心線上，再將尺度線轉折，帶箭頭之一段尺度線必須對準原來的圓心，另一段尺度線與此段尺度線平行為原則，並連接已拉近的圓心，半徑尺度數字及符號必須標註在帶箭頭之尺度線上，如圖 4.1-10(c) 所示。

(3) 球面：為標註球狀表面極限邊緣尺度符號，球面符號以 "S" 表示，寫在 R 或 φ 符號前面，如 SR10 或 Sφ30，如圖 4.1-11(a) 所示。若標註機件如圖 4.1-11(b) 所示之①圓桿端面、②銷子端面、③鉚釘頭、④螺釘頭、⑤手柄球端，則球面符號可以省略。

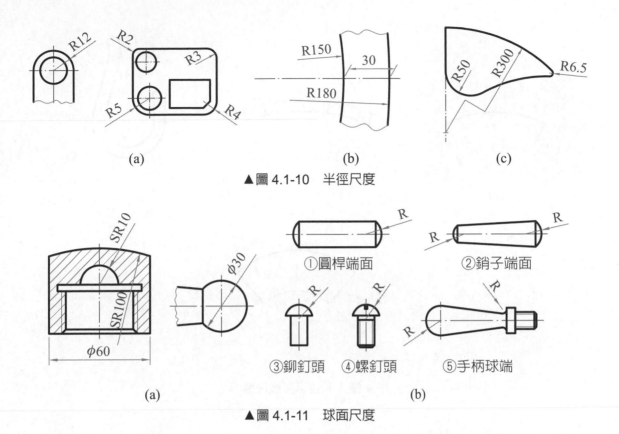

▲圖 4.1-10　半徑尺度

▲圖 4.1-11　球面尺度

(4) 弧長：為標註一段圓弧長度的尺度符號，弧長符號以 "⌒" 表示，是一個半徑等於尺度數字高之半圓弧，置於尺度數字之前，粗細與數字相同。只標註單一個非連續弧長且圓心角小於 90° 的弧長，其兩條尺度界線必須平行於對稱軸，尺度線為與弧線同圓心的圓弧細實線，如圖 4.1-12(a) 所示。兩個以上的同心圓弧，則以中心線之延長線作為尺度界線，必須用箭頭明示弧長之尺度數字所指之弧，如圖 4.1-12(b) 所示。舊制 (西元 2009 年前)CNS 製圖規範中，弧長符號為 "⌒" 書寫在數字上方，如圖 4.1-12(c) 所示。

(5) 方形：為標註一正方形幾何輪廓的尺度符號，以 "□" 表示，其高度約為數字之 2/3，寫在邊長數字前面，如□ 30。方形尺度以標註在方形的視圖上為原則，主要為表達出實際的輪廓，便於識圖，如圖 4.1-13 所示。

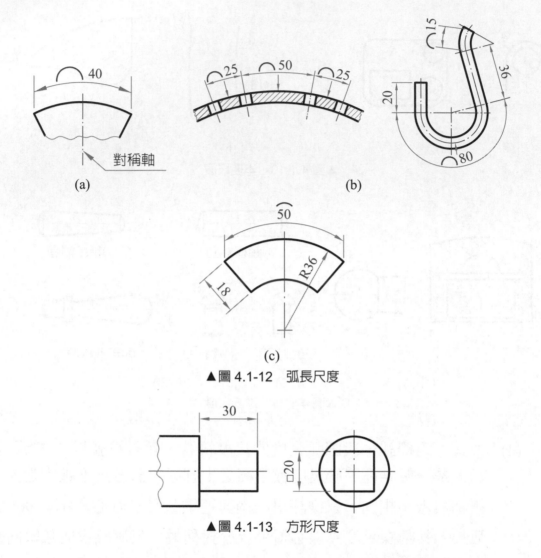

(a)

(b)

(c)

▲圖 4.1-12　弧長尺度

▲圖 4.1-13　方形尺度

(6) 去角：一般機件的去角角度為 45°，是為了避免機件邊緣的毛邊刮傷人員，其標註方式為 2×45°；坊間工廠大多數沿習日本工業標準規範的標註方式為 C2。若去角角度不是一般的 45°，則須將去角尺度及去角角度分別標註，以彰顯此去角的特殊用途，如有裝配油封的軸件，如圖 4.1-14 所示。

(7) 板厚：一般薄型板件只需要單一視圖表達即可，若再多加側視圖已不具備用意，故標示板料厚度以 "t" 表示，寫在尺度數字前面，如 t5。可於視圖內部或外部之適當位置，如圖 4.1-15 所示。

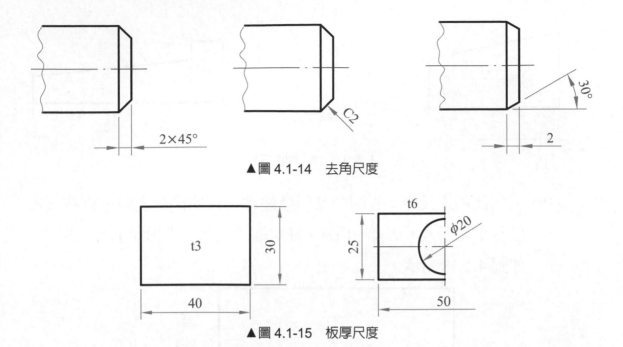

▲圖 4.1-14　去角尺度

▲圖 4.1-15　板厚尺度

(8)　錐度：為錐體兩端直徑差 (D–d) 與其長度 (L) 之比值。錐度符號以 "▷" 表示，符號之高與字高相同，符號水平方向之長度約為其高之 1.5 倍，尖端恆指向右方，如圖 4.1-16 所示。特殊規定之錐度，如莫氏錐度 (MT)、公制錐度 (BS) 等，則錐度符號之後寫其代號以代替比值。如 ▷ MT3、▷ BS2。

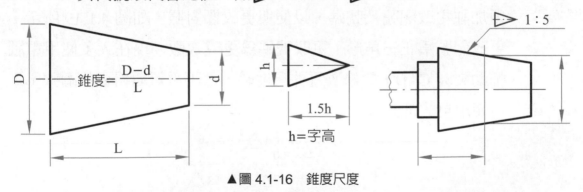

▲圖 4.1-16　錐度尺度

(9)　斜度：為兩端高低差 (H–h) 與其長度 (L) 之比值。斜度符號以 "◣" 表示，符號之高約為數字之 1/2，符號水平方向之長度約為其高之 3 倍 (即尖角約為 15°)，尖端恆指向右方，如圖 4.1-17 所示。

▲圖 4.1-17　斜度尺度

(10) 未依比例之尺度：視圖中某形狀輪廓未按比例繪製時，應在該尺度數字之下方，加畫一橫線 (其粗細與數字筆畫相同) 以資識別，如圖 4.1-18 所示。

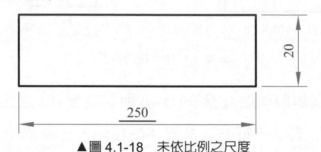

▲圖 4.1-18　未依比例之尺度

(11) 更改符號：已發出的圖面需更改尺度時，以不將原尺度擦去為原則，原尺度應加雙線劃去，而將新尺度數字寫在附近，新數字旁須加註更改記號及號碼，以便與更改欄對照，如圖 4.1-19 所示。更改記號為正三角形，更改號碼為更改次數。現在大多使用電腦輔助製圖 CAD，要修改零件尺度時，都再重新編輯零件圖號，不再使用更改符號了！

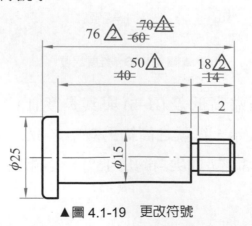

▲圖 4.1-19　更改符號

(12) 正確尺度：用於標註理論上正確之位置、輪廓或角度的尺度，常用於有關幾何公差之標註。此等尺度均外加方框，以表其絕對"真確"，如 $\boxed{30}$、$\boxed{\phi 50}$ 或 $\boxed{60°}$ 等。理論正確尺度屬於理想中的尺度或角度，均不得標註公差，如圖 4.1-20 所示。

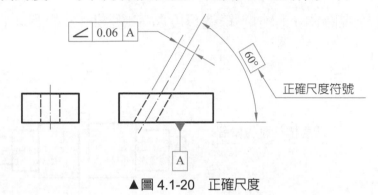

▲圖 4.1-20　正確尺度

4. 尺度標註的原則與方法

(1) 尺度之選擇與排列

如圖 4.1-21 所示，尺度標註以標註在粗實線上為原則，除非必要才標註於虛線上。同一個尺度只能在一視圖上標註一次，不得在另一視圖上再次出現，否則重複標註之尺度易使讀圖者造成混淆。視圖中非實長的形狀大小不可標註尺度，尺度應標註於真實形狀的視圖上為原則，如輔助視圖。視圖上多餘之尺度應不宜標註，若提供參考用時，則須將該尺度加括弧以區別之。

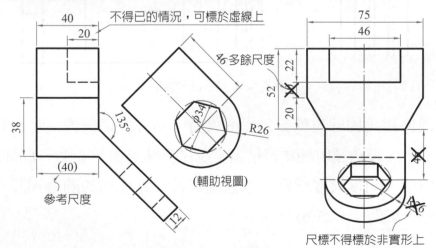

▲圖 4.1-21　尺度選擇標註

尺度應盡量標註在視圖之外，而且在視圖與視圖之間，向視圖外由小至大順序排列。尺度線與尺度界線應避免交叉，尺度線之層數不宜過多，如圖 4.1-22 所示。在不影響其功能及公差時，可用連續尺度標註。如遇尺度界線延伸過長或為清晰起見，可將尺度標註於視圖內，但中心線遇尺度數字應讓開，如圖 4.1-23 所示。

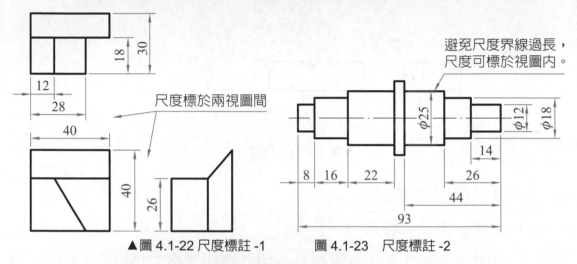

▲圖 4.1-22 尺度標註 -1　　　　圖 4.1-23　　尺度標註 -2

若有多個連續狹窄部位在同一尺度線上，其尺度數字應分為高低兩排交錯書寫。若圖形太小不易標註尺度時，可用局部放大視圖表示並標註之，如圖 4.1-24 所示。

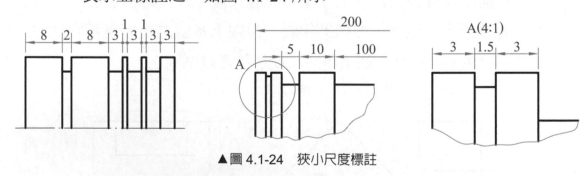

▲圖 4.1-24　狹小尺度標註

機件稜角因圓角或去角而消失時，其尺度仍應標註於原有之稜角上，此稜角須用細實線繪出，並在交點處加一圓點，如圖 4.1-25(a) 所示。角度尺度線為一圓弧細實線，圓弧線的圓心為該角度的頂點，如圖 4.1-25(b) 所示。

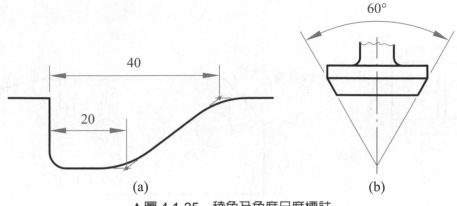

▲圖 4.1-25　稜角及角度尺度標註

標註專用公差時，公差數字之高度與尺度數字相同，下偏差與尺度數字對齊，上偏差寫在下偏差的上方。專用公差如為對稱偏差時，則在偏差值前加"±"符號。專用公差如採用公差符號時，該符號之大小與尺度數字相同，如圖 4.1-26(a) 所示角度專用公差之標註，原則上與長度公差標註之方式相同，如圖 4.1-26(b) 所示。

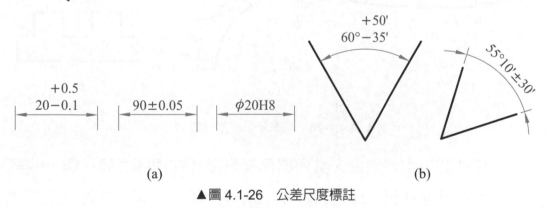

▲圖 4.1-26　公差尺度標註

(2)　基準尺度與位置尺度之標註

機件常以加工面為基準，各尺度自基準面標註之；有時亦以中心線為基準，有時基準面與中心基準線兩者兼用，如圖 4.1-27 所示。為減少尺度線之層數，可用單一尺度線，而以基準面 (線) 為起點，用小圓點表示之，各尺度以單向箭頭標註，尺度數字沿尺度界線之方向寫在末端，如圖 4.1-28(a) 所示。對稱形態之尺度，以中心線為基準線，可以省略位置尺度，如圖 4.1-28(b) 所示。

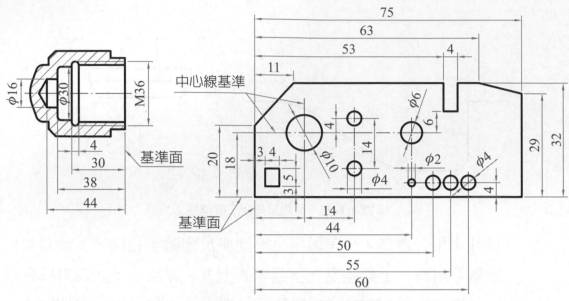

▲圖 4.1-27　基準面之尺度標註

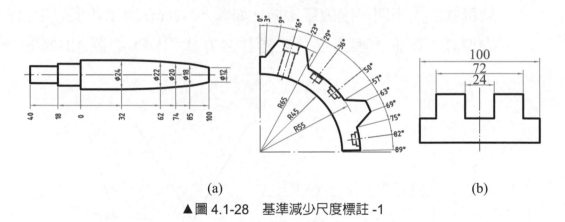

(a)　　　　　　　　　　　　　　　　　　　(b)

▲圖 4.1-28　基準減少尺度標註 -1

機件若為半剖面圖，其內部尺度應標註在視圖之同一側，外部尺度則標註在另一側，如圖 4.1-29(a) 所示。平面之位置尺度即標註在該平面之邊線上，圓或圓弧應標註其圓心之位置尺度，但必要時亦可標註圓弧邊緣之尺度，如圖 4.1-29(b) 所示。

機件有多個直徑不相同的孔，可在視圖旁另外列表標示各孔的直徑和位置尺度，如圖 4.1-30 所示。

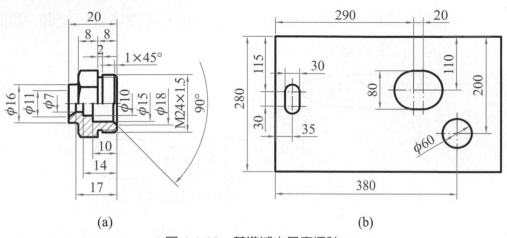

(a)　　　　　　　　　　(b)

▲圖 4.1-29　基準減少尺度標註 -2

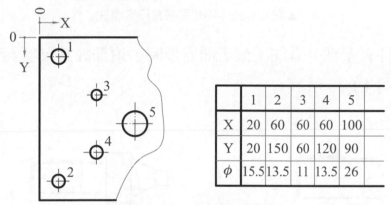

	1	2	3	4	5
X	20	60	60	60	100
Y	20	150	60	120	90
φ	15.5	13.5	11	13.5	26

▲圖 4.1-30　多孔尺度標註 -1

當機件上有多個相同形態 (如孔徑)、相同間隔距離或相同角度相等時，以 "個數 × 尺度" 的簡化方法標註 (25×φ23)，如圖 4.1-31 所示。

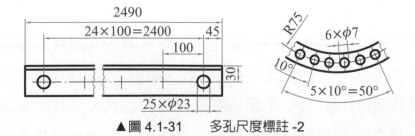

▲圖 4.1-31　多孔尺度標註 -2

標註不規則曲線有兩種標註方式：

① 坐標軸線法：是以物件之一端為基準面，自各大小尺度引出尺度界線，標註其位置尺度之方法，如圖 4.1-32(a) 所示。

② 支距標註法：是先標註各大小尺度，再標註各尺度間之間隔尺度的方法，如圖 4.1-32(b) 所示。

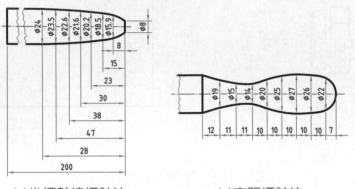

(1)坐標軸線標註法　　　　　　　(2)支距標註法

▲圖 4.1-32　不規則曲線尺度標註

機件有某部分需加工或表面處理時，須標註其尺度範圍及註解，如圖 4.1-33 所示。

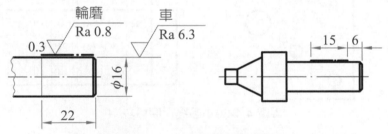

▲圖 4.1-33　表面加工尺度標註

 ## 4.2 剖面視圖

內部構造複雜之機件，所繪製的正投影視圖，其虛線必縱橫交錯，不易表達出內部形狀，也令讀圖者不便識圖，如圖 4.2-1 所示。利用剖面視圖即可解決此問題，以假設一平面切割此複雜的物體，使其內部構造清楚地顯示出來，再依正投影原理將其畫成平面視圖，此種視圖稱為剖面視圖，如圖 4.2-2 所示。

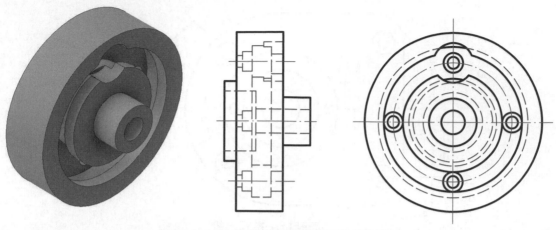

▲圖 4.2-1　內部構造複雜之正投影視圖

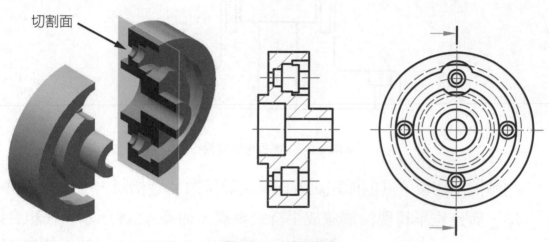

切割面

▲圖 4.2-2　剖面視圖

1.　割面線與剖面線

　　割面線用來表示切割物體平面的位置，線型為兩端及轉折處為粗實線，中間則以一點細鏈線連接。割面線可轉折，必要時亦可作圓弧方向轉折。以箭頭標示以表剖視圖投影方向，箭頭的大小約 1.5 ～ 2 倍字高 (1.5h ～ 2h ≒ 4.5 mm ～ 6 mm)，兩端須伸出視圖外約 10 mm，箭頭距離粗實線末端約 1 倍字高 (h ≒ 3mm)，轉折處之粗實線長度為 1.5 倍字高 (1.5h ≒ 4.5 mm)。剖面線用來表示物體被剖切後的實體面，線型為細實線，與主軸或物體的輪廓線成 45° 之均勻平行線，間距約 2 ～ 4 mm，如圖 4.2-3 所示。

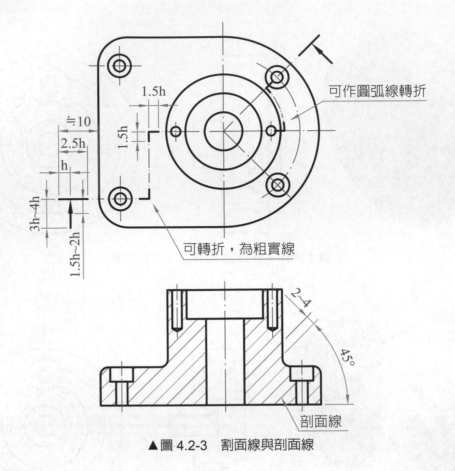

▲圖 4.2-3　割面線與剖面線

物體被剖切後，其剖面線之方向與間隔必須完全相同，不宜太密或不
均，而且也不得與輪廓線成平行或垂直，如圖 4.2-4 所示。在組合圖
中，相鄰兩機件其剖面線應採取不同方向或不同間距。較大機件的中
間實體面部位，剖面線可以省略不畫。鐵板、型鋼、薄墊圈、彈簧等，
剖面的面積狹小者，可以塗黑表示，如圖 4.2-5 所示。

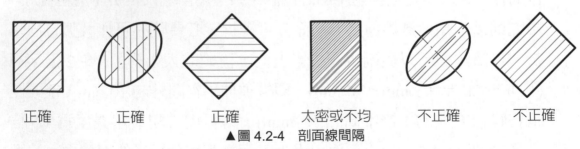

| 正確 | 正確 | 正確 | 太密或不均 | 不正確 | 不正確 |

▲圖 4.2-4　剖面線間隔

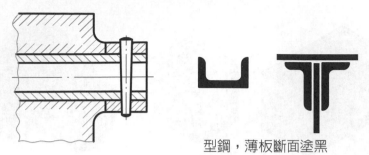

型鋼，薄板斷面塗黑

▲圖 4.2-5　大機件及面積狹小剖面

剖面視圖的通則：物體經剖面後，所有可見之輪廓線或稜線均需畫於剖面視圖上，如圖 4.2-6(a) 所示。剖面視圖成為不連續且互不關連的個體，是極嚴重的錯誤，如圖 4.2-6(b) 所示。剖面視圖的隱藏線應予以省略，如圖 4.2-6(c) 所示。物體內部可見的輪廓線應為粗實線，不得畫成虛線，如圖 4.2-6(d) 所示。剖面視圖主要的目的在於取代具有繁多虛線之視圖，所以在剖面視圖中，盡量不畫出虛線。有時為了使物體某些形體完整地表示在剖面視圖上，則其虛線仍需畫出，如圖 4.2-7 所示。

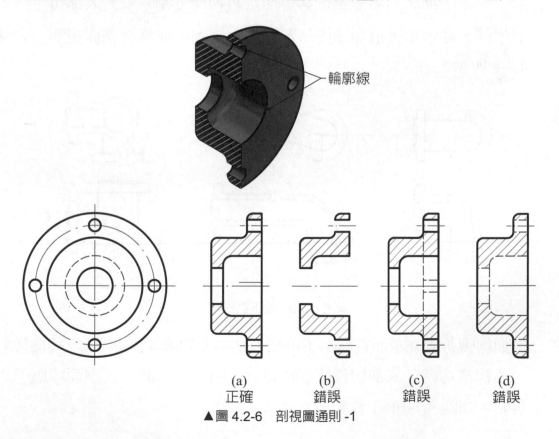

輪廓線

(a)　正確　　(b)　錯誤　　(c)　錯誤　　(d)　錯誤

▲圖 4.2-6　剖視圖通則 -1

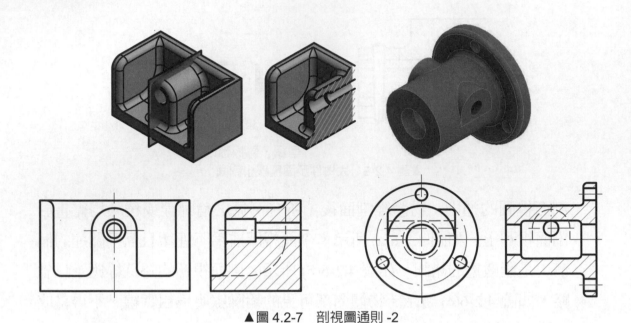

▲圖 4.2-7　剖視圖通則 -2

2.　全剖面視圖

以一切割平面將物體完全剖切，即是將物體分割 $\frac{1}{2}$ 或一大部份，移去前半部，顯示出被剖切後內部形狀之剖視圖，稱為全剖面視圖，如圖 4.2-8 所示。

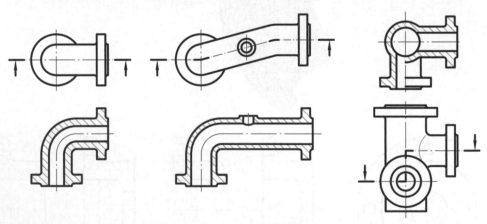

▲圖 4.2-8　全剖面視圖

割面線轉折處在剖面視圖中不可加畫實線，如圖 4.2-9 所示。經機件的中心線剖切時，或剖切位置不標註亦能明確辨認時，其割面線應予以省略，如圖 4.2-10 所示。

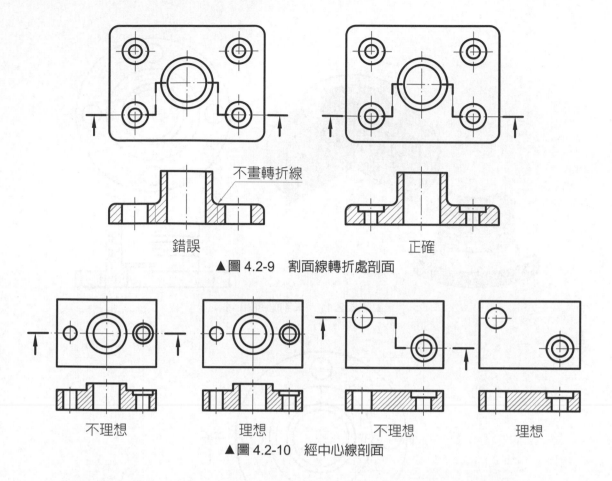

▲圖 4.2-9　割面線轉折處剖面

▲圖 4.2-10　經中心線剖面

3. 半剖面視圖

以一切割平面沿物體之中心或對稱軸的位置剖切$\frac{1}{4}$，為了表現物體的內和外部形狀於一視圖上，通常僅使用於具對稱性之物體，稱為半剖面視圖，如圖 4.2-11 所示。半剖視圖之內、外部形狀分界以中心線為分界線，中心線不得畫成實線，其俯視圖之割面線應予以省略，所表示物體外部形狀上的虛線均省略不畫，如圖 4.2-12 所示。

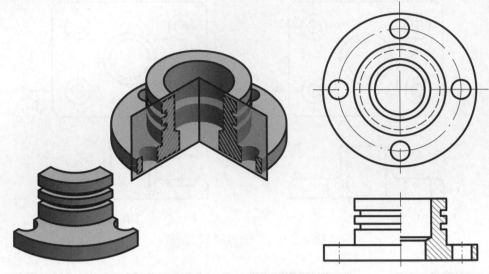

▲圖 4.2-11　半剖面視圖 -1

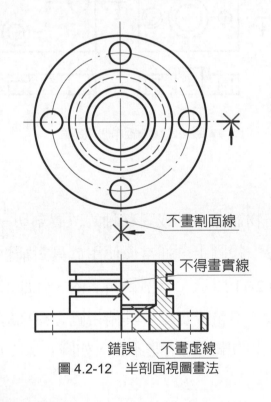

不畫割面線

不得畫實線

錯誤　不畫虛線

圖 4.2-12　半剖面視圖畫法

4.　局部剖面視圖

利用局部斷裂的方式，來表達物體某部份的內部形狀，以不規則細實線 (折斷線) 分界內、外部的剖面視圖，稱之為局部剖面視圖，或稱為局部斷裂剖面，如圖 4.2-13 所示。

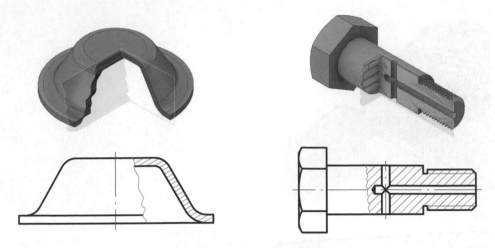

▲圖 4.2-13　局部剖面視圖

5.　旋轉剖面視圖

將物體之剖面在剖切處原地旋轉 90°，剖面輪廓以細實線畫出，稱為旋轉剖面視圖，常應用於連桿、輪輻、肋、型鋼、柄、搖臂之斷面形狀。也可應用折斷線中斷視圖表示，但旋轉剖面之輪廓線必須為粗實線，如圖 4.2-14 所示。旋轉剖面以細實線畫出斷面輪廓，其外形之粗實線不得中斷，剖切部位的斷面形狀亦不得變形，如圖 4.2-15 所示。

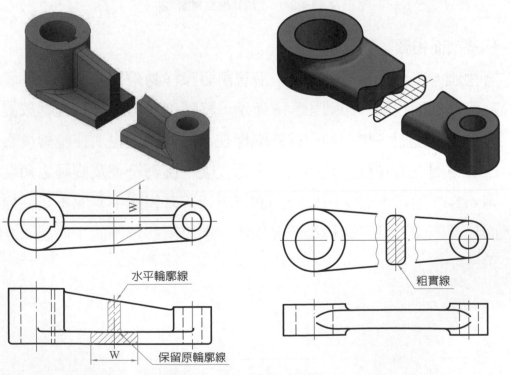

▲圖 4.2-14　旋轉剖面視圖 -1

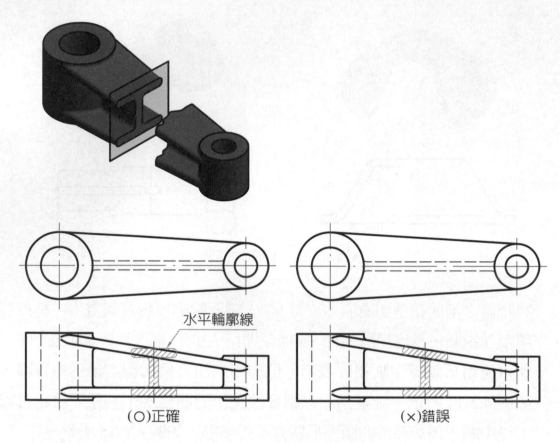

水平輪廓線

(○)正確　　　　　　　　(×)錯誤

▲圖 4.2-15　旋轉剖面視圖 -2

6.　移轉剖面視圖

將物體的剖切面旋轉 90° 後，沿著割切線移動繪製於原視圖外者，稱為移轉剖面視圖，如圖 4.2-16 所示。移轉剖面可平移且旋轉放置原圖附近適當位置，須在割面線外端標註字母代號，也須在旋轉後之移轉剖面視圖上方加註標註相同之字母代號、旋轉符號及旋轉之角度，如圖 4.2-17 所示。若採用旋轉剖面視圖時，有視圖中空間不足、標註剖面尺度困難及圖形結構複雜等因素，則使用移轉剖面，如圖 4.2-18 所示。

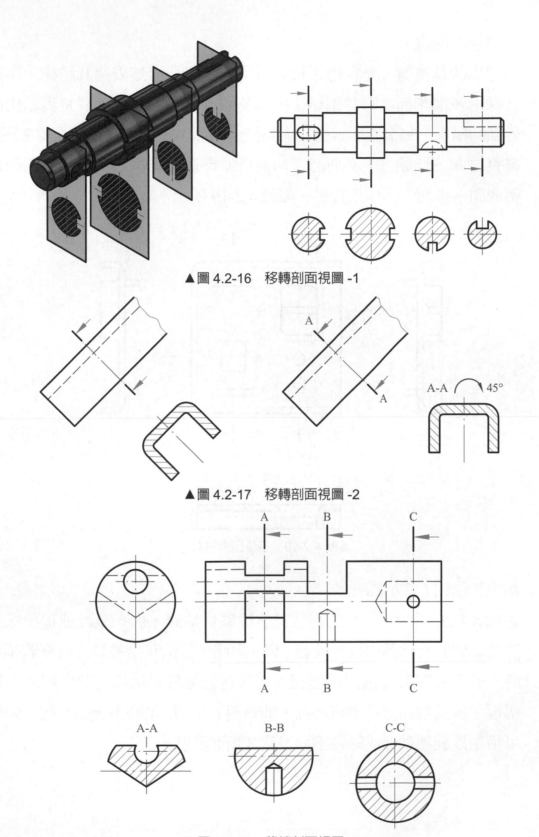

▲圖 4.2-16　移轉剖面視圖 -1

▲圖 4.2-17　移轉剖面視圖 -2

▲圖 4.2-18　移轉剖面視圖 -3

7. 多個剖面視圖

物體形狀越複雜，光採用正投影視圖有時無法清楚表達其結構，所以可採用多個割面線將其剖切，得到多個剖面視圖，更能清楚表示出內外部的輪廓。每個割面線應以大寫拉丁字母區別之，寫在割面線末端，書寫方向一律朝上。必要時，割面可隨機件作轉折之剖切，其剖面須轉成同一平面，再作正投影，如圖 4.2-19 所示。

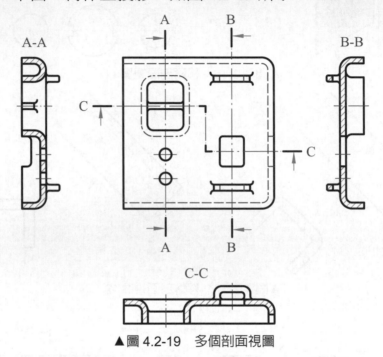

▲圖 4.2-19　多個剖面視圖

8. 輻板與輪輻 (臂) 之剖面

如圖 4.2-20 所示，輪狀物體皆具有輪轂與輪緣，而在設計連接於輪轂與輪緣間的有實體輻板和輪輻 (臂) 兩種。當輪狀物體設計成實體輻板時，其剖面視圖應畫出剖面線；而當連接輪轂與輪緣的肋臂或非全輪輻板者，其剖面應不畫剖面線，即輪輻 (臂) 縱剖時不畫剖面線。輪輻可橫剖以旋轉剖面或移轉剖面表達其斷面形狀。

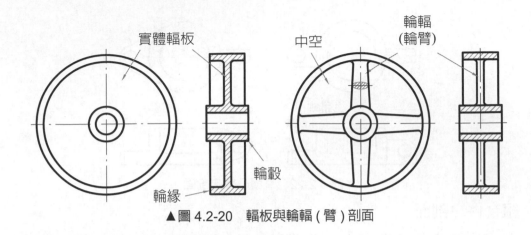

▲圖 4.2-20　輻板與輪輻 (臂) 剖面

9. 肋之剖面

一圓錐形實體將其剖切時，剖視圖的剖面線應全畫出。若以肋架補強的圓錐狀物體，當割面沿肋之中心線縱向剖切時，肋上之剖面線需予以省略，且於肋面應以旋轉剖面表示其斷面形狀，避免與圓錐形實體的機件混淆，如圖 4.2-21 所示。

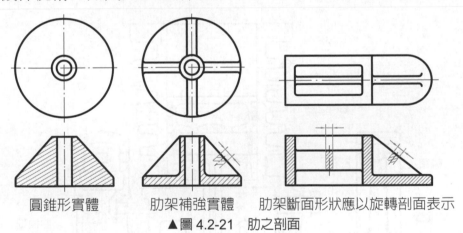

圓錐形實體　　　肋架補強實體　　肋架斷面形狀應以旋轉剖面表示
▲圖 4.2-21　肋之剖面

10. 耳與凸緣之剖面

如圖 4.2-22 所示，與主體軸向平行的凸塊稱為凸耳，與主體軸向垂直的凸塊稱為凸緣。當割面沿主體軸剖切通過凸耳時，不畫剖面線。若割面沿主體軸剖切通過凸緣時，則需畫剖面線。

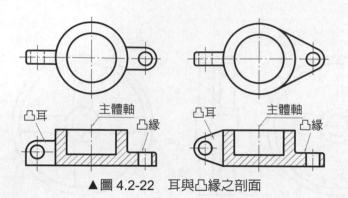

▲圖 4.2-22　耳與凸緣之剖面

11. 組合件之剖面

機構的組合件被剖切處，若遇軸、銷、螺帽、螺釘、鉚釘、鍵、肋、輪臂或軸承中之滾珠、滾子、滾針等，通常均不予剖切，如圖 4.2-23 所示。墊圈可選擇剖切或不予剖切。

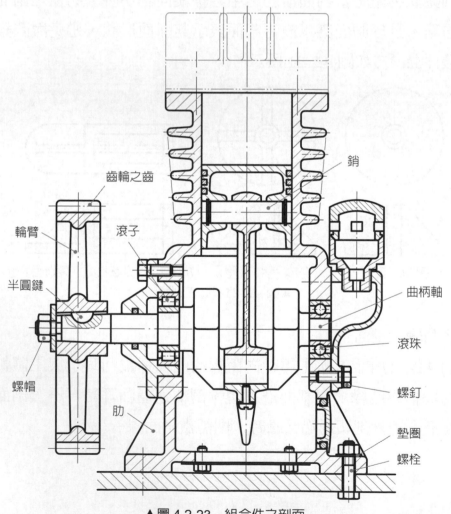

▲圖 4.2-23　組合件之剖面

4.3 習用畫法

雖然正投影視圖可表現出物體輪廓的實際形狀與相關位置，方便標註尺度以求精確的組裝配合，但有時為了能更簡單且良善的描述實際物體，則採取不符合投影原理的方式，將視圖作簡化或減少視圖的複雜度等，為製圖界公認之簡易畫法即稱為習用畫法。

1. 一般習用表示法

   (1) 因圓角消失之稜線

   鑄造的機件結構常為圓角的輪廓，最主要是避免鑄鐵溶液在凝固之後，於直角的結構中產生應力集中的斷裂現象。為了在視圖上表示因圓角而消失之稜線，則以細實線表示該稜線的位置，兩端與輪廓稍留空隙，如圖 4.3-1 所示。消失之稜線如隱藏時，則不畫出。

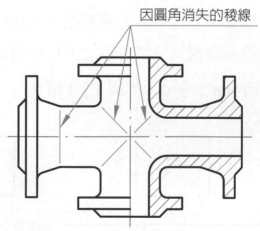

▲圖 4.3-1　因圓角消失之稜線表示法

   (2) 圓柱體、圓錐體削平部分表示法

   圓柱體或圓錐體有一部分被削平而未繪出側視圖時，應在平面上加畫細實線對角交叉線，使識圖者易於分辨，如圖 4.3-2 所示。

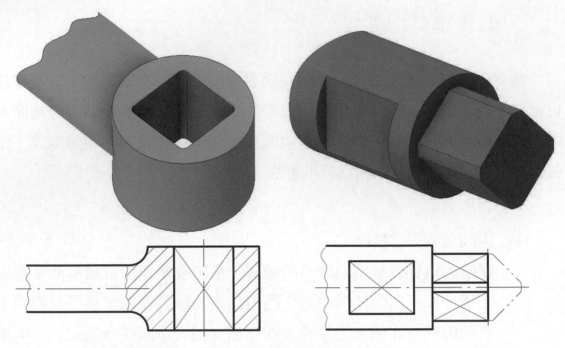

▲圖 4.3-2 圓柱體、圓錐體削平部分表示法

(3) 交線習用表示法

　　圓柱與圓柱相交、圓孔與圓孔相交或角孔與圓孔相交時，其交線可不依投影法，而視其尺度差別之大小用直線或圓弧表示之，習用畫法一般用於 $d \leqq \dfrac{1}{3} D$，如圖 4.3-3 所示。

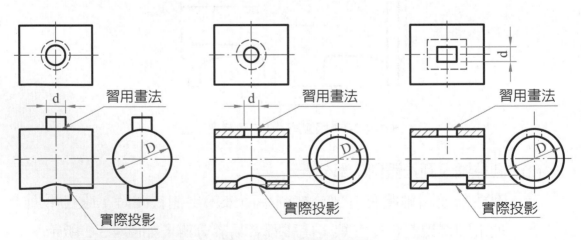

▲圖 4.3-3 交線習用表示法

(4) 輥花、金屬網及紋面板之表示法

機件之輥花加工面、金屬網、紋面板以細實線表示，亦可僅畫出一角表示之，如圖 4.3-4 所示。

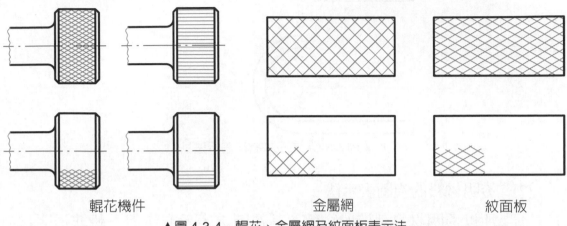

輥花機件　　　　　　　　金屬網　　　　　紋面板

▲圖 4.3-4　輥花、金屬網及紋面板表示法

(5) 表面特殊處理表示法

機件之一部分須實施特殊加工時，將該部位用粗鏈線平行而稍離於輪廓線約 1 mm 表示之，並用指線及文字註明其加工法，如圖 4.3-5 所示。

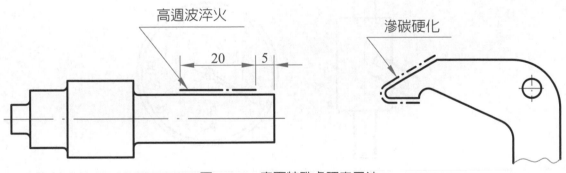

▲圖 4.3-5　表面特殊處理表示法

(6) 成形前之輪廓表示法

鈑金零件或可衝壓成形的機件，若需表示其成形前之形狀，則以假想細鏈線繪出其成形前之輪廓，如圖 4.3-6 所示。

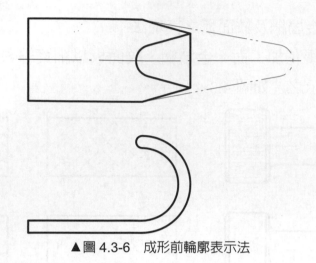

▲圖 4.3-6　成形前輪廓表示法

(7) 透明材料的視圖表示法

凡以透明材料製造的物體，其視圖之表示方法與一般非透明材料製造之物體相同。若透明物體為薄件，剖切時實體部分以塗黑表示，如圖 4.3-7(a) 所示。在組合圖中，若透明材料後面有零件，應以能看到的形狀表示出，如圖 4.3-7(b) 所示。

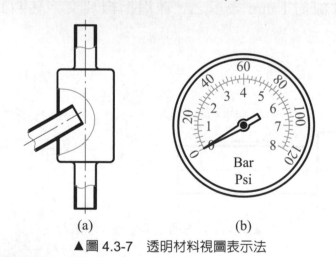

(a)　　　　　　　　　　(b)

▲圖 4.3-7　透明材料視圖表示法

2.　特殊視圖習用表示法

(1) 半視圖

在傳統手繪的正投影視圖中，為了簡化製圖的重複及繁瑣圖形表達，則將對稱形的物體，只畫出中心線之一側，而省略另一半的視圖，即稱此視圖為半視圖。若前視圖為全剖面或半剖面時，則將俯視圖繪製成後半部的半視圖，其分界線為中心線，如圖 4.3-8(a) 所示。若前視圖不繪成剖面圖時，則將俯視圖繪製成前半部的半視圖，如圖 4.3-8(b) 所示。半視圖可在對稱軸的中心線兩端，加繪兩條平行細實線，且必須垂直於中心線，其長度等於尺度數字的字高 h，二線相距約為 $\frac{1}{3}$ h，如圖 4.3-8(c) 所示。

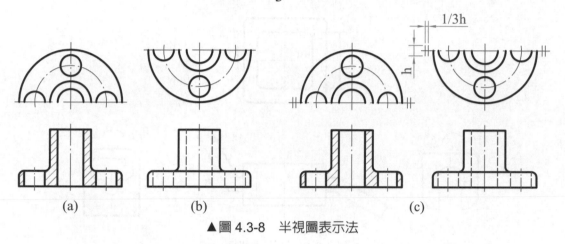

(a)   (b)   (c)

▲圖 4.3-8　半視圖表示法

(2) 局部視圖

依正投影法只繪出欲表達的部分而省略其他部分的視圖，稱之為局部視圖。如圖 4.3-9(a) 的右側視圖只表達長形孔的局部視圖。必要時，局部視圖可平移至任何位置，並需在投影方向加繪箭頭及文字註明，如圖 4.3-9(b) 所示。輔助視圖可以局部視圖來表達，若平移且旋轉至圖面上任何位置，須在投影方向加繪箭頭及大寫拉丁字母註明，在平移且旋轉後之輔助視圖上方加註旋轉符號及旋轉之角度，如圖 4.3-9(c) 所示。

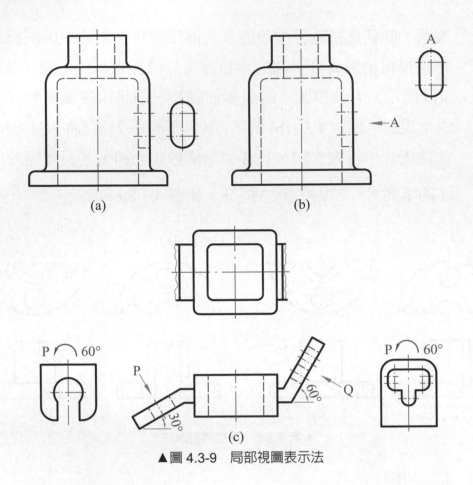

(a)　　　　　　　(b)

(c)

▲圖 4.3-9　局部視圖表示法

(3)　中斷視圖

中斷視圖常用於較長物件的視圖上，其中間形狀無變化的部份予以中斷，以節省空間，如圖 4.3-10 所示。中斷視圖的折斷線較多以不規則連續的細實線繪製。

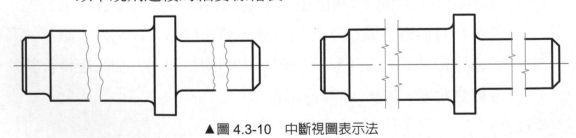

▲圖 4.3-10　中斷視圖表示法

(4)　轉正視圖

為簡化繪製手續及節省繪製時間，常將物體與投影面不平行的部位，旋轉至與投影面平行而繪出此部位的視圖，即為轉正視圖，

如圖 4.3-11(a) 所示。彎曲或傾斜件轉正後,仍以正投影法表現其
形狀。具有奇數之輻、肋、凸緣、凸耳或孔之機件,應運用轉正
視圖方法畫成對稱形狀的全剖面視圖,如圖 4.3-11(b) 所示。有時
適當地運用轉折割面線,將視圖作轉正投影的方法,可使視圖更
完整表達各部結構,如圖 4.3-11(c) 所示。

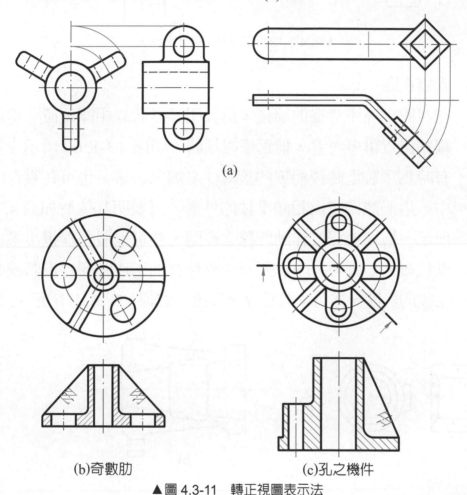

(a)

(b)奇數肋   (c)孔之機件

▲圖 4.3-11　轉正視圖表示法

(5)　局部放大視圖

物件某部位太小,不易標註尺度或表明其形狀時,可在該部位畫
一細實線圓,以適當的放大比例在附近繪出該部位的局部放大視
圖。局部放大視圖不得旋轉,並於細實線圓旁及放大視圖下方標
明字母與放大比例,如圖 4.3-12 所示。

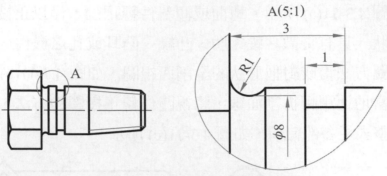

▲圖 4.3-12　局部放大視圖表示法

(6) 虛擬視圖

在視圖中並不存在的部位，為表明其形狀或相關位置，常以假想線繪出以供參考者，稱為虛擬視圖，如圖 4.3-13(a) 所示之視圖。有時為了製造時較能瞭解該零件之加工需求，也可在零件的視圖中，用假想線畫出相關零件的外形，以表明其位置如圖 4.3-13(b) 所示。機構模擬或作動行程之範圍，亦可以假想線畫出零件之移動位置，如圖 4.3-13(c) 所示。零件在加工前的胚件形狀或胚件加工後的形狀，亦可以假想線來表達，如圖 4.3-13(d) 所示。

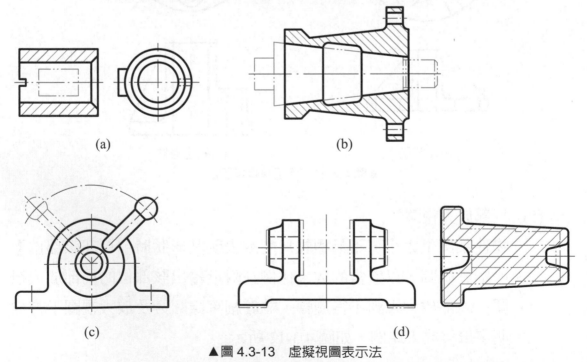

(a)　　　　　　　　　　　　　　　(b)

(c)　　　　　　　　　　　　　　　(d)

▲圖 4.3-13　虛擬視圖表示法

(7) 相同型態視圖

當物體上有多個相同型態呈一規律排列且對稱時，則以中心線標示其位置外，並在其位置上擇一繪製其視圖即可，如圖 4.3-14(a) 所示。不對稱時，則須在兩端繪製其視圖，中間以細實線連接之，如圖 4.3-14(b) 所示。多個方向之視圖或局部視圖完全相同時，可僅畫其中之一個視圖，但需在投影方向加繪箭頭及文字註明，如圖 4.3-14(c) 所示。

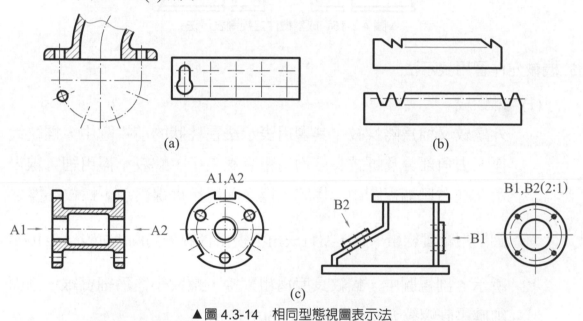

(a)　　　　　　　　　　　　　　　　　(b)

(c)

▲圖 4.3-14　相同型態視圖表示法

(8) 成對機件之視圖

成對的機件在繪製視圖時，可只畫出其中一個，並用文字在標題欄附近註明，如需特別說明時，則用縮小之簡圖表明，如圖 4.3-15 所示。

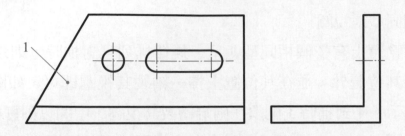

零件1與零件2為成對

▲圖 4.3-15　成對機件之視圖表示法

3. 機械元件習用表示法

(1) 外螺紋

外螺紋又稱為陽螺紋，其習用表示法在柱狀的前視圖中，螺紋大徑、去角部分及螺紋長度均用粗實線表示，螺紋小徑用細實線表示。在右側端視圖中，螺紋大徑之圓用粗實線表示，螺紋小徑之圓則用細實線畫 $\frac{3}{4}$ 圓，如有去角不畫粗實線去角圓，如圖 4.3-16(a) 所示。剖視圖中，螺紋長度為粗實線，螺紋小徑為細實線，剖面線應畫到螺紋大徑，如圖 4.3-16(b) 所示。

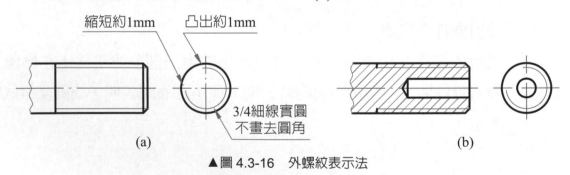

▲圖 4.3-16　外螺紋表示法

(2) 內螺紋

內螺紋又稱爲陰螺紋,其習用表示法在前視剖視圖中,螺紋小徑及螺紋長度均用粗實線表示,螺紋大徑則用細實線表示,剖面線應畫到螺紋小徑。在右側端視圖中,螺紋小徑之圓用粗實線表示,螺紋大徑之圓則用細實線畫$\frac{3}{4}$圓,如有去角孔不畫粗實線去角圓。

螺紋的左側端視圖爲不可見輪廓線時,以二個虛線圓表示,如圖4.3-17 所示。

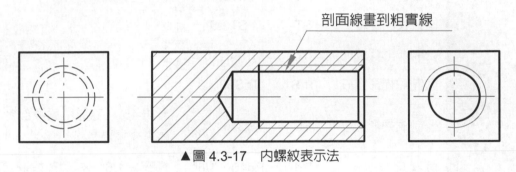

剖面線畫到粗實線

▲圖 4.3-17　內螺紋表示法

(3) 內外螺紋組合

在組合剖視圖中,內螺紋含有螺釘之部分,其大徑變爲粗實線,小徑變爲細實線,剖面線只畫到螺釘大徑爲止,如圖 4.3-18 所示。

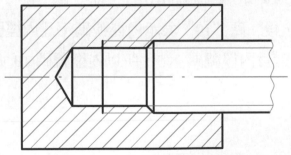

▲圖 4.3-18　內外螺紋組合表示法

(4) 常用螺紋標稱符號

▼表 4.3-1　常用螺紋標稱符號

螺紋形狀	螺 紋 名 稱	螺紋符號	螺紋標稱例	說明
V 形螺紋 (牙角 60°)	公制粗螺紋	M	M8	
	公制細螺紋	M	M8×1	螺距為 1mm(細牙須標註螺距)
	推拔管螺紋	R	R1/2"	管螺紋錐度 $\frac{1}{16}$，牙角 55°
	木螺釘螺紋	WS	WS4	
	自攻螺釘螺紋	ST	ST3.5	
梯形螺紋 (牙角 30°)	公制梯形螺紋	Tr	Tr40×6	
	公制短梯形螺紋	Tr.S	Tr.S50×8	
鋸齒形螺紋	公制鋸齒形螺紋	Bu	Bu40×7	牙角 45°，常見用於砲管後蓋、保溫瓶蓋
圓頂螺紋	圓螺紋	Rd	Rd40×1/6"	螺距為 1/6"，常見於燈泡螺紋

(5) 滾動軸承

滾動軸承現已標準規格化，屬於標準類機件，所以都以編號來識別。如滾珠軸承編號為 6010 者，前二碼 "60" 表示軸承型式 (滾珠軸承)，後二碼 "10" 表示內徑號碼。凡內徑號碼為 04 以上者，其內徑尺度為內徑號碼 ×5，所以內徑號碼 10，內徑尺度為 10×5 = 50 mm。

▼表 4.3-2　滾動軸承表視法

種類	一般表示法	簡化表示法	簡易表示法
滾珠軸承			
滾子軸承			或
滾針軸承			
止推軸承			

(6) 正齒輪及螺旋齒輪

如圖 4.3-19(a) 所示，正齒輪的前視圖不剖面及右側視圖中，只畫齒頂圓 (粗實線) 及節圓 (細鏈線)，不畫齒底圓。在前視圖的剖視圖中，除畫出齒頂圓直徑 (粗實線) 及節圓直徑 (細鏈線)，須加畫齒底圓直徑 (粗實線)。如圖 4.3-19(b) 所示，螺旋齒輪的畫法與正齒輪相同，但在前視圖中須加畫三條平行等距之旋向線 (細實線)，以表示齒形偏轉之方向。

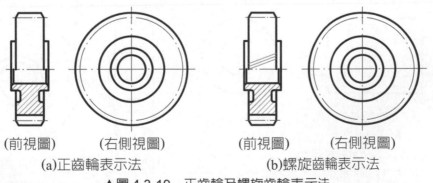

(前視圖)	(右側視圖)	(前視圖)	(右側視圖)
(a)正齒輪表示法		(b)螺旋齒輪表示法	

▲圖 4.3-19　正齒輪及螺旋齒輪表示法

(7) 斜齒輪 (傘形齒輪)

如圖 4.3-20 所示，斜齒輪的前視圖不剖面及右側視圖中，只畫大端之齒頂圓 (粗實線) 及節圓 (細鏈線)，小端各圓皆省略。在前視圖的剖視圖中，須詳繪出齒頂圓 (粗實線)、節圓 (細鏈線) 及齒底圓 (粗實線) 大端至小端之斜線，並畫出節圓錐角 (細鏈線)。

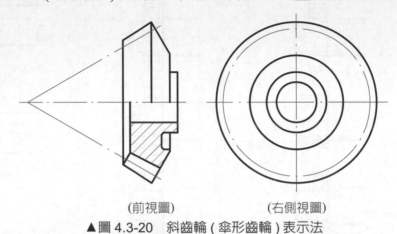

(前視圖)　　　(右側視圖)

▲圖 4.3-20　斜齒輪 (傘形齒輪) 表示法

(8) 蝸桿及蝸輪

如圖 4.3-21 所示之蝸桿表示法，蝸桿之前視圖以細鏈線表示節線，不畫齒底線，但須加畫三條平行等距細實線以表示旋向。右側之端視圖則畫蝸桿外徑圓 (粗實線) 及節圓 (細鏈線)。

如圖 4.3-22 所示之蝸輪表示法，蝸輪的右側視圖之齒頂圓 (粗實線) 畫其最大者，節圓 (細鏈線) 畫其最小者。在前視圖的剖視圖中，須詳畫出與嚙合蝸桿之齒頂圓 (粗實線)、節圓 (細鏈線) 及齒底圓 (粗實線)，以及去角角度。

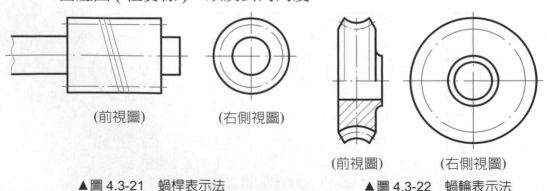

(前視圖)　　　(右側視圖)　　　　　(前視圖)　　　(右側視圖)

▲圖 4.3-21　蝸桿表示法　　　　▲圖 4.3-22　蝸輪表示法

(9) 鏈輪與鏈條組合

如圖 4.3-23 所示，鏈條以中心線表示之，輪廓外形不必畫出。鏈輪只畫齒頂圓 (粗實線) 及節圓 (細鏈線)，不畫齒底圓。

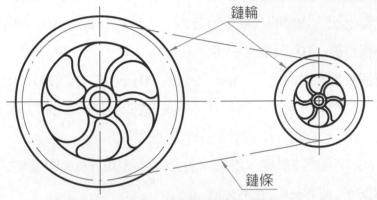

鏈輪

鏈條

▲圖 4.3-23　鏈輪與鏈條組合表示法

(10) 常用彈簧習用表示法

▼表 4.3-3　常用彈簧習用表示法

壓縮彈簧	拉伸彈簧	扭轉彈簧	渦形彈簧 (筍型彈簧)	皿型彈簧

模擬考題

一、選擇題

(　　) 1. 尺度線的相互間隔約為字高的： (A)1 (B)2 (C)3 (D)4 倍。

(　　) 2. 在視圖上記入物體的尺度，可分為： (A) 長寬高 (B) 方向與角度 (C) 大小與位置 (D) 長度與距離。

(　　) 3. 下列何者為參考尺度： (A)【25】 (B)～25 (C)(25) (D)25。

(　　) 4. 下列尺度標註元素中，何者是「將說明性的註解引至圖上適宜處」？ (A) 箭頭 (B) 尺度線 (C) 指線 (D) 尺度界線。

(　　) 5. 依 CNS 球面標註尺度，如果球面之直徑為 30 mm，則標註成 (A)Bϕ30 (B)BD30 (C)Sϕ30 (D)SR30。

(　　) 6. 下列何者為未依比例繪製尺度？ (A)【25】 (B)～25 (C)(25) (D)<u>25</u>。

(　　) 7. 位置尺度之基準面應取自 (A) 光胚面 (B) 粗糙面 (C) 加工面 (D) 剖面。

(　　) 8. 直圓柱所需標註尺寸為 (A) 長度與寬度 (B) 長度與深度 (C) 高度與深度 (D) 直徑與高度。

(　　) 9. 如右圖所示之尺度標註，何者為基準面
(A)A、D、E (B)A、E、F
(C)A、C、D (D)B、D、E。

(　　) 10. 下列各圖中的尺度標註，那一項最佳

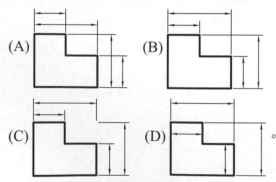

(　　) 11. 標註尺度時，尺度應儘量置於 (A) 前視圖 (B) 俯視圖 (C) 側視圖 (D) 兩視圖之間。

(　　) 12. 剖面線一般與主軸成 (A)30° (B)45° (C)60° (D)90°。

( ) 13. 剖視圖中割面線之箭頭用來表示　(A) 實心部位　(B) 剖面區　(C) 剖切的位置及方向　(D) 剖視圖投影方向。

( ) 14. 下列各剖面圖，哪一項最佳？

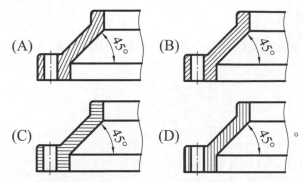

( ) 15. 下列各剖面圖，哪一項最佳？

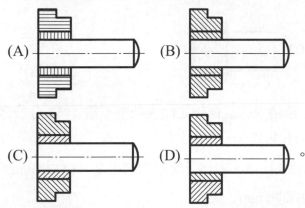

( ) 16. 可同時表現物件之內部和外形狀的視圖是　(A) 全剖面　(B) 旋轉剖面　(C) 移轉剖面　(D) 半剖面。

( ) 17. 半剖視圖是將物體切　(A)1/3　(B)1/2　(C)1/4　(D)1/6。

( ) 18. 半剖面的分界線是　(A) 粗實線　(B) 虛線　(C) 中心線　(D) 折線。

( ) 19. 下列半剖面之視圖表示法，何者正確？

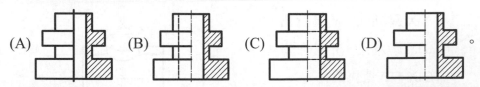

( ) 20. 局部詳圖是在欲放大處以　(A) 細鏈線圓　(B) 細實線圓　(C) 粗鏈線圓　(D) 粗實線圓　圈起並加註編碼代號示之。

( ) 21. 視圖中因圓角而消失之稜線以何種線條表示？　(A) 粗實線　(B) 虛線　(C) 細鏈線　(D) 細實線。

( ) 22. 一機件視圖輪廓上有一粗鏈線，表示該處為 (A) 加工成平面 (B) 表面特殊處理 (C) 成形前輪廓 (D) 輥花加工面。

( ) 23. 繪製外螺紋時，哪一部位用細實線來畫？ (A) 小徑 (B) 大徑 (C) 去角部分 (D) 完全螺紋範圍。

( ) 24. 正齒輪之節圓以下列何種線繪製？ (A) 粗鏈線 (B) 細鏈線 (C) 粗實線 (D) 細實線。

( ) 25. 一般止推軸承表示法何者正確？

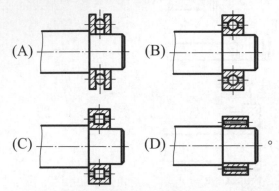

( ) 26. 我國國家標準中，正齒輪及螺旋齒輪之側視圖中不畫： (A) 齒底圓 (B) 齒頂圓 (C) 節圓 (D) 軸孔。

( ) 27. 公稱號碼為 6022 的滾珠軸承，內徑尺度應為若干？ (A)22 mm (B)60 mm (C)110 mm (D)220 mm。

( ) 28. 右圖為何種彈簧之簡易表示法
(A) 拉伸彈簧 (B) 渦形彈簧
(C) 皿形彈簧 (D) 壓縮彈簧。

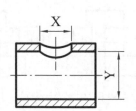

( ) 29. 下列何者為公制 V 形螺紋的螺紋角？ (A)55° (B)30° (C)60° (D)29°。

( ) 30. 下圖有一零件的全剖面圖，則 X、Y 的形體應為下列何者？
(A)X 為圓孔、Y 為方孔
(B)X 為方孔、Y 為圓孔
(C)X、Y 皆為圓孔
(D)X、Y 皆為方孔。

CHAPTER

5

表面織構符號與公差配合

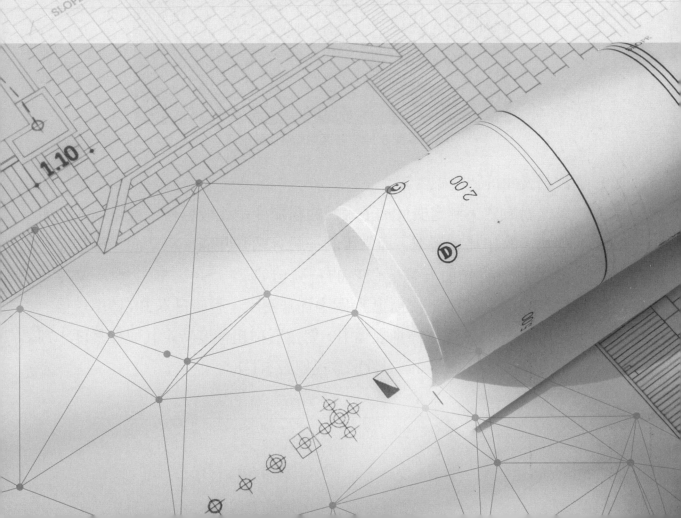

5.1 表面織構符號

　　機件在製造過程中，會因切削加工的方法，機具的精準度和切削產生振動的關係，造成表面組織結構有高低起伏或凹凸不平的痕跡，這種表面稱之為表面織構輪廓。粗糙的表面織構輪廓，會影響機件運轉或作動時產生摩擦或干涉，造成能量耗損，甚至會產生材料的潛變和疲勞，使機件使用壽命縮短。以往對表面織構的粗糙程度，會依不同的加工方法製作粗糙度標準樣塊，再以目測方式比對來判定，如圖 5.1-1 所示。

▲圖 5.1-1　表面粗糙度比較樣塊

1.　舊制表面符號與標註

　　以比對方式來判定機件加工表面的粗糙度是比較粗略，且只局限於切削加工的粗糙度範圍，而常用的一般分為光胚面、粗切面、細切面、精切面、超光面五種，代表的符號分別為 ～、▽、▽▽、▽▽▽、▽▽▽▽，這是在坊間的工程製圖中經常使用，屬於日本 JIS 標準規格。在舊制的 CNS 國家標準規範中，對這五種粗糙度特定其取樣長度、判別要點及粗糙度的範圍，分別敘述如表 5.1-1：

▼表 5.1-1　舊制表面粗糙度範圍

表面情況及舊符號	取樣長度 (mm)	判別要點	表面粗糙度 (μm) (Ra：算術平均粗糙度)
光胚面 ～	25	一般鑄造、鍛造、壓鑄、輥軋、氣焰或電弧切割等無屑加工法所得之表面，尚可整修毛頭，其黑皮胚料仍可保留。	Ra 125、Ra 100
粗切面 ▽	8	經一次或多次粗車、銑、鉋、磨、鑽、搪或銼等有屑切削加工所得之表面，能以觸覺及視覺分辨出殘留的明顯刀痕。	Ra 80、Ra 63 Ra 50、Ra 40 Ra 32、Ra 25 Ra 20、Ra 16 Ra 12.5
細切面 ▽▽	2.5	經一次或多次精細車、銑、鉋、磨、鑽、搪、鉸或銼等有屑切削加工所得之表面，以觸覺試之，似甚光滑，但由視覺仍可分辨出有模糊的刀痕，較粗切面光滑。	Ra 10、Ra 8.0 Ra 6.3、Ra 5.0 Ra 4.0、Ra 3.2 Ra 2.5
精切面 ▽▽▽	0.8	經一次或多次精密車、銑、磨、搪光、研光、擦光、拋光或刮、鉸、搪等有屑切削加工所得之表面，幾乎無法以觸覺或視覺分辨出加工的刀痕，較細切面光滑。	Ra 2.0、Ra 1.6 Ra 1.25、Ra 1.0 Ra 0.8、Ra 0.63 Ra 0.5、Ra 0.4 Ra 0.32、Ra 0.25 Ra 0.20、Ra 0.16 Ra 0.125
超光面 ▽▽▽▽	0.25	以超光製加工方法，加工所得之表面，其加工面光滑如鏡面。	Ra 0.100、Ra 0.080 Ra 0.063、Ra 0.050 Ra 0.040、Ra 0.032 Ra 0.025、Ra 0.020
	0.08		Ra 0.020、Ra 0.016 Ra 0.012、Ra 0.010

另外也制定「粗糙度等級」N1 ～ N12 共 12 級，代表表面織構輪廓所允許的範圍，如表 5.1-2：

▼表 5.1-2　表面粗糙度等級

等級		N12	N11	N10	N9	N8	N7
Ra	100	50	25	12.5	6.3	3.2	1.6
Rz	400z	200z	100z	50z	25z	12.5z	6.3z
等級	N6	N5	N4	N3	N2	N1	
Ra	0.8	0.4	0.2	0.1	0.05	0.025	
Rz	3.2z	1.6z	0.8z	0.4z	0.2z	0.1z	

　　表面織構的基本符號畫法為與其所指之面之邊線成 60° 角度之不等邊 V 字，以細實線繪製，如圖 5.1-2 所示，其頂點必須與代表加工面之線或延長線接觸。無任何加註之表面織構基本符號，是毫無意義，不可使用的。所以，必須加上延伸符號和補充說明線，以表示出完整的表面織構符號。延伸符號有三種，一、是必須去除材料 (Material removal required)，延伸符號為一橫線，如圖 5.1-3(a) 所示。二、是不得去除材料 (No material removed)，延伸符號為一圓圈，如圖 5.1-3(b) 表示。三、是允許任何加工方法 (Any process allowde)，沒有延伸符號，如圖 5.1-3(c) 所示。

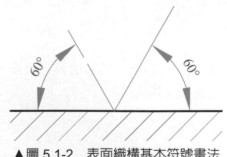

▲圖 5.1-2　表面織構基本符號畫法

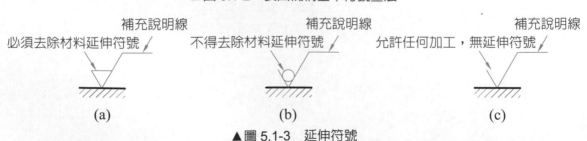

補充說明線
必須去除材料延伸符號

補充說明線
不得去除材料延伸符號

補充說明線
允許任何加工，無延伸符號

(a)　　　　　　　　(b)　　　　　　　　(c)

▲圖 5.1-3　延伸符號

　　舊制表面織構符號的組成元素有五大項，如圖 5.1-4 所示，各項編號與內容分述如下：

(1)　切削加工符號，即為延伸符號。

(2)　表面粗糙度，CNS 標準採用 Ra 值 (μm)。

(3)　加工方法之代字或表面處理。

(4)　基準長度。

(5)　刀痕方向符號。

(6)　加工裕度 (mm)。

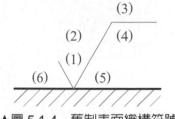

▲圖 5.1-4　舊制表面織構符號

其標註方式的位置和方向之通則，如圖 5.1-5 所示，V 形符號代表加工方向，不可隨意放置。若採用粗糙度等級標註方式，其對應的 Ra 值亦具有相同要求，如圖 5.1-6 所示。

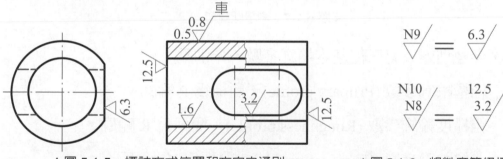

▲圖 5.1-5　標註方式位置和方向之通則　　　　▲圖 5.1-6　粗糙度等級標註方式

2.　最新制定的表面織構參數型態與基本輪廓參數

　　國際標準組織 ISO 制定檢驗表面織構輪廓的標準，採高斯 (Gaussian) 濾波器法則，以表面織構測量儀器來測得表面織構的輪廓，分為三大參數型態：

(1)　輪廓參數 (Profile Paramenter)

(2)　圖形參數 (Motif Paramenter)

(3)　材料比曲線參數 (Paramenter Related to the Material Ratio Curve)。

表面織構測量儀以短波 λs、長波 λc 及倍長波 λf 的傳輸波域截止值，依所設定的取樣長度 (lr) 和評估長度 (ln)，使前端測針作往復移動量測工件表面，按所需的各種輪廓參數運算，即可得到輪廓參數值，如圖 5.1-7 所示。

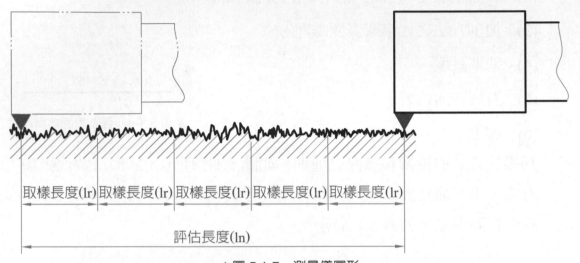

▲圖 5.1-7　測量儀圖形

輪廓參數型態共有三種基本輪廓參數，分別為：

(1)　結構輪廓參數 (Primary profile)，簡稱為 P 輪廓。

(2)　粗糙度輪廓參數 (Roughness profile)，簡稱為 R 輪廓。

(3)　波紋輪廓參數 (Waviness profile)，簡稱為 W 輪廓。

結構輪廓 (P 輪廓) 又稱為原始輪廓，是表面織構測量儀真正量測得到的表面輪廓，測量的評估長度幾乎是機件長度，如圖 5.1-8(a) 所示。粗糙度輪廓 (R 輪廓) 是依結構輪廓的曲線經濾除掉倍長波 λf 所得到的輪廓，僅呈現表面粗糙度的情況，如圖 5.1-8(b) 所示。波紋輪廓 (W 輪廓) 是依結構輪廓的曲線經濾除掉倍短波 λs 所得到的輪廓，僅呈現表面較長波紋的變化，如圖 5.1-8(c) 所示。

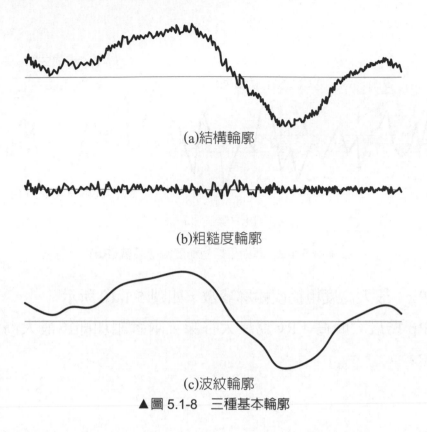

(a)結構輪廓

(b)粗糙度輪廓

(c)波紋輪廓

▲圖 5.1-8　三種基本輪廓

輪廓參數型態、圖形參數型態及材料比曲線參數型態三大類參數型態的各種參數代號，總共有 65 種，分別運用在各種功能需求的情況，如配合性、密封性、耐磨性、抗蝕性、振動性等之因素，今不在此詳述之。但現今的機件加工要求，大部分主要還是以粗糙度輪廓參數 Ra、Rz 為主，Ra 稱為算術平均粗糙度，Rz 稱為最大高度粗糙度，兩者粗糙度的運算規則和表示方式，如下：

(1)　Ra：算術平均粗糙度輪廓參數，如圖 5.1-9 所示。

輪廓曲線經計算後為 f (x) 方程式，再依算術平均函數對 x 軸積分，算得上下 (藍、紅) 面積相等之中心線，將上下面積鋪平取樣長度 (lr)，所得的高度即為 Ra。

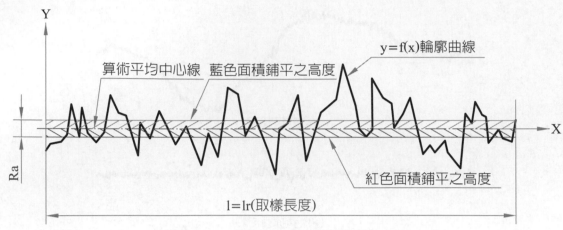

▲圖 5.1-9 算術平均粗糙度輪廓參數 (Ra)

(2) Rz：最大高度粗糙度輪廓參數，如圖 5.1-10 所示。

Rp 為最大峰高，Rv 為最大谷深，兩者相加即為最大高度粗糙度 Rz。

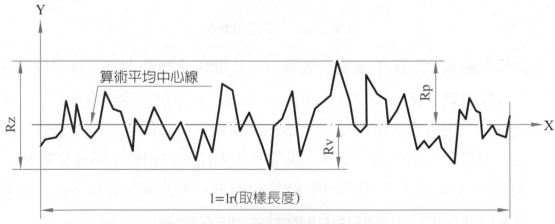

▲圖 5.1-10 最大高度粗糙度輪廓參數 (Rz)

3. 最新表面織構符號

依據最新 CNS 的制定表面織構符號的圖形尺度，如圖 5.1-11 所示。而符號的線條粗細、字體大小之規定，如表 5.1-3 所示：

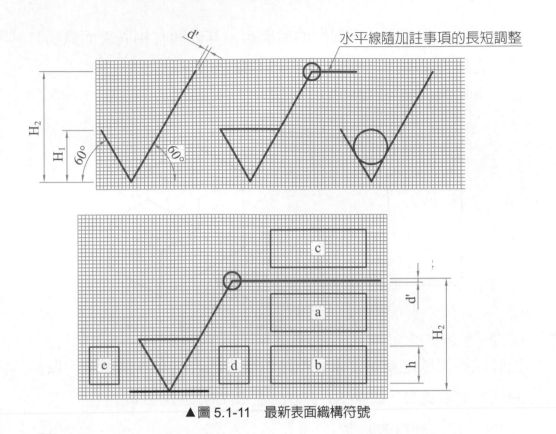

▲圖 5.1-11　最新表面織構符號

▼表 5.1-3　表面織構符號之圖形尺度及線條粗細之規定

數字及字母高度 h	2.5	3.5	5	7	10	14	20
符號 d' 線寬 (= $\frac{1}{10}$ h，中線) 字母 d 線寬 (= $\frac{1}{10}$ h，中線)	0.25	0.35	0.5	0.7	1	1.4	2
H_1 高度 (= $\sqrt{2}$ h)	3.5	5	7	10	14	20	28
H_2 高度 (最小 =3h)	7.5	10.5	15	21	30	42	60

註：

1. H_2 高度隨加註事項的行數調整。

2. a、b、c、d 及 e 區域中所寫的文字字高等於 h。

3. 符號 **d' 線寬建議採用** $\frac{1}{20}$ **h(** 細線 **)**，與字母線 d 寬作區別，較有層次感，線條粗線如下表：

符號 d' 線寬 (= $\frac{1}{20}$ h)	0.13	0.18	0.25	0.35	0.5	0.7	1
字母 d 線寬 (= $\frac{1}{10}$ h)	0.25	0.35	0.5	0.7	1	1.4	2

當工件所投影視圖上為封閉的輪廓線，其表面有相同表面織構時，則須在完整符號中加一圓圈，如圖 5.1-12 所示。

相同表面織構的封閉輪廓，加一圓圈

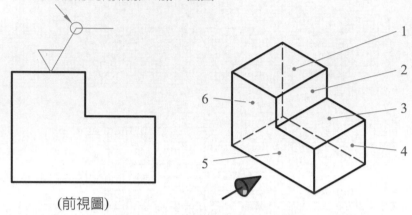

(前視圖)

▲圖 5.1-12　封閉輪廓加工加一圓

表面織構符號之補充要求及標註位置的內容共有 5 個區域，做為所需的補充要求資料，如圖 5.1-13 所示，內容分別說明如下：

a：單一項表面織構要求。

b：兩項或多項表面織構要求。

c：加工方法及表面處理。

d：表面紋理及方向。

e：加工裕度。

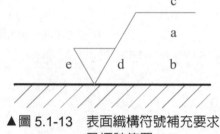

▲圖 5.1-13　表面織構符號補充要求
及標註位置

(1)　「a」位置：單一項表面織構要求：

該位置是主要的表面織構控制元素，可標出上、下限界 ^{a}，濾波器型態 ^{b}，傳輸波域 ^{c}，表面織構參數輪廓 ^{d}/ 特徵 ^{e}，評估長度 ^{f}，限界規則 ^{g}，限界值 ^{h} 等，如圖 5.1-14 所示。

(a) 上及下限界之標註：上限界為 U，下限界為 L，有需要時才標，不需要時省略。

(b) 濾波器型態 "X"：採用 ISO 11562 規定之標準濾波器－高斯 (Gaussian) 濾波器時，則此欄位不用填寫。

▲圖 5.1-14　單一項表面織構要求

(c) 傳輸波域：標示出"截止值-取樣長度"之數值，單位為 mm。

(d) 輪廓：為三種基本的輪廓參數型態 (P 輪廓、R 輪廓、W 輪廓)。

(e) 特徵：如 a、z、p、v、t、c、x、pq、…等的特徵代號。

(f) 評估長度：R 輪廓的評估長度預設值是 5 倍取樣長度，所以不需填寫數值。

(g) 限界規則：共有"16%- 規則"和"最大 - 規則"兩種，"16%-規則"為預設值，不需標註；採用"最大 - 規則"表面織構要求時，應該加註"max"。

(h) 限界值：即是粗糙度限界值，單位為 μm。

(2) 「b」位置：兩項或多項表面織構要求

該位置是加註第二個或三個以上的表面織構要求事項。

(3) 「c」位置：加工方法及表面處理

該位置是填寫各種不同加工方法和不同表面處理的加工代字 (英文代字)，下表為一般加工方法，代字與算術平均粗糙度 Ra 的關係表。

▼表 5.1-4　一般加工方法、代字與算術平均粗糙度 Ra 的關係表

種類	加工方法 中文	加工方法 英文	代字	JIS	50	25	13	6.3	3.2	1.6	0.8	0.4	0.2	0.1	0.05	0.025	0.0125
成型	鑄造	Casting	鑄	C	○	◎	◎	◎	◎	◎	◎	○					
	砂模壓鑄	Sand Mold casting	鑄	CS	○	◎	◎	○									
	壓鑄	Die Casting	鑄	CD	○	◎	◎	◎	◎	◎	◎	○					
	離心鑄造	Centrifugal Casting	鑄	CCR	○	◎	◎	◎	◎	◎	○						
	金屬模鑄造	Metal Mold Casting	鑄	CM				◎	◎	◎	○						
	精密鑄造	Precision Casting	鑄	CP			○	◎	◎	◎	◎	○					
	熱軋	Hot rolling		RH	○	◎	◎	◎	○								
	冷軋	Cold rolling		RC			◎	◎	◎	◎	○						
	鍛造	Forging	鍛	F		○	◎	◎	◎	○							
	粉末冶金	Powder metallurgy					○	◎	◎	◎	○						
切削	火焰切割	Flame cutting	焰割		○	◎	◎	○									
	鋸切	Sawing	鋸	SW	○	◎	◎	◎	◎	◎	○						
	帶鋸切	Band Sawing	鋸		○	◎	◎	◎	○								
	圓鋸切	Circular Sawing	鋸				○	◎	◎	◎	◎	○					
	雷射鋸切	Laser cutting	雷射				○	◎	◎	◎	◎	○					
	鉋削	Planing Shaping	鉋	P	○	◎	◎	◎	◎	◎	○						
	粗鉋	Rough P.	鉋		○	◎	◎	◎	○								
	半精鉋	Semi-Fine P.	鉋				○	◎	◎	◎	○						
	精鉋	Fine P.	鉋				○	◎	◎	◎	○						
	銑削	Milling	銑	M			○	◎	◎	◎	◎	○					
	粗銑	Rough M.	銑				○	◎	◎	○							
	半精銑	Semi-Fine M.	銑					○	◎	○							
	精銑	Fine M.	銑					○	◎	◎	○						
	高速精銑	H-S Fine M.	銑							○	◎	○					
	車削	Turning	車	L		○	○	◎	◎	◎	◎	◎	○	○	○		
	粗車削	Rough T.	車				○	◎	◎	○							
	半精車	Semi-Fine T.	車					○	◎	◎	○						
	精車	Fine T.	車						○	◎	◎	○					
	鑽石精車	Diamond Fine T.	車									○	◎	○			
	搪孔	Boring	搪	B		○	○	◎	◎	◎	◎	◎	○	○	○		
	鑽孔	Drilling	鑽	D			○	◎	◎	◎	○						
	放電加工	E.D.M	放電	SPED			○	◎	◎	◎	○						
	拉削	Broaching	拉	BR				○	◎	◎	◎	○					
	鉸孔	Reaming	鉸	DR				○	◎	◎	◎	○					
磨光	輪磨	Grinding	輪磨	G				○	◎	◎	◎	◎	◎	◎	○	○	
	滾筒磨光	Tumbling	滾磨	GE					○	◎	◎	◎	◎	○	○		
	搪光	Honing	搪光	GH						○	◎	◎	◎	◎	◎	○	
	砂光	Sanding	砂光	GS							○	◎	◎	◎	○	○	
	拋光	Polishing	拋光	GP							○	◎	◎	◎	○	○	○
	研光	Lapping	研光	GL							○	◎	◎	◎	○	○	○
	超光	Super Polishing	超光	GSP							○	◎	◎	◎	◎	○	○

註：表中的◎及○係分別表示在正常情形下容易及不容易達到之粗糙度值，但如情況特殊，則二者均會有較高或較低之數值出現。

機件作特殊表面處理者，則用粗鏈線表示其範圍，處理前、處理後的表面織構符號應分別標註，並註明表面處理方法，加工代字應朝上書寫，如圖 5.1-15 所示。

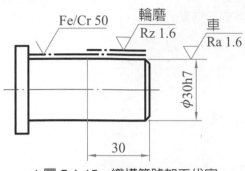

▲圖 5.1-15　織構符號加工代字

(4)　「d」位置：表面紋理及方向

該位置是表示加工方法所產生的刀痕紋理及方向。下表為各種紋理方向的符號及意義。

▼表 5.1-5　各種紋理方向的符號及意義

紋理符號	說明	圖示
＝	與加工面的邊緣平行	
⊥	與加工面的邊緣垂直	
X	與加工面的邊緣呈兩方向傾斜交叉	

▼表 5.1-5　各種紋理方向的符號及意義 (續)

紋理符號	說明	圖示
M	紋理呈多方向交叉	
C	紋理呈同心圓狀	
R	紋理呈放射狀	
P	表面紋理呈凸起之細粒狀。 如壓鑄成型、射出成型之表面，則採不得去除材料符號。	

(5)　區域 e：加工裕度

該位置是指表面加工時，所要預留材料的厚度，其單位為 mm。如圖 5.1-16 為一鑄造或鍛造的工件粗胚形貌，表面織構符號上加一圓圈，代表所有表面都必須加工，織構輪廓參數為算術平均粗糙度 6.3 μm，加工裕度為 3 mm。

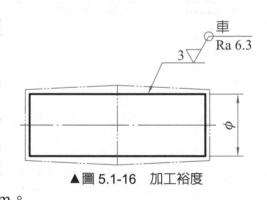

▲圖 5.1-16　加工裕度

在世界各國的加工表面粗糙度標準中，並沒有明確制定各種加工面的標準值，但依照多方的研究和各國書籍的記載，以及各家製造業的圖面分析，現行的表面粗糙度標示規則，可由下表得知一二。

▼表 5.1-6　表面粗糙度標示規則

表面加工情形	較精細加工面之粗糙度群組		較粗糙加工面之粗糙度群組		運用原則說明
光胚面	√Ra 50	√Rz 250	√Ra 100	√Rz 400	鑄造、鍛造、壓鑄、輥軋等胚料的表面。
粗切面	√Ra 12.5	√Rz 63	√Ra 25	√Rz 100	一次加工的表面,不與其他零件配合接觸的表面。
細切面	√Ra 3.2	√Rz 16	√Ra 6.3	√Rz 25	一次或多次的精細加工面,需與其他零件配合接觸,但**不轉動或大滑動的表面**。
精切面	√Ra 0.8	√Rz 4	√Ra 1.6	√Rz 6.3	經多次精密加工的表面,需與其他零件配合接觸,且**轉動或滑動的表面**。
超光面	√Ra 0.2	√Rz 1	√Ra 0.4	√Rz 1.6	極度光滑的表面,與其他零件配合接觸,且需**高速轉動或滑動的表面**,必須隨時潤滑的場合。

4. 表面織構符號的標註方法

　　標註表面織構符號時,基本符號 V 形的三角頂點必須與表面接觸並且成垂直,可利用延伸線、指引線與之相連。標註於工件之輪廓線外,註解文字及數字以朝上及朝左兩種方向為原則,如圖 5.1-17 所示。

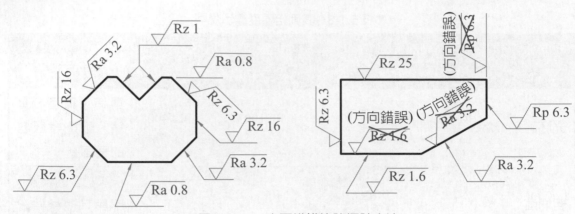

▲圖 5.1-17　表面織構符號標註方法

在單一零件的工程圖中，若工件表面大多數有相同的表面織構要求項目時，可以公用表面織構符號標示之，並置於該零件圖的標題欄旁；而各個不相同的表面織構符號必須標註在視圖上，且於公用表面織構符號右方括弧中，標示基本符號或各表面織構符號，如圖 5.1-18 所示。

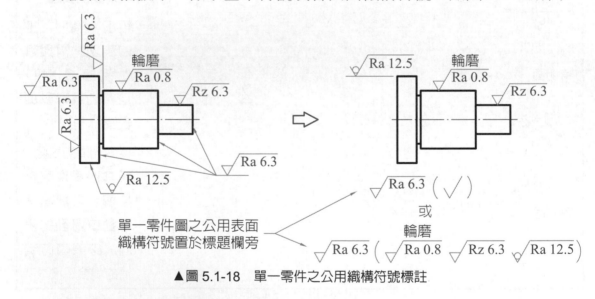

▲圖 5.1-18　單一零件之公用織構符號標註

在多個零件的工程圖中，各零件的公用表面織構符號應置於該零件視圖的正上方，件號的右側；各個不相同要求項目之表面織構符號則標於括弧中，輪廓參數的限界數值應依由小到大排列，如圖 5.1-19 所示。

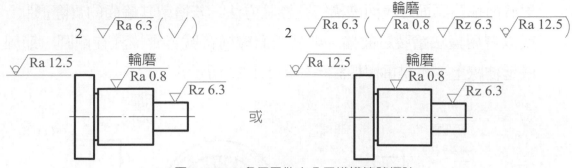

▲圖 5.1-19　多個零件之公用織構符號標註

當工程圖中，表面織構符號較多或不易標註時，可以代用符號分別標註在各加工表面上或延伸線上，而將各代用符號與所代表的表面織構要求項目，標註於零件視圖旁、標題欄旁或共用註解處，如圖 5.1-20 所示。

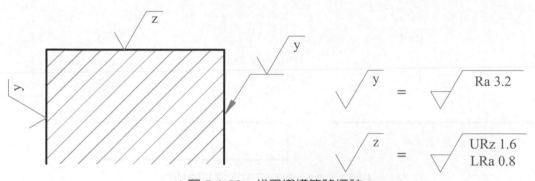

▲圖 5.1-20　代用織構符號標註

螺紋之表面織構符號標註方法，若螺紋繪成螺紋輪廓時，其螺紋之表面織構符號應標註在螺紋之節線上，如圖 5.1-21(a) 所示。螺紋以習用畫法繪製時，其表面織構符號則標註在外螺紋之外徑上，或內螺紋之內徑線上，如圖 5.1-21(b) 所示。

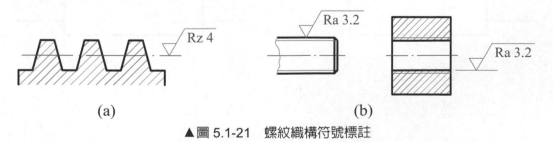

(a)　　　　　　　　　　(b)

▲圖 5.1-21　螺紋織構符號標註

對於齒輪齒廓面之表面織構符號標註方法，若繪製其輪齒的實際形狀，或以習用畫法繪製之齒輪，則其表面織構符號皆應標註在節圓、節線或延伸線上，不得重複標註，如圖 5.1-22 所示。

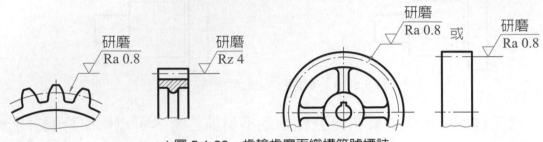

▲圖 5.1-22　齒輪齒廓面織構符號標註

表面織構符號可以標註在幾何公差符號框格上，箭頭所指的幾何形態則需達到表面織構要求項目，如圖 5.1-23 所示。

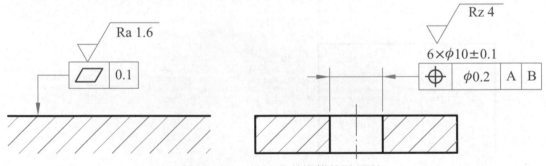

▲圖 5.1-23　幾何公差織構符號標註

組合件的工程圖面上須標註表面織構符號時，可將表面織構符號標註在尺度之後，且與尺度線相接觸，如圖 5.1-24 所示。

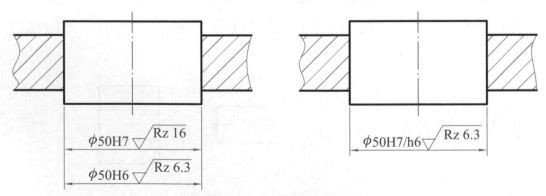

▲圖 5.1-24　組合件織構符號標註

5.2 公差

　　何謂公差？在機件製造時都不可能完全達到尺度標註的數值，為了能使機件尺度符合一定的合理範圍，設計者所設定允許機件尺度在製造上所產生之誤差值，稱之為公差。設定公差的目的，是為了使機件具有可互換性、能大量生產、簡化機件的檢驗、降低產品的成本等各項優點。

1. 各種相關公差的名詞解釋

   (1) 標稱尺度：是兩配合機件共同標稱的尺度，又稱為基本尺度，一般採用整數。

   (2) 上限界尺度：機件製造時，所允許的最大尺度。

   (3) 下限界尺度：機件製造時，所允許的最小尺度。

   (4) 上限界偏差：即是上限界尺度 - 標稱尺度＝上限界偏差，有正負符號之數值，簡稱為上偏差。代號為 ES(大寫為孔件) 或 es(小寫為軸件)。

   (5) 下限界偏差：即下限界尺度 - 標稱尺度＝下限界偏差，有正負符號之數值，簡稱為下偏差。代號為 EI(大寫為孔件) 或 ei(小寫為軸件)。

   (6) 公差：公差是絕對正數值，沒有負值。即是上限界尺度 - 下限界尺度＝公差；或是上偏差 - 下偏差＝公差 (ES – EI = IT 或 es – ei = IT)。

   (7) 實際尺度：機件經由實際測量而得之尺度。合格的零件尺度必須介於上限界尺度與下限界尺度之間。

   以上名詞對應軸孔件的相關位置示意圖，如圖 5.2-1 所示，又表 5.2-1 為公差名詞說明範例表。

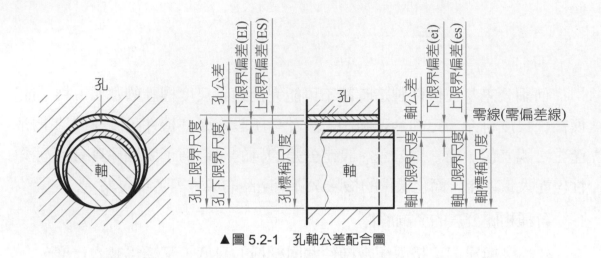

▲圖 5.2-1　孔軸公差配合圖

▼表 5.2-1　公差名詞說明範例表

名詞　　尺度公差	$32\begin{smallmatrix}+0.04\\-0.05\end{smallmatrix}$	25.5 ± 0.05	說明
標稱尺度	32	25.5	基本尺度，一般為整數
上限界偏差	＋0.04	＋0.05	零線偏差值的上限
下限界偏差	－0.05	－0.05	零線偏差值的下限
上限界尺度	32.04	25.55	尺度最大值
下限界尺度	31.95	25.45	尺度最小值
公差	0.09	0.10	誤差允許值，只有正數

尺度公差數字的書寫，其字體大小與尺度數字的字高大小相等，上限界偏差則置於下限界偏差的上方。數字為 **0 時，前面不加 ＋、－ 號**，如圖 5.2-2 所示。

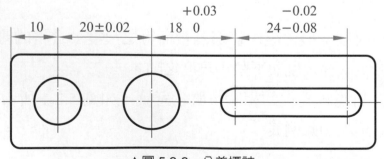

▲圖 5.2-2　公差標註

2. 標準公差等級

國際標準組織 (International Organization for Stsndardization)ISO 所制定的標準公差等級從 IT01、IT0、IT1 ～ IT18，共分為 20 級，我國國家標準 CNS 所訂定的標準公差等級，也是參照 ISO 的規範，如下表所示：

▼表 5.2-2　ISO 標準公差等級

標稱尺寸 mm		標準公差等級																			
		IT01	IT0	IT1	IT2	IT3	IT4	IT5	IT6	IT7	IT8	IT9	IT10	IT11	IT12	IT13	IT14	IT15	IT16	IT17	IT18
大於	至	標準公差值																			
		μm													mm						
−	3	0.3	0.5	0.8	1.2	2	3	4	6	10	14	25	40	60	0.1	0.14	0.25	0.4	0.6	1	1.4
3	6	0.4	0.6	1	1.5	2.5	4	5	8	12	18	30	48	75	0.12	0.18	0.3	0.48	0.75	1.2	1.8
6	10	0.4	0.6	1	1.5	2.5	4	6	9	15	22	36	58	90	0.15	0.22	0.36	0.58	0.9	1.5	2.2
10	18	0.5	0.8	1.2	2	3	5	8	11	18	27	43	70	110	0.18	0.27	0.43	0.7	1.1	1.8	2.7
18	30	0.6	1	1.5	2.5	4	6	9	13	21	33	52	84	130	0.21	0.33	0.52	0.84	1.3	2.1	3.3
30	50	0.6	1	1.5	2.5	4	7	11	16	25	39	62	100	160	0.25	0.39	0.62	1	1.6	2.5	3.9
50	80	0.8	1.2	2	3	5	8	13	19	30	46	74	120	190	0.3	0.46	0.74	1.2	1.9	3	4.6
80	120	1	1.5	2.5	4	6	10	15	22	35	54	87	140	220	0.35	0.54	0.87	1.4	2.2	3.5	5.4
120	180	1.2	2	3.5	5	8	12	18	25	40	63	100	160	250	0.4	0.63	1	1.6	2.5	4	6.3
180	250	2	3	4.5	7	10	14	20	29	46	72	115	185	290	0.46	0.72	1.15	1.85	2.9	4.6	7.2
250	315	2.5	4	6	8	12	16	23	32	52	81	130	210	320	0.52	0.81	1.3	2.1	3.2	5.2	8.1
315	400	3	5	7	9	13	18	25	36	57	89	140	230	360	0.57	0.89	1.4	2.3	3.6	5.7	8.9
400	500	4	6	8	10	15	20	27	40	63	97	155	250	400	0.63	0.97	1.55	2.5	4	6.3	9.7
500	630			9	11	16	22	32	44	70	110	175	280	440	0.7	1.1	1.75	2.8	4.4	7	11
630	800			10	13	18	25	36	50	80	125	200	320	500	0.8	1.25	2	3.2	5	8	12.5
800	1,000			11	15	21	28	40	56	90	140	230	360	560	0.9	1.4	2.3	3.6	5.6	9	14
1,000	1,250			13	18	24	33	47	66	105	165	260	420	660	1.05	1.65	2.6	4.2	6.6	10.5	16.5
1,250	1,600			15	21	29	39	55	78	125	195	310	500	780	1.25	1.95	3.1	5	7.8	12.5	19.5
1,600	2,000			18	25	35	46	65	92	150	230	370	600	920	1.5	2.3	3.7	6	9.2	15	23
2,000	2,500			22	30	41	55	78	110	175	280	440	700	1,100	1.75	2.8	4.4	7	11	17.5	28
2,500	3,150			26	36	50	68	96	135	210	330	540	860	1,350	2.1	3.3	5.4	8.6	13.5	21	33

由表 5.2-2 可知，以相同標稱尺度來看，公差等級數愈大，則公差值愈大。以相同公差等級來看，標稱尺度愈大，則公差值愈大。在 IT6 ～ IT18 每隔 5 級公差等級，其標準公差值為前 5 級之因數乘以 10 所得的數值。如標稱尺度之範圍為大於 50mm ～ 80mm 者，其 IT12 之公差值為：IT12 = IT7 × 10 = 30 μm × 10 = 0.3 mm。

標準公差等級在機件設計的設定上有其規定的範疇，如表 5.2-3：

▼表 5.2-3　標準公差等級在機件設計的設定上規定範疇

公差等級	運用說明
IT01 ～ IT4	常用於量規器具之公差或高精密度零件
IT5 ～ IT11	常用於一般配合機件之切削加工公差
IT12 ～ IT15	用於初次加工品或不配合機件之公差
IT16 ～ IT18	屬於鑄造、鍛鑄、軋製及拉製之公差等級

3. 基礎偏差符號及公差類別

國際標準組織 ISO 將公差配合制定的更加完備，這套標準就是現行的基礎偏差符號及公差類別。基礎偏差符號是用拉丁字法來表示，分別以大寫拉丁字母 (A、B、C、……) 代表孔基礎偏差符號，以小寫拉丁字母 (a、b、c、……) 代表軸基礎偏差符號。公差類別是以基礎偏差符號和標準公差等級來表示，如 G6、k7。

(1) 孔基礎偏差符號

孔基礎偏差符號以大寫拉丁字母表示，字母中除了 I、L、O、Q、W 五個未被列用外，另增加七個 CD、EF、FG、JS、ZA、ZB、ZC 雙拼音字母，共有 28 個，如圖 5.2-3 所示，表 5.2-4 為孔基礎偏差的數值表。

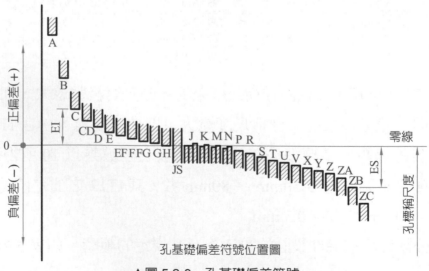

孔基礎偏差符號位置圖

▲圖 5.2-3　孔基礎偏差符號

有幾個特性說明如下：

① 孔偏差符號 A ～ H，其基礎偏差以「下限界偏差 (EI)」為主，公差值 IT 往上加，所以上限界尺度和下限界尺度都會比標稱尺度大。H 的下限界偏差正好位於零線，其餘 A ～ G 的下限界偏差均位在零線以上，偏差值皆為正。

② JS 的上、下限界偏差係以零線為對稱，取 IT 值的 $\frac{1}{2}$ 為偏差量，上限界偏差為 $+\frac{IT}{2}$，下限界偏差為 $-\frac{IT}{2}$。

③ J ～ ZC，其基礎偏差以「上限界偏差 (ES)」為主，除了 J、K、M 的上限界偏差有部分在零線以上外，其餘的上限界偏差均在零線以下，偏差值皆為負。

(2) 軸基礎偏差符號

軸基礎偏差符號以小寫拉丁字母表示，字母中除了 i、l、o、q、w 五個未被列用外，另增加七個 cd、ef、fg、js、za、zb、zc 雙拼音字母，共有 28 個，如圖 5.2-4 所示。

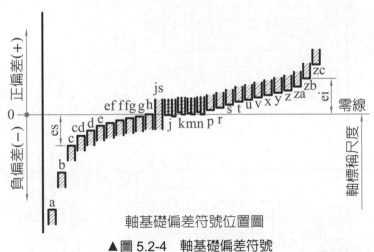

▲圖 5.2-4　軸基礎偏差符號

▼ 表 5.2-4　孔基礎偏差的數值表

單位：μm

下偏差EI（A*～H 為所有級別）　｜　對稱偏差 Js**（偏差＝$\pm IT_n/2$）　｜　上偏差ES

尺度分段(mm)	A*	B*	C	CD	D	E	EF	F	FG	G	H	Js**	J6	J7	J8	K(≦8)	K(>8)	M(≦8***)	M(>8)	N(≦8)	N(>8*)	P~ZC(≦7)	P	R	S	T	U	V	X	Y	Z	ZA	ZB	ZC	Δ3	Δ4	Δ5	Δ6	Δ7	Δ8
≦3	+270	+140	+60	+34	+20	+14	+10	+6	+4	+2	0	$\pm IT_n/2$	+2	+4	+6	0	0	−2	−2	−4	−4	在標準處增加表列值的△值	−6	−10	−14	—	−18	—	−20	—	−26	−32	−40	−60	0	0	0	0	0	0
>3至6	+270	+140	+70	+46	+30	+20	+14	+10	+6	+4	0		+5	+6	+10	−1+Δ	0	−4+Δ	−4	−8+Δ	0		−12	−15	−19	—	−23	—	−28	—	−35	−42	−50	−80	1	1.5	1	3	4	6
>6至10	+280	+150	+80	+56	+40	+25	+18	+13	+8	+5	0		+5	+8	+12	−1+Δ	0	−6+Δ	−6	−10+Δ	0		−15	−19	−23	—	−28	—	−34	—	−42	−52	−67	−97	1	1.5	2	3	6	7
>10至14	+290	+150	+95	—	+50	+32	—	+16	—	+6	0		+6	+10	+15	−1+Δ	0	−7+Δ	−7	−12+Δ	0		−18	−23	−28	—	−33	—	−40	—	−50	−64	−90	−130	1	2	3	3	7	9
>14至18	+290	+150	+95	—	+50	+32	—	+16	—	+6	0		+6	+10	+15	−1+Δ	0	−7+Δ	−7	−12+Δ	0		−18	−23	−28	—	−33	−39	−45	—	−60	−77	−108	−150	1	2	3	3	7	9
>18至24	+300	+160	+110	—	+65	+40	—	+20	—	+7	0		+8	+12	+20	−2+Δ	0	−8+Δ	−8	−15+Δ	0		−22	−28	−35	—	−41	−47	−54	−63	−73	−98	−136	−188	1.5	2	3	4	8	12
>24至30	+300	+160	+110	—	+65	+40	—	+20	—	+7	0		+8	+12	+20	−2+Δ	0	−8+Δ	−8	−15+Δ	0		−22	−28	−35	−41	−48	−55	−64	−75	−88	−118	−160	−218	1.5	2	3	4	8	12
>30至40	+310	+170	+120	—	+80	+50	—	+25	—	+9	0		+10	+14	+24	−2+Δ	0	−9+Δ	−9	−17+Δ	0		−26	−34	−43	−48	−60	−68	−80	−94	−112	−148	−200	−274	1.5	3	4	5	9	14
>40至50	+320	+180	+130	—	+80	+50	—	+25	—	+9	0		+10	+14	+24	−2+Δ	0	−9+Δ	−9	−17+Δ	0		−26	−34	−43	−54	−70	−81	−97	−114	−136	−180	−242	−325	1.5	3	4	5	9	14
>50至65	+340	+190	+140	—	+100	+60	—	+30	—	+10	0		+13	+18	+28	−2+Δ	0	−11+Δ	−11	−20+Δ	0		−32	−41	−53	−66	−87	−102	−122	−144	−172	−226	−300	−405	2	3	5	6	11	16
>65至80	+360	+200	+150	—	+100	+60	—	+30	—	+10	0		+13	+18	+28	−2+Δ	0	−11+Δ	−11	−20+Δ	0		−32	−43	−59	−75	−102	−120	−146	−174	−210	−274	−360	−480	2	3	5	6	11	16
>80至100	+380	+220	+170	—	+120	+72	—	+36	—	+12	0		+16	+22	+34	−3+Δ	0	−13+Δ	−13	−23+Δ	0		−37	−51	−71	−91	−124	−146	−178	−214	−258	−335	−445	−585	2	4	5	7	13	19
>100至120	+410	+240	+180	—	+120	+72	—	+36	—	+12	0		+16	+22	+34	−3+Δ	0	−13+Δ	−13	−23+Δ	0		−37	−54	−79	−104	−144	−172	−210	−254	−310	−400	−525	−690	2	4	5	7	13	19
>120至140	+460	+260	+200	—	+145	+85	—	+43	—	+14	0		+18	+26	+41	−3+Δ	0	−15+Δ	−15	−27+Δ	0		−43	−63	−92	−122	−170	−202	−248	−300	−365	−470	−620	−800	3	4	6	7	15	23
>140至160	+520	+280	+210	—	+145	+85	—	+43	—	+14	0		+18	+26	+41	−3+Δ	0	−15+Δ	−15	−27+Δ	0		−43	−65	−100	−134	−190	−228	−280	−340	−415	−535	−700	−900	3	4	6	7	15	23
>160至180	+580	+310	+230	—	+145	+85	—	+43	—	+14	0		+18	+26	+41	−3+Δ	0	−15+Δ	−15	−27+Δ	0		−43	−68	−108	−146	−210	−252	−310	−380	−465	−600	−780	−1000	3	4	6	7	15	23
>180至200	+660	+340	+240	—	+170	+100	—	+50	—	+15	0		+22	+30	+47	−4+Δ	0	−17+Δ	−17	−31+Δ	0		−50	−77	−122	−166	−236	−284	−350	−425	−520	−670	−880	−1150	3	4	6	9	17	26
>200至225	+740	+380	+260	—	+170	+100	—	+50	—	+15	0		+22	+30	+47	−4+Δ	0	−17+Δ	−17	−31+Δ	0		−50	−80	−130	−180	−258	−310	−385	−470	−575	−740	−960	−1250	3	4	6	9	17	26
>225至250	+820	+420	+280	—	+170	+100	—	+50	—	+15	0		+22	+30	+47	−4+Δ	0	−17+Δ	−17	−31+Δ	0		−50	−84	−140	−196	−284	−340	−425	−520	−640	−820	−1050	−1350	3	4	6	9	17	26
>250至280	+920	+480	+300	—	+190	+110	—	+56	—	+17	0		+25	+36	+55	−4+Δ	0	−20+Δ	−20	−34+Δ	0		−56	−94	−158	−218	−315	−385	−475	−580	−710	−920	−1200	−1550	4	4	7	9	20	29
>280至315	+1050	+540	+330	—	+190	+110	—	+56	—	+17	0		+25	+36	+55	−4+Δ	0	−20+Δ	−20	−34+Δ	0		−56	−98	−170	−240	−350	−425	−525	−650	−790	−1000	−1300	−1700	4	4	7	9	20	29
>315至355	+1200	+600	+360	—	+210	+125	—	+62	—	+18	0		+29	+39	+60	−4+Δ	0	−21+Δ	−21	−37+Δ	0		−62	−108	−190	−268	−390	−475	−590	−730	−900	−1150	−1500	−1900	4	5	7	11	21	32
>355至400	+1350	+680	+400	—	+210	+125	—	+62	—	+18	0		+29	+39	+60	−4+Δ	0	−21+Δ	−21	−37+Δ	0		−62	−114	−208	−294	−435	−530	−660	−820	−1000	−1300	−1650	−2100	4	5	7	11	21	32
>400至450	+1500	+760	+440	—	+230	+135	—	+68	—	+20	0		+33	+43	+66	−5+Δ	0	−23+Δ	−23	−40+Δ	0		−68	−126	−232	−330	−490	−595	−740	−920	−1100	−1450	−1850	−2400	5	5	7	13	23	34
>450至500	+1650	+840	+480	—	+230	+135	—	+68	—	+20	0		+33	+43	+66	−5+Δ	0	−23+Δ	−23	−40+Δ	0		−68	−132	−252	−360	−540	−660	−820	−1000	−1250	−1600	−2100	−2600	5	5	7	13	23	34

註：
*：　不包括直徑1mm以下所有級別的 A 及 B 偏差數值，及不包括 IT8 以下的 N 的偏差數值。
**：　IT7至IT11時，以上二個對稱偏差 IT/2 中，IT（單位 μm）為奇數時，亦可用次一偶數代入化整。
***：　特別情況：自250至350直徑區分段的 M6 的 ES＝−9（部採用 −20＋9＝−11）
備考：　決定 IT8 以下的 K、M、N 偏差數值，及 IT7 以下的 P 至 ZC 偏差數值，須自右邊各欄應用 △ 值。
例：　自18至30直徑分段的 P7 應取 ES −8 代入求得 ES＝−14。

有幾個特性說明如下：

① 軸基礎偏差符號 a～h，其基礎偏差以「上限界偏差 (es)」為主，公差值 IT 往下減，所以上限界尺度和下限界尺度都會比標稱尺度小。h 的上限界偏差正好位於零線，其餘 a～g 的上限界偏差均在零線以下，偏差值皆為負。

② js 的上、下限界偏差係以零線為對稱，取 IT 值的 $\frac{1}{2}$ 為偏差量，上限界偏差為 $+\frac{IT}{2}$，下限界偏差為 $-\frac{IT}{2}$。

③ j～zc 者，其基礎偏差以「下限界偏差 (ei)」為主，除了 j 的下限界偏差有部分在零線以下，以及 k 的下限界偏差有部分位於零線，其餘的下限界偏差均在零線以上，偏差值皆為正。

4. 公差類別與公差之對照表

公差類別是書寫在標稱尺度之後的基礎偏差符號與公差等級，例如 ϕ20H7、ϕ52f6。工程圖面上若只有公差類別的尺度，完全沒有公差值的表達，會使加工者無所適從，或自行再去查詢是非常不妥當的，所以優秀的設計師應加畫尺度公差對照表，或者直接將公差標於尺度後面，讓加工者有所遵循，如圖 5.2-5 所示。

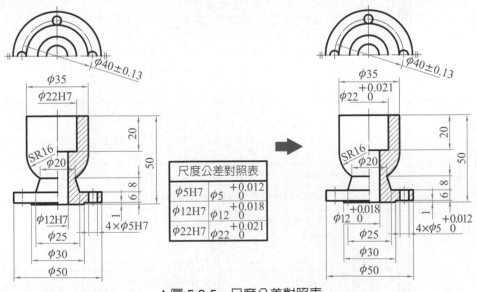

▲圖 5.2-5　尺度公差對照表

5-25

▼表 5.2-5　軸基礎偏差的數值表

單位：μm

公制數值　上偏差es　對稱　下偏差ei

尺度分段(mm)	a*	b*	c	cd	d	e	ef	f	fg	g	h	js**	j 5及6	j 7	j 8	k 4至7	k <3,>7	m	n	p	r	s	t	u	x	y	z	za	zb	zc
	所有級別											js						所有級別												
<**3	−270	−140	−60	−34	−20	−14	−10	−6	−4	−2	0	±IT/2	−2	−4	−6	0	0	+2	+4	+6	+10	+14	—	+18	+20	—	+26	+32	+40	+60
>3至6	−270	−140	−70	−46	−30	−20	−14	−10	−6	−4	0	±IT/2	−2	−4	—	+1	0	+4	+8	+12	+15	+19	—	+23	+28	—	+35	+42	+50	+80
>6至10	−280	−150	−80	−56	−40	−25	−18	−13	−8	−5	0	±IT/2	−2	−5	—	+1	0	+6	+10	+15	+19	+23	—	+28	+34	—	+42	+52	+67	+97
>10至14	−290	−150	−95	—	−50	−32	—	−16	—	−6	0	±IT/2	−3	−6	—	+1	0	+7	+12	+18	+23	+28	—	+33	+40	—	+50	+64	+90	+130
>14至18	−290	−150	−95	—	−50	−32	—	−16	—	−6	0	±IT/2	−3	−6	—	+1	0	+7	+12	+18	+23	+28	—	+33	+45	—	+60	+77	+108	+150
>18至24	−300	−160	−110	—	−65	−40	—	−20	—	−7	0	±IT/2	−4	−8	—	+2	0	+8	+15	+22	+28	+35	—	+41	+54	+63	+73	+98	+136	+188
>24至30	−300	−160	−110	—	−65	−40	—	−20	—	−7	0	±IT/2	−4	−8	—	+2	0	+8	+15	+22	+28	+35	+41	+48	+64	+75	+88	+118	+160	+218
>30至40	−310	−170	−120	—	−80	−50	—	−25	—	−9	0	±IT/2	−5	−10	—	+2	0	+9	+17	+26	+34	+43	+48	+60	+80	+94	+112	+148	+200	+274
>40至50	−320	−180	−130	—	−80	−50	—	−25	—	−9	0	±IT/2	−5	−10	—	+2	0	+9	+17	+26	+34	+43	+54	+70	+97	+114	+136	+180	+242	+325
>50至65	−340	−190	−140	—	−100	−60	—	−30	—	−10	0	±IT/2	−7	−12	—	+2	0	+11	+20	+32	+41	+53	+66	+87	+122	+144	+172	+226	+300	+405
>65至80	−360	−200	−150	—	−100	−60	—	−30	—	−10	0	±IT/2	−7	−12	—	+2	0	+11	+20	+32	+43	+59	+75	+102	+146	+174	+210	+274	+360	+480
>80至100	−380	−220	−170	—	−120	−72	—	−36	—	−12	0	±IT/2	−9	−15	—	+3	0	+13	+23	+37	+51	+71	+91	+124	+178	+214	+258	+335	+445	+585
>100至120	−410	−240	−180	—	−120	−72	—	−36	—	−12	0	±IT/2	−9	−15	—	+3	0	+13	+23	+37	+54	+79	+104	+144	+210	+254	+310	+400	+525	+690
>120至140	−460	−260	−200	—	−145	−85	—	−43	—	−14	0	±IT/2	−11	−18	—	+3	0	+15	+27	+43	+63	+92	+122	+170	+248	+300	+365	+470	+620	+800
>140至160	−520	−280	−210	—	−145	−85	—	−43	—	−14	0	±IT/2	−11	−18	—	+3	0	+15	+27	+43	+65	+100	+134	+190	+280	+340	+415	+535	+700	+900
>160至180	−580	−310	−230	—	−145	−85	—	−43	—	−14	0	±IT/2	−11	−18	—	+3	0	+15	+27	+43	+68	+108	+146	+210	+310	+380	+465	+600	+780	+1000
>180至200	−660	−340	−240	—	−170	−100	—	−50	—	−15	0	±IT/2	−13	−21	—	+4	0	+17	+31	+50	+77	+122	+166	+236	+350	+425	+520	+670	+880	+1150
>200至225	−740	−380	−260	—	−170	−100	—	−50	—	−15	0	±IT/2	−13	−21	—	+4	0	+17	+31	+50	+80	+130	+180	+258	+385	+470	+575	+740	+960	+1250
>225至250	−820	−420	−280	—	−170	−100	—	−50	—	−15	0	±IT/2	−13	−21	—	+4	0	+17	+31	+50	+84	+140	+196	+284	+425	+520	+640	+820	+1050	+1350
>250至280	−920	−480	−300	—	−190	−110	—	−56	—	−17	0	±IT/2	−16	−26	—	+4	0	+20	+34	+56	+94	+158	+218	+315	+475	+580	+710	+920	+1200	+1550
>280至315	−1050	−540	−330	—	−190	−110	—	−56	—	−17	0	±IT/2	−16	−26	—	+4	0	+20	+34	+56	+98	+170	+240	+350	+525	+650	+790	+1000	+1300	+1700
>315至355	−1200	−600	−360	—	−210	−125	—	−62	—	−18	0	±IT/2	−18	−28	—	+4	0	+21	+37	+62	+108	+190	+268	+390	+590	+730	+900	+1150	+1500	+1900
>355至400	−1350	−680	−400	—	−210	−125	—	−62	—	−18	0	±IT/2	−18	−28	—	+4	0	+21	+37	+62	+114	+208	+294	+435	+660	+820	+1000	+1300	+1650	+2100
>400至450	−1500	−760	−440	—	−230	−135	—	−68	—	−20	0	±IT/2	−20	−32	—	+5	0	+23	+40	+68	+126	+232	+330	+490	+740	+920	+1100	+1450	+1850	+2400
>450至500	−1650	−840	−480	—	−230	−135	—	−68	—	−20	0	±IT/2	−20	−32	—	+5	0	+23	+40	+68	+132	+252	+360	+540	+820	+1000	+1250	+1600	+2100	+2600

（偏差$=\pm IT/2$適用於 IT7 至 IT11 的 js）

註：
*：不包括直徑1mm以下a及b偏差數值。
**：IT7至IT11的js之二圖對稱偏差在IT/2中，IT(單位μm)為奇數時，亦可用次一偶數代入化整。

除了使用公差對照表或上下偏差值的標註之外，也可將最大、最小限界數值標註在尺度線上，如圖 5.2-6 所示。一般軸孔配合的尺度公差類別常採用單向公差的制度，上下偏差值都是同側公差，不是正的，就是負的。一對標準正齒輪之兩軸心距離，宜採用正向公差，如圖 5.2-7 所示；但機構上兩孔的中心距離，一般宜採用雙向公差。

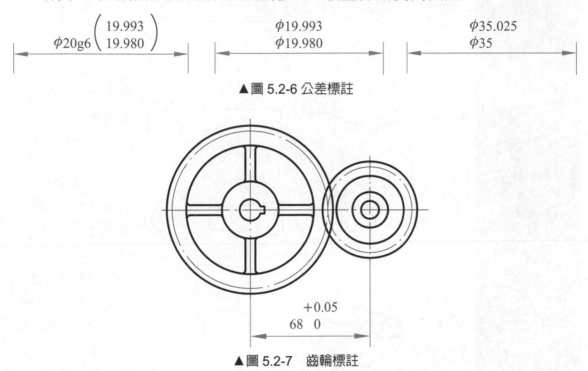

▲圖 5.2-6 公差標註

▲圖 5.2-7　齒輪標註

5. 幾何公差

尺度公差的標註是屬於一維方向的度量，要標註二維或三維方向的尺度公差時，則需在其他視圖的位置標註所要求的公差值，這樣勢必造成大量公差在一張工程圖面上。為了能簡化標註物體幾何形態之公差，就需要使用幾何公差標示之。幾何公差符號分成四大類：形狀公差、方向公差、定位公差和偏轉度公差，其各種幾何公差代表的意義，於下表以圖面示之。而當幾何公差與長度或角度公差兩者相抵觸時，則以幾何公差為主要，表 5.2-6 為幾何公差代表的意義。

▼表 5.2-6　幾何公差代表的意義

形態	公差分類	公差性質	符號	公差區域	圖例	管制幾何形態情況
單一形態	形狀公差	真直度	—		$-\ \phi0.05$	用以管制表面上線之真直度，或旋轉體中心軸線之真直度。
		真平度	▱		$\diagup$ 0.05	用以管制一平面之真平度。
		真圓度	○		○ 0.01	用以管制圓柱、圓錐或球體橫剖面之真圓度。
		圓柱度	⌭		⌭ 0.03	用以管制圓柱體表面之真圓度、真直度與平行度等之組合公差。
單一或相關形態		曲線輪廓度	⌒		⌒ 0.03	用以管制曲線上各點之輪廓形狀。
		曲面輪廓度	⌓		⌓ 0.02	用以管制曲面上各點之輪廓形狀。

▼表 5.2-6 幾何公差代表的意義 (續)

形態	公差分類	公差性質	符號	公差區域	圖例	管制幾何形態情況
相關形態	方向公差	平行度	//			用以管制直線或平面與基準線或基準面之平行程度。
		垂直度	⊥			用以管制直線或平面與基準線或基準面之垂直程度。
		傾斜度	∠			用以管制直線或平面與基準線或基準面成一定角度之傾斜狀態之誤差。
	定位公差	位置度	⊕			用以管制幾何形態偏離其真確位置之誤差。
		同心度、同軸度	◎			用以管制圓或圓柱之中心偏離基準形態中心之誤差。
		對稱度	=			用以管制某形態偏離其對稱基準形態真確位置之誤差。

▼表 5.2-6　幾何公差代表的意義 (續)

形態	公差分類	公差性質	符號	公差區域	圖例	管制幾何形態情況
相關形態	偏轉度公差	圓偏轉度			0.01 A－B	用以管制幾何形態在任何位置，經過機件圍繞基準軸線，作一完全迴轉時之最大容許變量。
		總偏轉度			0.01 A－B	用以管制幾何形態在任何位置，經過機件圍繞基準軸線，作不定數迴轉後之最大容許變量。

CNS 幾何公差符號表及範例說明：

(1)　形狀公差：

①　真直度公差

　　a. 在圓柱體表面上，任何部份都要介於兩條相距 0.03 mm 的平行線之間，如圖 5.2-8 所示。

▲圖 5.2-8　真直度公差 -1

　　b. 在投影平面上，物體的中心軸線要介於兩條相距 0.2 mm 的平行線之間，如圖 5.2-9 所示。

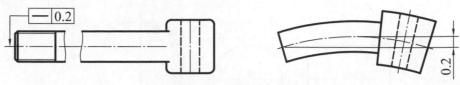

▲圖 5.2-9　真直度公差 -2

c. 在物體右方圓柱的中心軸線，要介於一直徑為 ϕ0.03 mm 的圓柱形公差內，如圖 5.2-10 所示。

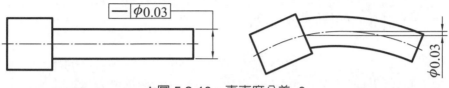

▲圖 5.2-10　真直度公差 -3

d. 物體全部圓柱的中心軸線，要介於一直徑為 ϕ0.04 mm 的圓柱形公差內，如圖 5.2-11 所示。

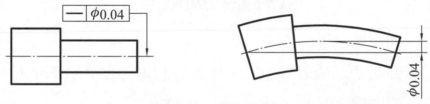

▲圖 5.2-11　真直度公差 -4

② 真平度公差

箭頭標示的表平面上，任何部份都要介於兩個相距 0.03 mm 的平行平面之間，如圖 5.2-12 所示。

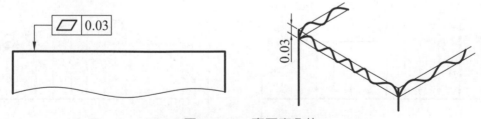

▲圖 5.2-12　真平度公差

③ 真圓度公差與圓柱度公差

a. 與軸線正交的任何剖面上，其周圍需介於兩個相距 0.02 mm 的同心圓之間，如圖 5.2-13 所示。

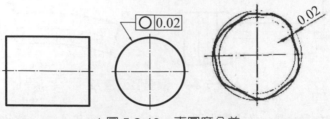

▲圖 5.2-13　真圓度公差

b. 圓柱物體的表面，需介於兩個相距 0.02 mm 同軸的圓柱面間，如圖 5.2-14 所示。

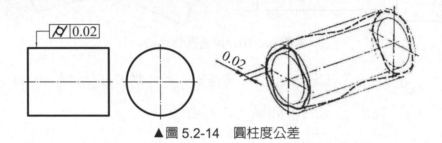

▲圖 5.2-14　圓柱度公差

④ 曲線輪廓度公差

箭頭標示的表平面上，實際輪廓線都要介於兩個相距 0.2 mm 的曲線之間。

這兩個曲線，是以真確輪廓曲線的每一點為圓心，以公差值 0.2 mm 為直徑，所做出許多小圓的包格線，如圖 5.2-15 所示。

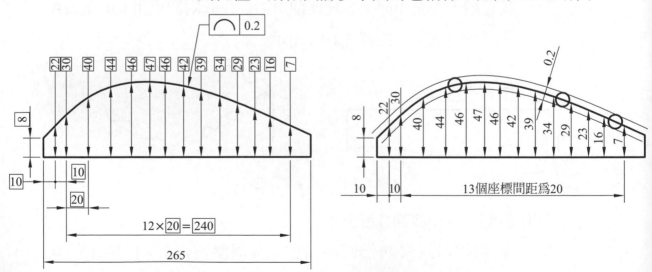

▲圖 5.2-15　曲線輪廓度公差

⑤ 曲面輪廓度公差

箭頭標示的表平面上，實際輪廓曲面都要介於兩個相距 0.02 mm 的曲面之間。

這兩個曲面，是以真確輪廓曲面的每一點為圓心，以公差值 0.02 mm 為直徑，所做出許多小球的包格線，如圖 5.2-16 所示。

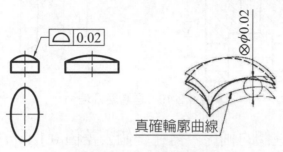

真確輪廓曲線

▲圖 5.2-16　曲面輪廓度公差

(2) 位置公差：

① 平行度公差

　　a. 物體的孔與基準面 A 平行，孔的軸線在兩個相距公差 0.03 mm 的平面之間，如圖 5.2-17 所示。

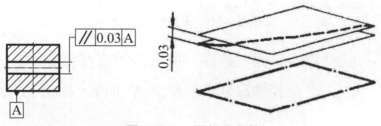

▲圖 5.2-17　平行度公差 -1

　　b. 物體的兩個頂表面平行，表面的點介於兩個相距公差 0.03 mm 的平面之間，如圖 5.2-18 所示。

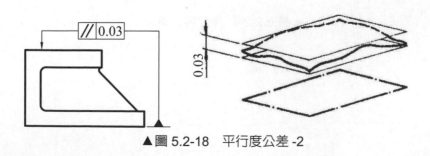

▲圖 5.2-18　平行度公差 -2

② 垂直度公差

a. 物體的表面軸線，其表面在兩個相距公差 0.03 mm 的平面之間。而且其邊要與基準軸 A 垂直，如圖 5.2-19 所示。

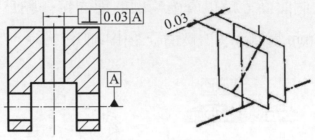

▲圖 5.2-19　垂直度公差 -1

b. 直柱體的軸線，需在一個公差值 0.1 mm×0.2 mm 的長方柱體內，而且其軸線要與基準軸 A 平行，如圖 5.2-20 所示。

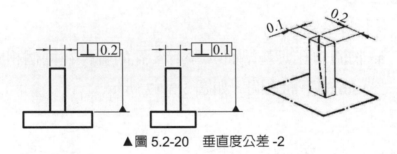

▲圖 5.2-20　垂直度公差 -2

c. 圓柱體的軸線，需在一個公差值直徑為 ϕ0.03 mm 的圓柱體內，而且其軸線要與基準面 A 平行，如圖 5.2-21 所示。

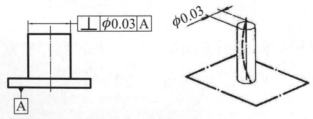

▲圖 5.2-21　垂直度公差 -3

d. 物體的右側平面與基準面垂直，且平面上任何點都在兩個相距公差 0.05 mm 的平面之間，如圖 5.2-22 所示。

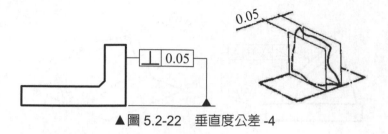

▲圖 5.2-22　垂直度公差 -4

③ 傾斜度公差

a. 物體傾斜孔的表面軸線，其表面在兩個相距公差 0.08 mm 的平面之間，而且其軸線要與基準軸 A 成絕對的 60°，如圖 5.2-23 所示。

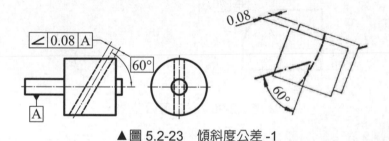

▲圖 5.2-23　傾斜度公差 -1

b. 物體傾斜孔的表面軸線，其表面在一個直徑公差 0.06 mm 的圓柱體之間。而且其軸線要與基準面 A 成絕對的 60°，如圖 5.2-24 所示。

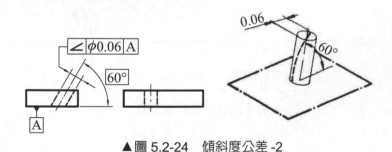

▲圖 5.2-24　傾斜度公差 -2

c. 物體的傾斜面與基準面成絕對的 39°，且平面上任何點都在兩個相距公差 0.03 mm 的平面之間，如圖 5.2-25 所示。

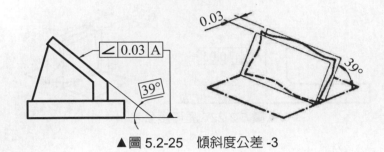

▲圖 5.2-25　傾斜度公差 -3

④ 正位度公差

a. 物體在絕對位置 X 向 100 mm 與 Y 向 50 mm 的交點，這交點須在一個直徑為 ϕ0.3 mm 的圓內，如圖 5.2-26 所示。

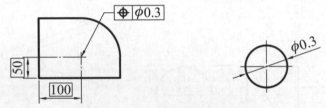

▲圖 5.2-26　正位度公差 -1

b. 物體在絕對位置 X 向 35 mm 與 Y 向 25 mm 的交點上有一圓孔，圓孔的軸心線需在一個直徑公差 0.03 mm 的圓柱體之間，如圖 5.2-27 所示。

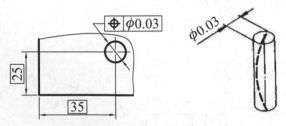

▲圖 5.2-27　正位度公差 -2

c. 物體在相距絕對位置 X 向 30 mm 與 Y 向 30 mm 的交點上有八圓孔，每個圓孔的軸心線需在一個公差水平寬 0.05 mm，垂直高 0.2 mm 的長方體內，如圖 5.2-28 所示。

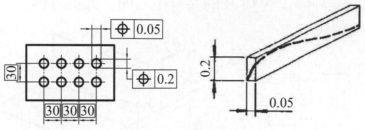

▲圖 5.2-28　正位度公差 -3

⑤ 同心度公差

a. 物體的外圓必須和內基準圓 A 同心，且此外圓中心須在一個直徑為 ϕ0.01 mm 的圓內，如圖 5.2-29 所示。

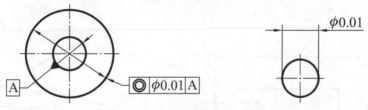

▲圖 5.2-29　同心度公差 -1

b. 物體的右側圓柱必須和左側基準圓柱 A 同心，且圓柱的軸心線需在一個直徑公差 0.03 mm 的圓柱體之間，如圖 5.2-30 所示。

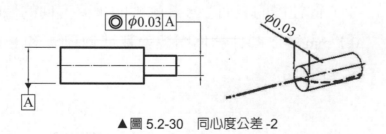

▲圖 5.2-30　同心度公差 -2

⑥ 對稱度公差

　　a. 物體的內部孔的軸心線須在一公差為寬 0.1 mm 與高 0.05 mm 的長方體內，寬需對稱於 C 與 D 的共有中心面，且高需對稱於 A 與 B 的共有中心面，如圖 5.2-31 所示。

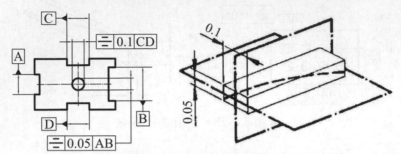

▲圖 5.2-31　對稱度公差 -1

　　b. 物體的右側槽的中心平面需對稱於上方基準面，且右側槽的中心平面需在兩個相距公差 0.04 mm 的平面之間，如圖 5.2-32 所示。

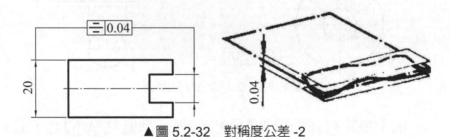

▲圖 5.2-32　對稱度公差 -2

(3)　偏轉公差：

① 圓周偏轉公差

　　a. 上方圓柱體的表面上，其軸線的垂直方向的偏轉量在公差 0.1 mm 內，圓柱體為圍繞著基準軸線 A 和 B 旋轉，如圖 5.2-33 所示。

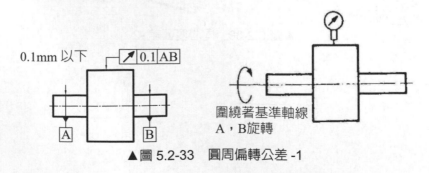

▲圖 5.2-33　圓周偏轉公差 -1

b. 右側圓錐體的表面上，任一點和其法線方向的偏轉量在公差 0.1 mm 內，圓錐體爲圍繞著基準軸線 C 旋轉，如圖 5.2-34 所示。

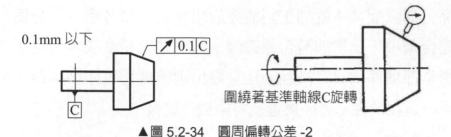

0.1mm 以下　　　　0.1 C

C

圍繞著基準軸線C旋轉

▲圖 5.2-34　圓周偏轉公差 -2

c. 右側平面的表面上，任一點和基準軸平行方向的偏轉量在公差 0.1 mm 內，物體爲圍繞著基準軸線 D 旋轉，如圖 5.2-35 所示。

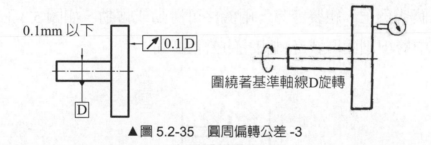

0.1mm 以下　　　0.1 D

D

圍繞著基準軸線D旋轉

▲圖 5.2-35　圓周偏轉公差 -3

② 總偏轉公差

上方圓柱體的表面上，其軸線的垂直方向的偏轉量在公差 0.1 mm 內，圓柱體爲圍繞著基準軸線 A 和 B 旋轉，並和測定器軸向移動，如圖 5.2-36 所示。

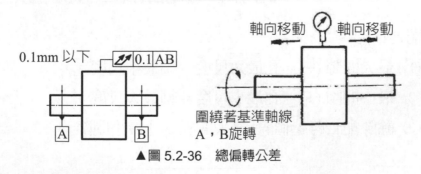

0.1mm 以下　　0.1 AB

A　　　　B

軸向移動　　　軸向移動

圍繞著基準軸線
A，B旋轉

▲圖 5.2-36　總偏轉公差

5.3 配合

　　軸件、孔件裝配需轉動或固定時之鬆緊程度，即指軸孔件裝配的尺度公差關係，稱為配合。就加工製造後的組裝配合來考慮，可分為一般配合和選擇配合兩項，為增加滑合精確度或減少加工精度成本皆可應用。一般配合係指全部機件均具互換性，任意取出兩機件均可組裝；選擇配合係指機件並不均具互換性，需經挑選後將兩機件組裝。

1.　配合的種類

(1)　餘隙配合

　　餘隙配合又稱為留隙配合，俗稱鬆配合，在兩配合件之限界尺度裝配時仍有間隙存在，即孔之尺度恆大於軸之尺度，其配合公差值皆為正。組裝容易，兩機件可滑動或轉動，如圖 5.3-1 所示，圖中雙線剖面區域是軸和孔的公差區間。

餘隙配合(鬆配合)
▲圖 5.3-1　餘隙配合圖

配合情形：

① 最大間隙 (+) = 孔最大尺度 − 軸最小尺度。

② 最小間隙 (+) = 孔最小尺度 − 軸最大尺度。

③ 餘隙配合跨越值 = | 最大間隙 | − | 最小間隙 |。

範例：

標稱尺度	公差類別		限界偏差 (μm)		間隙配合情況	配合跨越值
$\phi32$	孔	E9	上限界偏差	+112	最大間隙	|174| − |50| =124
			下限界偏差	+50	+112 − (− 62) =+174	
	軸	h9	上限界偏差	0	最小間隙	
			下限界偏差	− 62	+50 − (0) =+50	

(2) 干涉配合

干涉配合又稱為過盈配合：俗稱緊配合，在兩配合件之限界尺度裝配時，有干涉情況，即孔之尺度恆小於軸之尺度，其配合公差值皆為負。組裝時須施壓力擠入 (壓配)，或加熱膨脹後方能組裝，組裝後不能滑動或轉動，也不易拆開，如圖 5.3-2 所示，圖中雙線剖面區域是軸和孔的公差區間。

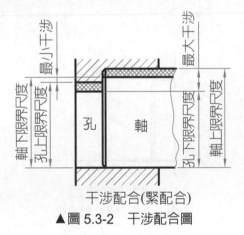

干涉配合(緊配合)

▲圖 5.3-2 干涉配合圖

配合情形：

① 最小干涉 (–) = 孔最大尺度 – 軸最小尺度。

② 最大干涉 (–) = 孔最小尺度 – 軸最大尺度。

③ 干涉配合跨越值 =| 最大干涉 | – | 最小干涉 |。

範例：

標稱尺度	公差類別		限界偏差 (μm)		間隙配合情況	配合跨越值
$\phi 32$	孔	H7	上限界偏差	+25	最小干涉	| – 59| – | –18| = 41
			下限界偏差	0	+25 – (+43) = –18	
	軸	s6	上限界偏差	+59	最大干涉	
			下限界偏差	+43	0 – (+59) = –59	

(3) 過渡配合

過渡配合俗稱靜配合，在兩配合件之限界尺度裝配時，可能產生
餘隙配合或干涉配合，前者配合公差值為正，後者配合公差值為
負。組裝時兩機件有緊配、有鬆配，則常使用橡膠槌或手動壓合
機具做裝配，如套筒軸承、滾動軸承與孔件、軸件之配合，如圖
5.3-3 所示，圖中雙線剖面區域是軸和孔的公差區間。

過渡配合(靜配合)
▲圖 5.3-3　過渡配合圖

配合情形：

① 最大間隙 (+) = 孔最大尺度 – 軸最小尺度。

② 最大干涉 (–) = 孔最小尺度 – 軸最大尺度。

③ 過渡配合跨越值 = | 最大間隙 | + | 最大干涉 |。

範例：

標稱尺度	公差類別		限界偏差 (μm)		間隙配合情況	配合跨越值
φ32	孔	H8	上限界偏差	+39	最大間隙	|22| + | − 33| = 55
			下限界偏差	0	+39 – (+17) =+22	
	軸	n6	上限界偏差	+33	最大干涉	
			下限界偏差	+17	0 – (+33) = –33	

2. 配合的制度

配合的制度與基礎偏差符號、標準公差等級有相關，爲了使產品的品質更優良、更規格化，且更有互換性，減少成本，採用國際標準 ISO 所制定的基礎偏差符號和標準公差等級來設計產品，才能符合國際趨勢，具有世界觀。一般配合的制度大多採用基孔制和基軸制兩種，即是將孔件和軸件定義爲標稱尺度的零偏差線上下，並採單向公差的制度，再依鬆緊配合程度的條件，去調整其配合件的公差類別，如圖 5.3-4 所示。

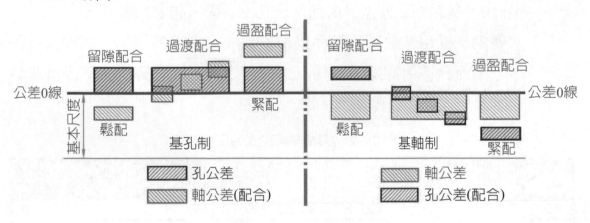

▲圖 5.3-4　配合制度

(1) 基孔制

基孔制係以偏差符號 H 表示，以孔的最小限界尺度爲基礎，就是以孔之下限界偏差爲 0。上限界偏差爲正，常用公差類別爲 H6 ～ H11。基孔制之公差等級通常比軸大一級，如 H7/g6。優點：孔徑

一致，易於加工，可避免刀具 (如鉸刀) 及量規之不必要的多樣
化，較符合經濟成本效益，為配合最常用之一。下表為基孔制常
用之配合公差類別：

▼表 5.3-1　基孔制常用之配合公差類別

基孔	軸用公差類別									
	餘隙配合				過渡配合			干涉配合		
H6			g5	h5	js5 k5 m5			n5 p5		
H7		f6	g6	h6	js6 k6 m6	n6		p6 r6 s6	t6 u6 x6	
H8	e7	f7		h7	js7 k7 m7			s7	u7	
	d8 e8	f8		h8						
H9	d8 e8	f8		h8						
H10	b9 c9 d9	e9		h9						
H11	b11 c11 d10			h10						

(2) 基軸制

基軸制係以偏差符號 h 表示，以軸的最大限界尺度為基礎，就
是以軸之上限界偏差為 0。下限界偏差為負，常用基準為 h5 ～
h10。基軸制之公差等級通常比孔小一級，如 K7/h6。

優點：採用基軸制的軸件以冷拉製成，軸徑易控制，無需再行加
工，而孔徑用特殊刀具加工以配合之者，較為經濟。下表為基軸
制常用之配合公差類別：

▼表 5.3-2　基軸制常用之配合公差類別

基軸	孔用公差類別									
	餘隙配合				過渡配合			干涉配合		
h5			G6	H6	JS6 K6 M6			N6 P6		
h6		F7	G7	H7	JS7 K7 M7	N7		P7 R7 S7	T7 U7 X7	
h7	E8	F8		H8						
h8	D9 E9	F9		H9						
	E8	F8		H8						
h9	D9 E9	F9		H9						
	B11 C10 D10			H10						

常見的組合件軸孔配合公差的標註，可採用如圖 5.3-5 所示之四種方式。

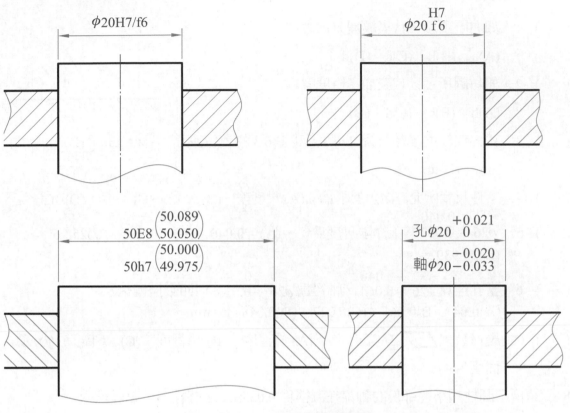

▲圖 5.3-5　組合件配合標註

模擬考題

一、選擇題

( ) 1. 如右圖所示，代表紋理方向者為：

(A)a (B)b (C)c (D)d。

( ) 2. 如右圖所示，代表加工裕度者為：

(A)b (B)c (C)d (D)e。

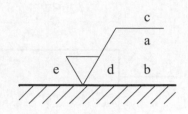

( ) 3. 表面粗糙度參數符號 Ra6.3，其中 6.3 的單位應為： (A)dm (B)cm (C) mm (D)μm。

( ) 4. 零件尺度所允許之差異稱為 (A) 尺度差 (B) 公差 (C) 裕度 (D) 允許差。

( ) 5. $\phi 26 \begin{smallmatrix} -0.040 \\ -0.061 \end{smallmatrix}$ 其上界限尺度為： (A) – 0.040 (B) – 0.061 (C)25.96 (D)25.939。

( ) 6. 當孔徑為 $\phi 26 \begin{smallmatrix} -0.040 \\ -0.061 \end{smallmatrix}$，軸徑為 $\phi 26 \begin{smallmatrix} 0 \\ -0.013 \end{smallmatrix}$，則最小干涉為： (A)0.04 (B)0.061 (C)0.027 (D)0.048 mm。

( ) 7. 幾何公差 ▱ 中是表示： (A) 真直度 (B) 平行度 (C) 真平度 (D) 真面度。

8. 請標示圓柱體小徑部份的軸線在直徑為 0.03 mm 之圓柱形公差區域內

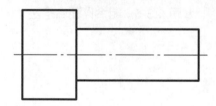

9. 請標示圓柱體的表面上，其軸線的垂直方向的偏轉量在公差 0.1 mm 內，圓柱體為圍繞著左基準軸線 A 和右基準軸線 B 旋轉，且和測定器軸向移動。

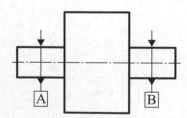

( ) 10. ▽‾‾Rz 3.2 左圖所示，下列敘述何者錯誤？ (A)R 輪廓算數平均值 3.2 (B)R 輪廓最大高度值 3.2 (C)16%- 限界規則 (D) 評估長度為取樣長度的 5 倍。

( ) 11. 表面紋理方向係呈放射狀，其表面織構符號標註爲　(A) ⊥　(B) ╳　(C)M
(D)R。

( ) 12. 單一零件圖中，公用表面織構符號應標註在　(A) 零件圖件號右側　(B) 零
件圖正上方　(C) 零件圖右下角　(D) 標題欄附近。

( ) 13. 當零件視圖上有一封閉輪廓線具有相同表面織構時，其符號爲

(A) 　(B) 　(C) 　(D) 　。

( ) 14. 下列表面織構符號標註何者正確？

(A) 　(B)

(C) 　(D) 　。

( ) 15. 下列有關公差配合之敘述，何者爲正確？　(A) 公差等級愈高，公差範圍
愈小　(B) 鬆配合是軸件尺寸大於孔尺寸　(C) 一軸件與數件孔件配合時宜
使用基孔制　(D)IT5 ～ IT10 用於配合機件公差。

( ) 16. 依 CNS 標準中的基礎偏差符號共分爲幾個？　(A)24　(B)26　(C)28
(D)30　級。

( ) 17. 基礎偏差符號以拉丁字母表之，下列何者有列入？　(A)I　(B)L　(C)Q
(D)P。

( ) 18. 比較 ϕ200H7 與 ϕ50H7 兩尺度標註，何者公差較大？　(A) ϕ200H7　(B)
ϕ50H7　(C) 兩者都一樣　(D) 視配合件而定。

( ) 19. 幾何公差符號 "⊕" 是表示　(A) 眞圓度　(B) 圓柱度　(C) 位置度　(D)
同心度。

( ) 20. 下列幾何公差符號，何者屬於形狀公差？

(A) 　(B) 　(C) 　(D) 　。

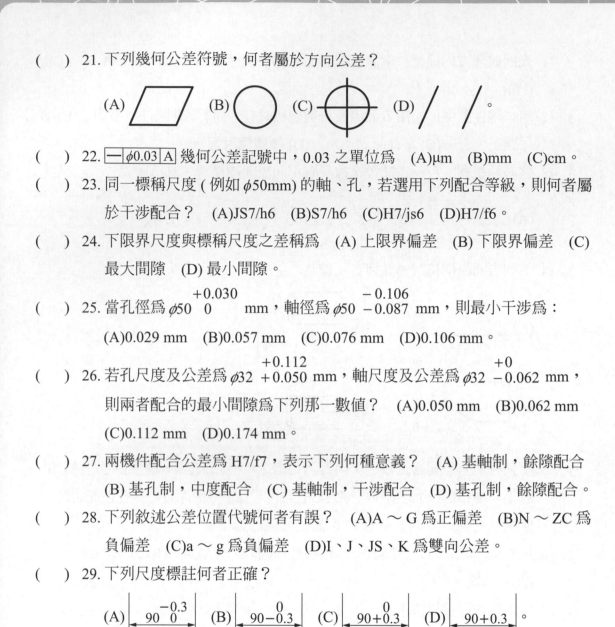

(　) 21. 下列幾何公差符號，何者屬於方向公差？

(A) ▱　　(B) ◯　　(C) ⊕　　(D) ∥ 。

(　) 22. |—|φ0.03|A| 幾何公差記號中，0.03 之單位為　(A)μm　(B)mm　(C)cm。

(　) 23. 同一標稱尺度 (例如 φ50mm) 的軸、孔，若選用下列配合等級，則何者屬於干涉配合？　(A)JS7/h6　(B)S7/h6　(C)H7/js6　(D)H7/f6。

(　) 24. 下限界尺度與標稱尺度之差稱為　(A) 上限界偏差　(B) 下限界偏差　(C) 最大間隙　(D) 最小間隙。

(　) 25. 當孔徑為 φ50 $^{+0.030}_{0}$ mm，軸徑為 φ50 $^{-0.106}_{-0.087}$ mm，則最小干涉為：
(A)0.029 mm　(B)0.057 mm　(C)0.076 mm　(D)0.106 mm。

(　) 26. 若孔尺度及公差為 φ32 $^{+0.112}_{+0.050}$ mm，軸尺度及公差為 φ32 $^{+0}_{-0.062}$ mm，則兩者配合的最小間隙為下列那一數值？　(A)0.050 mm　(B)0.062 mm　(C)0.112 mm　(D)0.174 mm。

(　) 27. 兩機件配合公差為 H7/f7，表示下列何種意義？　(A) 基軸制，餘隙配合　(B) 基孔制，中度配合　(C) 基軸制，干涉配合　(D) 基孔制，餘隙配合。

(　) 28. 下列敘述公差位置代號何者有誤？　(A)A～G 為正偏差　(B)N～ZC 為負偏差　(C)a～g 為負偏差　(D)I、J、JS、K 為雙向公差。

(　) 29. 下列尺度標註何者正確？

(A) 90 $^{-0.3}_{0}$　(B) 90−0.3　(C) 90 $^{0}_{+0.3}$　(D) 90+0.3 。

CHAPTER

6

量測與工具

　　機械乃由不同大小尺寸的零組件組成，透過量測可幫助我們更精確的掌握工件的大小與精度，使我們能依據圖說，生產出合乎規格的工件零件與機械。

　　工業革命後，機器逐漸代替了手工，大幅提高了生產效率，為了確保工件的精度和品質，各種量測工具慢慢興起發展，基本量測和較精密的量具如游標卡尺、分厘卡…等相繼誕生。量測技術的要求也越來越嚴格，包括現今的三次元量測與影像辨識與處理。量測因製造技術的進步而發展，製造技術也因量測的進步而發展，兩者相得亦彰。而對機械工業的發展，基本量測提供很大的貢獻。

　　如何精準的以最適合的工具來快速的進行量測，並獲得最恰當的量測精度與範圍，以確認物件是否屬於可用良品以為生產所用，是瞭解量測工具與使用的目的，而對機械工業的發展，基本量測提供很大的貢獻。

6.1 基本量具

　　基本量具使用於尺寸較不精密要求的物件量測，通常精度為 mm 或度。。包括測量工件長度的鋼尺與捲尺；測量工件內外直徑的內外卡規；測量工件角度的角度規；測量工件真平度和直角度的平板與直角尺。

1.　鋼尺：

　　　通常由不鏽鋼 (Stainless) 淬火處理及研磨製成。鋼尺刻度線的單位有英制與公制兩種，公制單位較常使用，一般公制刻度為 1 公厘，最小單位刻度為 0.5 公厘。公制長度有 150、300、600、1000、1500、2000、3000 公厘等。量測時應確保鋼尺無扭曲或變形，且要和被量測工件保持垂直，如圖 6.1-1 所示。

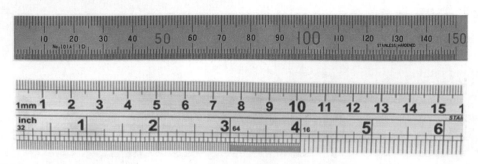

▲圖 6.1-1 鋼尺

2. 捲尺：

尺身通常由鋼皮或纖維製成，尺身置於有自動扭轉彈簧的盒，組合成為一可伸縮之刻度尺，捲尺刻度線的單位有英制與公制兩種，公制單位較常使用。一般公制最小刻度為 1 公厘，捲尺總長度有 1 公尺、3 公尺、5 公尺等。

通常使用時以前端鉤尺勾住被量測工件之一端，將盒內捲尺拉出至需長度，再量測工件長度尺寸。不用時讓捲尺自然的自動縮捲於盒內。量測時應確保鋼尺無扭曲或變形，且要和被量測工件保持垂直。

除了以前端鉤尺勾住被量測工件之一端外，也可以前端鉤尺頂住被量測工件之一端來量測。因為量測可勾或頂，所以捲尺前端的鉤尺與尺身會有可移動的間隙，原理上此間隙就是鉤尺的厚度，越是精密的捲尺此間隙與板厚製作的越精準，如圖 6.1-2 所示。

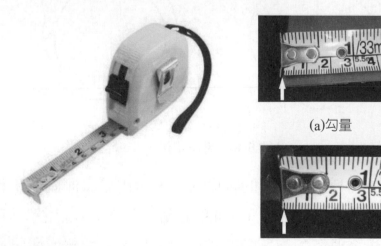

(a)勾量

(b)頂量

▲圖 6.1-2 捲尺

3. 內外卡規：

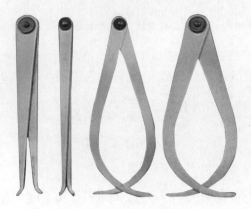

▲圖 6.1-3 內外卡規 (左 2：內卡規量內徑；右 2：外卡規量外徑)

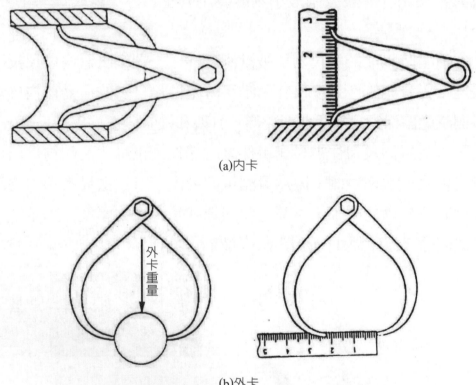

(a)內卡

外卡重量

(b)外卡

▲圖 6.1-4 內外卡規

補充：卡規是一種間接量測的輔助量具，可用於量測圓形工件的內、外徑，或是工件兩平行面間的距離，如圖 6.1-3 所示。基本的內外卡規需要搭配鋼尺刻度或游標卡尺，方能讀取所量測工件之尺寸，如圖 6.1-4 所示。

4. 角度規：

由半圓盤和直尺狀可旋轉之葉片所組成，半圓盤上之刻度從 0 度至 180 度，最小刻劃為 1 度或 0.5 度，可旋轉量測和畫出各種不同之角度，但一般用於精度不高之處，如圖 6.1-5 所示。

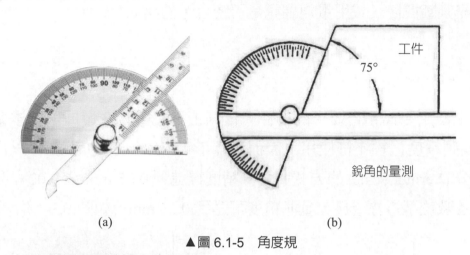

(a)

75°

工件

銳角的量測

(b)

▲圖 6.1-5　角度規

5. 平板與直角尺：

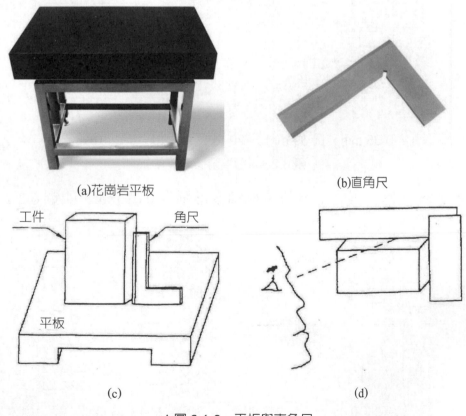

(a)花崗岩平板

(b)直角尺

工件　　角尺

平板

(c)

(d)

▲圖 6.1-6　平板與直角尺

補充：平板沒有刻度分格，其表面被視爲接近完美的平面，作爲校正量具
與檢驗零件幾何形狀的量測基準平面，多使用花崗岩材質。直角尺
通常用於畫線、檢驗直角度、設定工件或刀具的定位，以不鏽鋼經
熱處理後研磨而成。直角尺配合平板量測工件幾何形狀時，可以透
光判斷間隙，或用量規確認是否密合，如圖 6.1-6 所示。

6.2 游標卡尺

爲求使用更高精密要求的物件，量測工具也需配合發展。基本量尺的
1 mm 量測精度已經不符使用，因而游標卡尺 (Caliper) 的誕生， 以尺度游
標重劃分 (Vernier scale) 的方式將量測精度推進到 0.05 mm 或 0.02 mm 。而
指針式及數位型遊標卡尺，量測精度可達到 0.01 mm，如圖 6.2-1 所示。

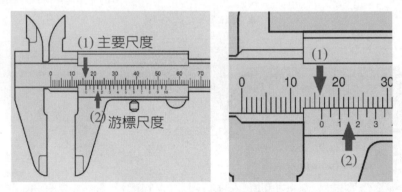

精度 0.05 mm，長 39 mm 分 20 格線，量測尺度為 16.15 mm

圖 6.2-1　標準游標卡尺

緊接著表型指針式的卡尺將量測精度推精到 0.01 mm，如圖 6.2-2 所示。

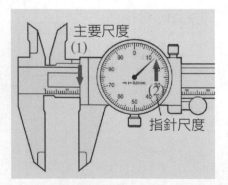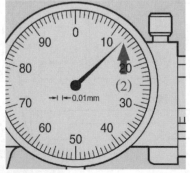

精度 0.01 mm，內部齒輪，量測尺度為 16.13 mm

圖 6.2-2　指針式游標卡尺

近年來的發展，電子顯示式的數位游標卡尺將量測精度推升到 0.01 mm，如圖 6.2-3 所示。

▲圖 6.2-3 數位游標卡尺

雖說科技是不斷的發展，但就使用的耐用與可靠性來說，標準游標卡尺與指針型卡尺仍是機械產業使用的最普遍量測手動工具。

1. 標準型游標卡尺：

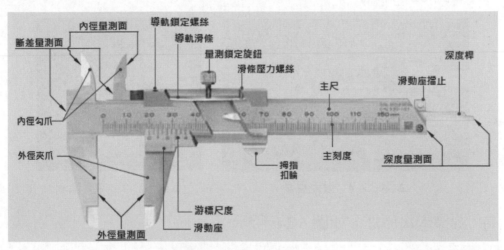

▲圖 6.2-4 標準型游標卡尺

游標卡尺簡稱游標尺，主要由主尺和游標滑動座組成，用途很廣準確性高，為機械工廠使用很普遍的一種尺度量具，如圖 6.2-4 所示。主要可用來做下列量測：

▲圖 6.2-5 外徑量測

① 外徑量測：

以主尺之下測爪及游標滑動座之下滑動爪，夾住物件用以量測長度或外徑尺寸等，如圖 6.2-5 所示。

② 內徑量測：

以主尺之上測爪及游標滑動座之上滑動爪，勾住物件用以量測內寬度或內徑尺寸等，如圖 6.2-6 所示。

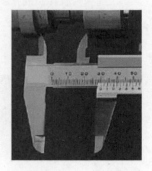

▲圖 6.2-6　內徑量測

③ 段差量測 (階段量測)：

以主尺之平頂面及游標滑動座之平頂面，扣住物件用以量測階梯的高度尺寸，如圖 6.2-7 所示。

④ 深度量測：

以主尺之尾平撐面及游標滑動座之深度桿，以探測量出深度尺寸，如圖 6.2-8 所示。

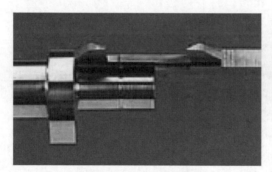

▲圖 6.2-7　段差量測

▲圖 6.2-8　深度量測

(1) 游標卡尺原理，如圖 6.2-9 所示：

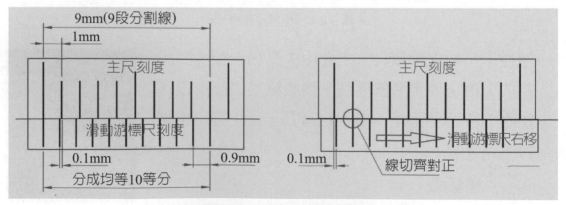

▲圖 6.2-9　游標卡尺的原理圖

以精度 0.1 mm 之游標卡尺來說明：

① 主尺為正常刻度尺，每刻度距離為 1 mm。

② 滑動游標尺 (副尺) 為非標準刻度尺，其游標刻度在 9 mm 的長度內畫分等距 10 刻度，即每刻度距離為 0.9 mm。

③ 當卡尺完全閉合時，滑動游標尺之 0 刻度線與主尺之 0 mm 刻度線完全切齊對正。滑動游標尺之 10 刻度線與主尺之 9 mm 刻度線也完全切齊對正。

④ 當滑動游標尺右移，卡尺夾住一 0.1 mm 厚之物件時，滑動游標尺之 0 刻度線偏到主尺之 0 mm 刻度線右側。滑動游標尺之 1 刻度線與主尺之 1 mm 刻度線完全切齊對正，即可量測讀出該物件為 0.1 mm。

(2) 游標卡尺精度分類：

① 精度 0.1 mm：滑動游標尺 (副尺) 為非標準刻度尺，其游標刻度在 9 mm 的長度內畫分等距 10 刻度，即每刻度距離為 0.9 mm。

此種尺的精度較差，機械業較少使用。

② 精度 0.05 mm：滑動游標尺 (副尺) 為非標準刻度尺，其游標刻度在 19 mm 的長度內畫分等距 20 刻度，即每刻度距離為 0.95 mm。

③ 精度 0.05 mm：滑動游標尺 (副尺) 為非標準刻度尺，其游標刻度在 39 mm 的長度內畫分等距 20 刻度，即每刻度距離為 1.95 mm。

此種尺的刻度線間隔大，刻度較易讀取，取代 19 mm 長度尺。

④ 精度 0.02 mm：滑動游標尺 (副尺) 為非標準刻度尺，其游標刻度在 49 mm 的長度內畫分等距 50 刻度，即每刻度距離為 0.98 mm。

此種尺的刻度線間隔小，刻度較不易讀取。

(3) 游標卡尺的尺寸讀取，如圖 6.2-10 所示：

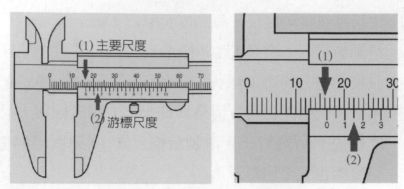

▲圖 6.2-10　游標卡尺尺寸讀取圖

游標卡尺的尺寸讀取依照下列步驟進行：

① 主要尺度：以滑動游標尺之 0 刻度線為基準，看該刻度介於主
尺刻度的那兩個尺度之間，較小尺度即為主要尺度。

圖例，滑動游標尺之 0 刻度線，介於主尺刻度的 16 mm 與 17
mm 之間，所以 16 mm 為主要尺度。

② 游標尺度：找到滑動游標尺之刻度線與主尺刻度線完全切齊對
正的線，該滑動游標尺之刻度線，即為游標尺度。

圖例，滑動游標尺之 1.5 刻度線，與主尺刻度線完全切齊對
正，游標尺度就是 0.15 mm。

③ 量測尺度：主要尺度加上游標尺度。

圖例，量測尺度就是 16.15 mm。

(4) 游標卡尺的正確使用，如圖 6.2-11 所示：

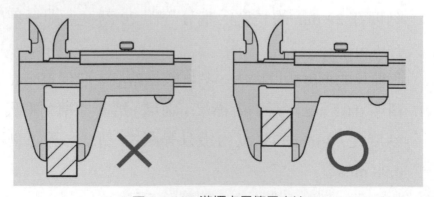

▲圖 6.2-11　游標卡尺使用方法 1

如圖 6.2-11 所示，量測的工件不要只放置在夾爪的最尾端。

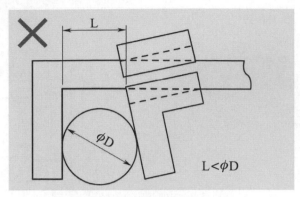

▲圖 6.2-12　游標卡尺使用方法 2

如圖 6.2-12 所示，量測時，要確保導軌鎖定螺絲與滑條壓力螺絲皆在適當固定位置，避免滑動座與主尺產生間隙，影響量測。且姆指推扣力量不宜過大。

2. 常用游標卡尺的種類與應用：

(1) 尖爪型游標卡尺：爪末端為點尖型，用來測量狹窄溝槽，如圖 6.2-13 所示。

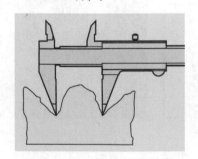

▲圖 6.2-13　尖爪型游標卡尺

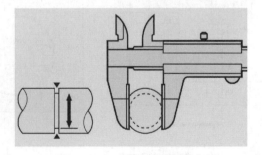

▲圖 6.2-14　薄刀型游標卡尺

(2) 薄刀型游標卡尺：爪末端為刀刃型，用來測量狹槽直徑，如圖 6.2-14 所示。

(3) 深孔槽游標卡尺：爪末端為加長刀刃型，用來測量深孔槽直徑，如圖 6.2-15 所示。

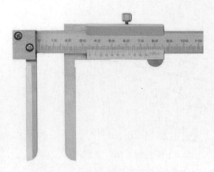
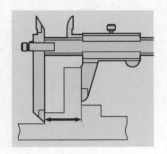

▲圖 6.2-15　深孔槽游標卡尺　　　　▲圖 6.2-16　可調測爪式游標卡尺

(4) 可調測爪式游標卡尺：本尺之測爪可調高低，用來測量不等階級面，如圖 6.2-16 所示。

(5) 圓孔距游標卡尺：兩測爪均為圓錐狀，用來測量圓孔距，如圖 6.2-17 所示。

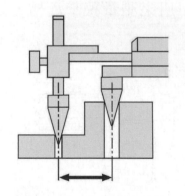
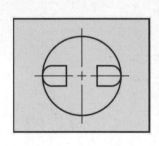

▲圖 6.2-17　圓孔距游標卡尺　　　　▲圖 6.2-18　圓孔游標卡尺

(6) 圓孔游標卡尺：兩測爪均為圓筒狀，用來測量圓孔徑，如圖 6.2-18 所示。

(7) 內槽距游標卡尺：兩測爪為外開尖點，用來測量內槽距，如圖 6.2-19 所示。

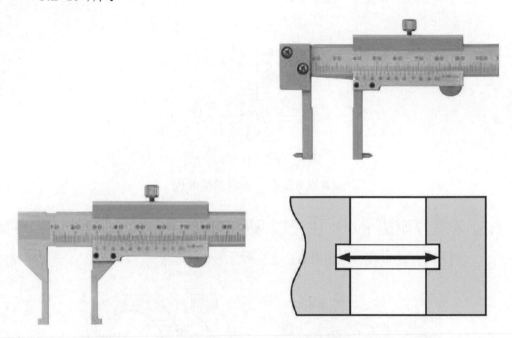

▲圖 6.2-19　內槽距游標卡尺

(8) 頸用游標卡尺：兩測爪為內夾尖點，用來測量頸寬外側，如圖 6.2-20 所示。

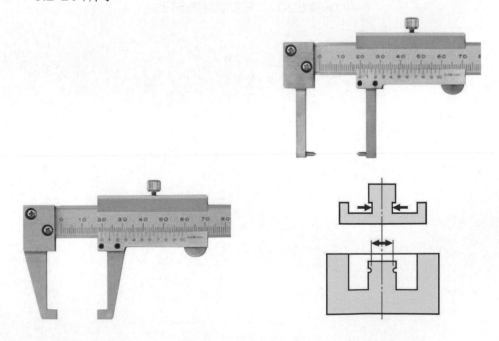

▲圖 6.2-20　頸用游標卡尺

(9) 深度游標卡尺：主尺變形為大面積支撐，深度尺滑動並加寬，專用來測量深度，如圖 6.2-21 所示。

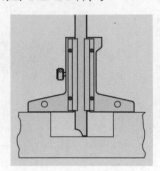

▲圖 6.2-21　深度游標卡尺

(10) 管壁厚游標卡尺：主尺端為固定圓棒，用以伸入管內徑，專用來測量管壁厚度，如圖 6.2-22 所示。

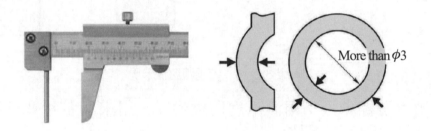

More than $\phi 3$

▲圖 6.2-22　管壁厚游標卡尺

6.3 分厘卡尺

　　除了游標卡尺的誕生，分厘卡尺 (Micrometer，簡稱測微器、微分卡、千分卡) 也隨之在量測市場上佔有重要地位。其用途廣泛且以螺桿、襯筒、套筒刻度與棘輪彈簧鈕之機構搭配，準確的將量測精度推達到 0.01 mm 比游標卡尺更精密，如圖 6.3-1 所示。而數位型分厘卡尺，量測精度可達到 0.001 mm 甚至 0.0001 mm。

1. 標準型外側分厘卡尺 (外徑分厘卡)：

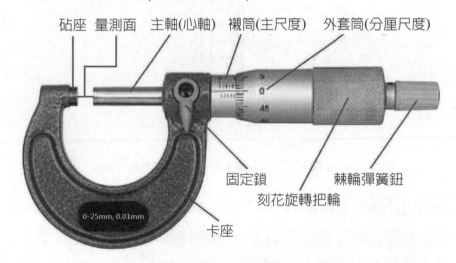

砧座　量測面　主軸(心軸)　襯筒(主尺度)　外套筒(分厘尺度)

固定鎖　　　棘輪彈簧鈕
刻花旋轉把輪

0-25mm, 0.01mm

卡座

▲圖 6.3-1　外徑分厘卡

① 量測面：
　　因需與被測物接觸，故以耐磨且硬度高的碳化鎢製成。

② 主軸 (心軸)、外套筒與棘輪彈簧鈕：(移動部件)
　　主軸後端為螺桿，以可調螺帽與外套筒連結，外套筒上除有分厘尺度外並有刻花旋轉把輪。當旋轉把輪，外套筒旋轉，主軸並和外套筒一起進退，兩量測面之距離即產生變化。
　　外套筒後端裝置有棘輪彈簧鈕，用以調節適當之量測壓力。

③ 量測尺度：

兩量測面之距離即為量測物尺度。襯筒上有實際 0.5 mm 等距之標準主尺度，外套筒邊緣上有一圈 0.5 mm 的分厘尺度，與主尺度線相交刻度即為量測之分厘尺度。

將主尺度與分厘尺度相加即為量測尺度。

(1) 外徑分厘卡尺的尺寸讀取，如圖 6.3-2 所示：

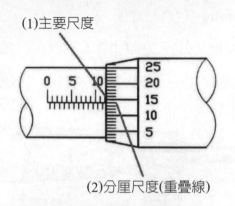

(1)主要尺度

(2)分厘尺度(重疊線)

▲圖 6.3-2　外分厘卡尺尺寸讀取圖

分厘卡尺的尺寸讀取依照下列步驟進行，如圖 6.3-2 所示：

① 主要尺度：以外套筒左邊斜邊緣線為判讀刻度基準，看該線脫離主尺刻度的尺度，即為主要尺度。

圖例，外套筒左邊斜邊緣線，脫離主尺刻度的尺度 12 mm，所以 12 mm 為主要尺度。

② 分厘尺度：外套筒分厘尺之刻度線與主尺刻度線完全切齊對正的線，該分厘尺之刻度線，即為游標尺度。

圖例，外套筒分厘尺之 14 刻度線，與主尺刻度線完全切齊對正，分厘尺度就是 0.14 mm。

③ 量測尺度：主要尺度加上游標尺度。

圖例，量測尺度就是 12.14 mm。

2. 標準型內徑分厘卡尺 (內徑分厘卡)，如圖 6.3-3 所示：

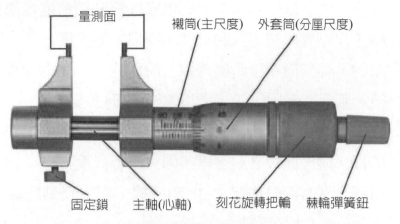

▲圖 6.3-3　內徑分厘卡

內徑分厘卡與外徑分厘卡之結構相近，但因主軸螺紋旋向與外徑分厘卡相反，故襯筒主刻度之刻劃與外徑分厘卡相反，愈靠近測爪，其刻劃值愈大，量測時應特別注意，避免讀錯測定值，如圖 6.3-4 所示。

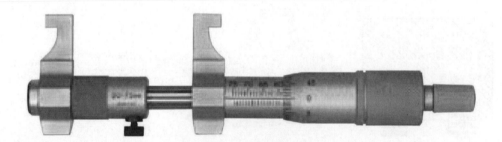

▲圖 6.3-4　卡尺式內徑分厘卡

(1) 內徑分厘卡尺的尺寸讀取，如圖 6.3-5 所示：

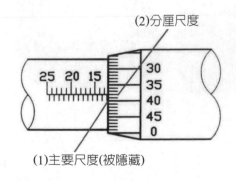

▲圖 6.3-5　內徑分厘卡尺尺寸讀取圖

分厘卡尺的尺寸讀取依照下列步驟進行：

① 主要尺度：以外套筒左邊斜邊緣線為判讀刻度基準，看該線脫離主尺刻度內被遮蔽的尺度，即為主要尺度。

圖例，外套筒左邊斜邊緣線，脫離主尺刻度的尺度 12.5 mm，被遮蔽尺度為 12 mm，所以 12 mm 為主要尺度。

② 分厘尺度：外套筒分厘尺之刻度線與主尺刻度線完全切齊對正的線，該分厘尺之刻度線，即為游標尺度。

圖例，外套筒分厘尺之 38 刻度線，與主尺刻度線完全切齊對正，分厘尺度就是 0.38 mm。

③ 量測尺度：主要尺度加上游標尺度。

圖例，量測尺度就是 12.38 mm。

3. 常用分厘卡尺的種類與應用，如圖 6.3-6 所示：

(a) 卡齒式外徑分厘卡

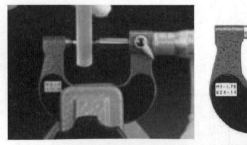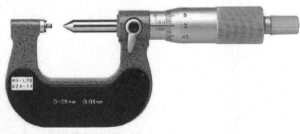

(b) 螺紋分厘卡

▲圖 6.3-6　常用分厘卡種類

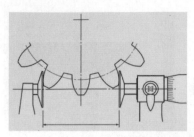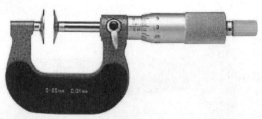

(c) 盤面式分厘卡

(d) 數位外徑分厘卡

(e) 棒形內側分厘卡

(f) 各類數位分厘卡

▲ 圖 6.3-6　常用分厘卡種類 (續)

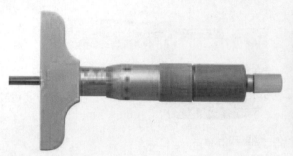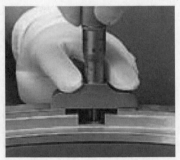

(g) 深度分厘卡

▲圖 6.3-6　常用分厘卡種類 (續)

 # 6.4 量表 (百分表、千分表)

　　前三節所介紹的基本量具、游標卡尺和分厘卡尺所量測的都是物件的外型尺度。但在量測物件的動態時，就得需要有其他的量具才能達成，量表的可浮動量測點設計，就可以廣泛的被搭配應用在如校正旋轉中心、偏心度、偏擺度、階級段差、錐度、平面度、平行度與厚度等。常用量表的量測精度為 0.01 mm，故稱為百分表；更精密的量表，量測精度可達到 0.002 mm 或 0.001mm，故也稱為千分表。

　　量表通常與磁性座搭配使用，能簡單且牢固的吸附在量測基座點上，並能快速容易地調整到量測面上。

　　量表因為具有精密及尺度易於讀取的優勢，也被搭配使用於各種的量具上，如游標卡尺、分厘卡尺、內外卡尺、厚度計、高度規與角度規上，應用更為廣泛，如圖 6.4-1 所示。

1.　標準型量表 (指示量表，Dial Indicator)：

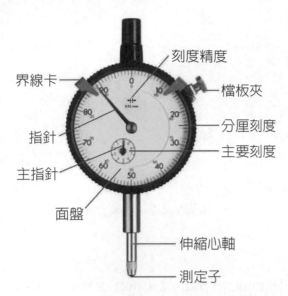

界線卡
刻度精度
檔板夾
指針
分厘刻度
主要刻度
主指針
面盤
伸縮心軸
測定子

▲圖 6.4-1　標準型量表 (一般為逆時鐘刻度)

①　測定子：

因需與被測物接觸，故以耐磨且硬度高的碳化鎢製成。

②　伸縮心軸：(移動部件)

心軸後端為齒條，伸縮予套筒內，並以齒輪盤連結指針。當測定子與心軸伸縮，指針旋轉，伸縮之距離即以指針所指之尺度表示，即可量測到面之距離變化量。

③　量測尺度：

測定子與心軸伸縮之伸縮量，指針旋轉後所指對尺度表示，即為距離變化量。將主尺度與分厘尺度相加即為相對量測尺度。

④　面盤型態：

面盤依照量測使用習慣，在分厘刻度的劃分上有「連續型刻度」與「平衡型刻度」兩種。平衡型刻度主要應用在能簡單的判斷出正向與負向偏移尺度的數值讀出，如圖 6.4-2 所示。

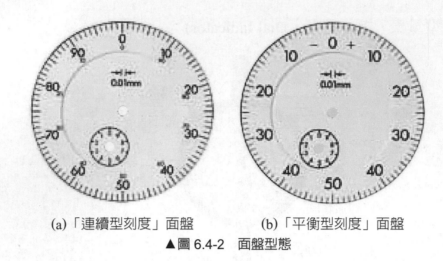

(a)「連續型刻度」面盤　　　　　(b)「平衡型刻度」面盤

▲圖 6.4-2　面盤型態

⑤　量測範圍：

一般分為 10 mm、5 mm 及 1 mm 三種，如圖 6.4-3 所示。

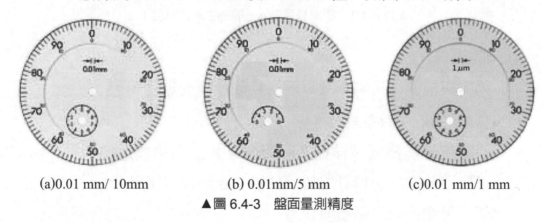

(a)0.01 mm/ 10mm　　　　(b) 0.01mm/5 mm　　　　(c)0.01 mm/1 mm

▲圖 6.4-3　盤面量測精度

(1)　以標準型量表完成工件尺寸與塊規的比測：

①　檢查量表：自然滑動無鬆脫，擦拭乾淨，裝於台座。

②　調正量表心軸與塊規：保持垂直，輕輕提起心軸，置入塊規，心軸壓入塊規之深度約 0.3 ～ 0.5 mm 左右。

③　尺度歸零：將面盤指針加以歸零，用手輕提測頭 1 ～ 3 次，使大、小指針皆能自然重新歸零，如圖 6.4-4 完成塊規的比測工作。

④　移除塊規置入工件：讀取量表完成工件尺寸的比測尺寸公差，主要尺度加上分厘尺度就是工件與塊規的公差，如圖 6.4-5 所示。

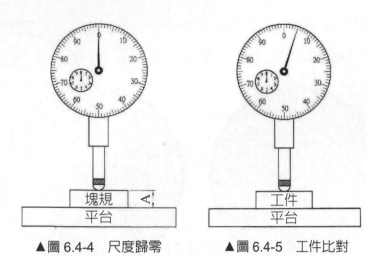

▲圖 6.4-4　尺度歸零　　　　▲圖 6.4-5　工件比對

圖例，主尺度 0mm、外圈分厘刻度 5 刻度線，分厘尺度 0.05 mm。
公差尺度相加後為 0.05 mm，表示工件比塊規厚 0.05 mm，若塊規為
10.00 mm，則工件為 10.05 mm。

2.　槓桿式量表 (Dial TestIndicator)：

槓桿式量錶，桿軸之角度可自由轉換，工件更易量測，故又稱為萬能
式測試量表，如圖 6.4-6 所示。

一般測頭為不可旋轉，量測方向為在測針點之上下量測範圍內，若超
出量測範圍可能造成量表受損。

部分量表為無方向限制，或測頭為可旋轉式，測軸可 360° 旋轉。

面盤 ————

切換紐

測定子 ————

▲圖 6.4-6　槓桿式量表

(1) 面盤型態：面盤皆爲平衡型刻度。主要應用在能簡單的判斷出正
向與負向偏移尺度的數值讀出，如圖 6.4-7 所示。

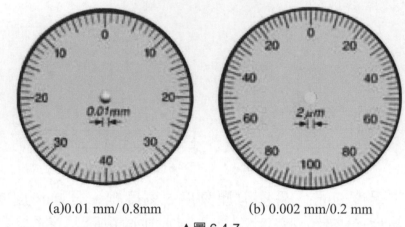

(a)0.01 mm/ 0.8mm   (b) 0.002 mm/0.2 mm

▲圖 6.4-7

(2) 切換鈕：用以切替指針量測時之量測面及旋轉指示方向。

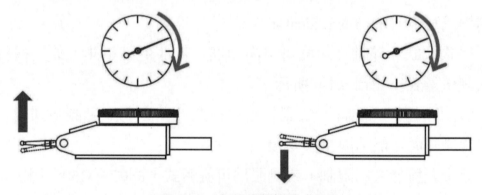

▲圖 6.4-8　無切換鈕槓桿式量表

無切換鈕，可量測雙邊之變化。無論測定子針點是向上或是向下，
量表指針都是順時針旋轉。

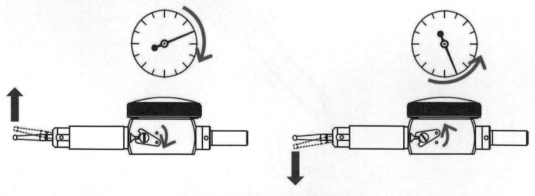

▲圖 6.4-9　具切換鈕槓桿式量表

具切換鈕，只能量測單邊之變化。

切鈕向下，接觸面在針點下方。測定子針點只能向上偏移，量表指針是順時針旋轉。

切鈕向上，接觸面在針點上方。測定子針點只能向下偏移，量表指針是逆時針旋轉。

3.　量表的正確使用，如圖 6.4-9 所示：

(1)　與磁性座結合使用，進行厚度與塊規比對，平台座，如圖 6.4-10 所示。

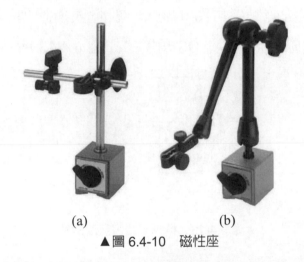

(a)　　　　　　　(b)

▲圖 6.4-10　　磁性座

(2)　與平台座結合使用進行厚度與塊規比對，如圖 6.4-11 所示。

▲圖 6.4-11　　平台座

(3) 量表的正確使用：

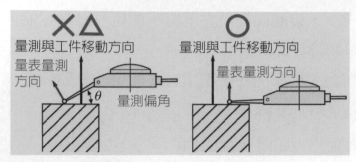

▲圖 6.4-12　槓桿式使用方法 1

量表量測方向 (指針) 與工件移動方向要保持平行，如圖 6.4-12 所示因為無法確保夾角為 0 度，一般量表所讀到的尺度會比實際尺度小，實際值須乘以 COS 角度，如圖 6.4-13 所示。

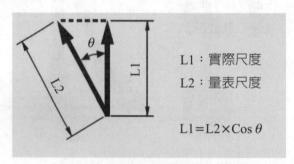

L1：實際尺度
L2：量表尺度

$L1 = L2 \times \cos\theta$

▲圖 6.4-13　槓桿式量表尺度計算

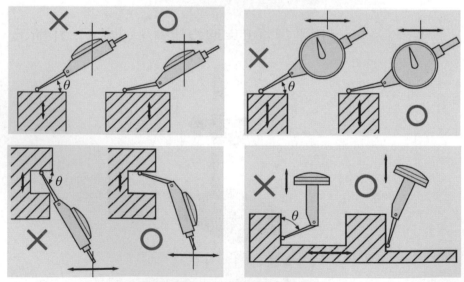

▲圖 6.4-14　槓桿式使用方法 2

量表量測方向 (指針) 與工件量測之夾角要越小越好，如圖 6.4-14 所示。

4. 量表的量測應用：

(1) 量測校正車床加工時，工件夾持偏心，如圖 6.4-15 所示。

(2) 量測工件旋轉的偏心度，如圖 6.4-15 所示。

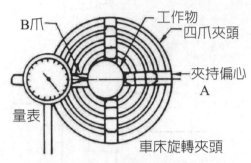

▲圖 6.4-15　槓桿式量表應用例 1

(3) 工件旋轉的偏擺度，如圖 6.4-16 所示。

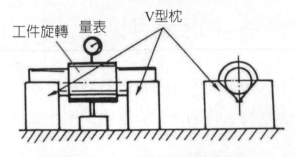

▲圖 6.4-16　槓桿式量表應用例 2

(4) 量測計算工件錐度，如圖 6.4-17 所示。

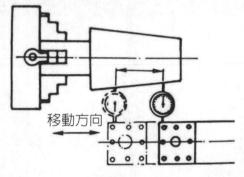

▲圖 6.4-17　槓桿式量表應用例 3

(5) 量測直角度。

(6) 量測平行度，如圖 6.4-18 所示。

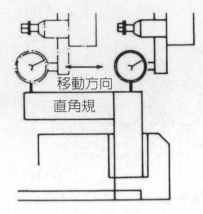

▲圖 6.4-18　槓桿式量表應用例 4

 ## 6.5 高度規、深度規

　　隨著結合游標卡尺、分厘卡尺和量表的應用，我們可量測物件的外型尺寸與平面幾何公差狀態。特別針對高度與深度也發展出了高度規與深度規。

1. 高度規 (Height Gage)：

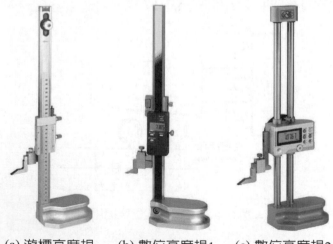

(a) 游標高度規　　(b) 數位高度規1　　(c) 數位高度規2

▲圖 6.5-1　高度規

2.　深度規 (Depth Gage)：

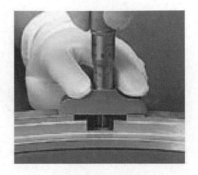

(a) 深度分厘卡

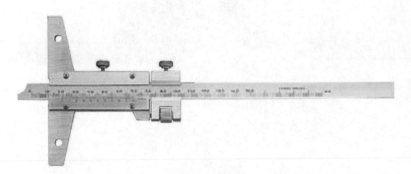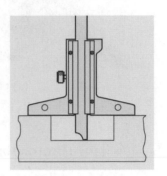

(b) 深度游標卡尺

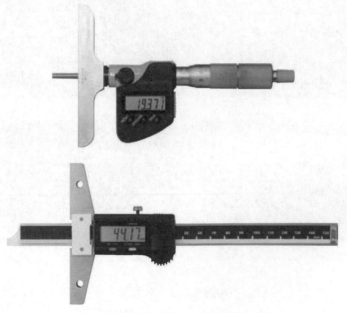

(c) 數位深度分厘卡與游標卡尺

▲圖 6.5-2　深度規

6.6 其他量規

1. 分度尺 (角度規)：

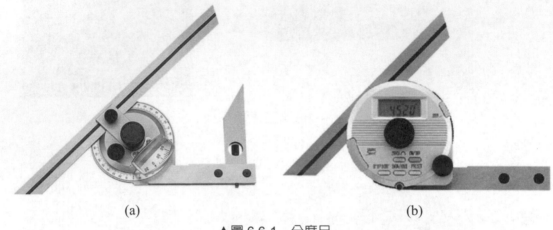

(a)　　　　　　　　　　(b)

▲圖 6.6-1　分度尺

2. 水平儀 (Protractor)：

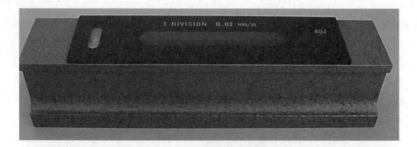

▲圖 6.6-2　水平儀

3. 缸徑規 (Bore Gage)：

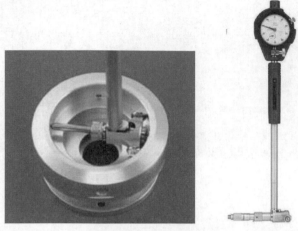

▲圖 6.6-3　缸徑規

4. 厚薄規和牙規：

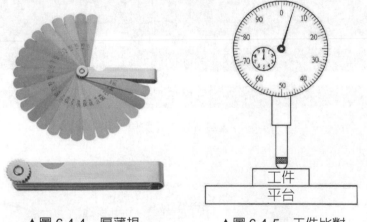

▲圖 6.4-4　厚薄規　　　　　▲圖 6.4-5　工件比對

5. 牙規：

▲圖 6.6-6　牙規

6.　粗糙度樣規：

▲圖 6.6-7　粗糙度樣規

7.　塊規：

▲圖 6.6-8　塊規

8.　硬度計：

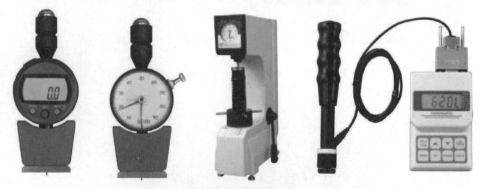

▲圖 6.6-9　硬度計

　　硬度有各種不同的單位，量測與紀錄時應挑選適合的單位與可量測範圍，以免造成重大錯誤，如表 6.6-1 所示。

▼ 表 6.6-1　常用硬度轉換表 (HB-HV-HRC-HRB-HS)

HB 布朗硬度 Brinell 負載 3000kgf 標準球	HV 維式硬度 Vickers 負載 50kgf DPH	HRC 洛式硬度 Rockwell 負載 150kgf 鑽石	HRB 100kgf 1/16"球	HS 蕭式硬度 Shore	1000Psi 1000lb/in² 0.145 1	MPa N/mm² 1 6.895	kgf/mm² 0.102 0.703
(81)	85		41				
(86)	90		48				
(90)	95		52				
(95)	100		56				
(105)	110		62				
111	(117)		66	15	56	386	39.4
(114)	120		67		57	393	40.1
116	(122)		67.5	18	58	400	40.8
121	(127)		70	19	60	414	42.2
(124)	130		71		62	427	43.6
126	(132)		72	20	63	434	44.3
131	(137)		74		65	448	45.7
(133)	140		75		66	455	46.4
137	(143)		76.5	21	67	462	47.1
143	150		79	22	71	490	49.9
149	(156)		81	23	73	503	51.3
(152)	160	(0.0)	82		75	517	52.7
156	(163)	(0.9)	83	24	76	524	53.4
(162)	170	(3.0)	85		79	545	55.5
163	(171)	(3.3)	85	25	79	545	55.5
167	175	(4.4)	86		81	558	57.0
170	(178)	(5.4)	86.8	26	83	572	58.4
(171)	180	(6)	87.1		84	579	59.1
174	(182)	(6.4)	87.8		85	586	59.8
179	(188)	(8)	89	27	87	600	61.2
(181)	190	(8.5)	89.5		88	607	61.9
183	(192)	(9.0)	90	28	89	614	62.6
187	(196)	(10)	90.7		90	621	63.3
(190)	200	(11.0)	91.5		92	634	64.7
192	(202)	(11.5)	91.9	29	93	641	65.4
197	(207)	(12.7)	92.8	30	95	655	66.8
(200)	210	(13.4)	93.4	30	97	669	68.2
201	(212)	(13.8)	93.8	31	98	676	68.9
207	(218)	(15.2)	94.6	32	100	690	70.3
(209)	220	(15.7)	95		101	696	71.0
212	(222)	(16)	95.5		102	703	71.7
217	(228)	(17.5)	96.4	33	105	724	73.8
(219)	230	(18.0)	96.7		106	731	74.5
223	(234)	(18.8)	97.3		108	745	75.9
(226)	(238)	20	97.8		110	758	77.3
(228)	240	(20.3)		34	111	765	78.0
229	(241)	(20.5)			111	765	78.0
(231)	(243)	21	98.5		113	779	79.5
(233)	245	(21.3)			114	786	80.2
235	(247)	(21.7)	99	35	115	793	80.9
(237)	(248)	22			115	793	80.9
(238)	250	(22.2)			116	800	81.6
241	(253)	(22.8)	100	36	118	814	83.0
(243)	255	23			119	821	83.7
248	260	24		37	121	834	85.1
(253)	265	25			124	855	87.2
255	270	(25.6)		38	126	869	88.6
(258)	(272)	26			127	876	89.3
262	275	(26.6)		39	129	889	90.7
(264)	(279)	27			131	903	92.1
(265)	280	(27.1)			131	903	92.1
269	(284)	(27.6)		40	133	917	93.5
(271)	285	28			134	924	94.2
(275)	290	(28.5)			136	938	95.6
277	(292)	(28.8)		41	137	945	96.3
(280)	295	29			139	958	97.7
285	300	30		42	141	972	99.1
293	310	31		43	146	1007	102.7
302	320	32		45	150	1034	105.5
311	(327)	33		46	154	1062	108.3
(313)	330	(33.3)			156	1076	109.7
(319)	(336)	34			159	1096	111.8
321	(339)	(34.3)		47	160	1103	112.5
(322)	340	(34.4)			161	1110	113.2
(327)	(345)	35			163	1124	114.6
330	350	(35.5)		48	166	1145	116.7
(336)	(354)	36			168	1158	118.1
341	360	(36.6)		50	170	1172	119.5
(344)	(363)	37			172	1186	120.9
(350)	370	(37.7)			175	1207	123.0
352	(372)	(37.9)		51	176	1214	123.7
(353)	(372)	38			176	1214	123.7
(360)	380	(38.8)			180	1241	126.6
(362)	(382)	39			181	1248	127.3
363	(383)	(39.1)		52	182	1255	128.0
(369)	390	(39.8)			185	1276	130.1
(371)	(392)	40			186	1282	130.8
375	(396)	(40.4)		54	188	1296	132.2
(379)	400	(40.8)			190	1310	133.6
(381)	(402)	41			191	1317	134.3
388	410	(41.8)		56	195	1345	137.1
(390)	(412)	42			196	1351	137.8
(397)	420	(42.7)			200	1379	140.6
401	(423)	43		58	201	1386	141.3
(405)	430	(43.6)			204	1407	143.4
(409)	(434)	44			206	1420	144.8
415	440	(44.5)		59	210	1448	147.7
(421)	(446)	45			212	1462	149.1
(425)	450	(45.3)			214	1476	150.5
429	(455)	(45.7)		61	217	1496	152.6
(432)	(458)	46			219	1510	154.0

▼表 6.6-1　常用硬度轉換表 (HB-HV-HRC-HRB-HS)(續)

HB 布朗硬度 Brinell 負載 3000kgf 標準球	HV 維式硬度 Vickers 負載 50kgf DPH	HRC 洛式硬度 Rockwell 負載 150kgf 鑽石	HRB 100kgf 1/16"球	HS 蕭式硬度 Shore	1000Psi 抗拉強度 Tensile Strength 1000lb/in² 0.145 1	MPa N/mm² 1 6.895	kgf/mm² kgf/mm² 0.102 0.703
(433)	460	(46.1)			220	1517	154.7
(442)	470	(46.9)			224	1544	157.5
(442)	(471)	47			225	1551	158.2
444	(472)	(47.1)		63	225	1551	158.2
(452)	480	(47.7)		64	230	1586	161.7
(455)	(484)	48			232	1600	163.1
(460)	490	(48.4)			234	1613	164.5
461	(491)	(48.5)		65	235	1620	165.2
(469)	(498)	49			239	1648	168.0
(471)	500	(49.1)			240	1655	168.7
477	(508)	(49.6)		66	243	1675	170.9
(479)	510	(49.8)			244	1682	171.6
(481)	(513)	50			245	1689	172.3
(488)	520	(50.5)			250	1724	175.8
495	(528)	51		68	253	1744	177.9
(496)	(528)	51			253	1744	177.9
(497)	530	(51.1)			254	1751	178.6
(507)	540	(51.7)		69	260	1793	182.8
(512)	(544)	52			262	1806	184.2
514	(547)	(52.1)		70	263	1813	184.9
(517)	550	(52.3)			264	1820	185.6
(525)	560	53			269	1855	189.1
534	(569)	(53.5)		71	274	1889	192.6
(535)	570	(53.6)			274	1889	192.6
(543)	(577)	54			278	1917	195.5
(545)	580	(54.1)		72	279	1924	196.2
(554)	590	(54.7)		73	284	1958	199.7
555	(591)	(54.7)			285	1965	200.4
(560)	(595)	55			287	1979	201.8
(564)	600	(55.2)		74	289	1993	203.2
(573)	610	(55.7)			294	2027	206.7
578	(615)	56		75	297	2048	208.8
(582)	620	(56.2)			299	2062	210.2
(591)	630	(56.8)			304	2096	213.7
(595)	(633)	57			305	2103	214.4
601	640	(57.3)		77	309	2131	217.3
(611)	650	(57.8)			314	2165	220.8
(615)	(653)	58		78	315	2172	221.5
(620)	660	(58.3)			319	2200	224.3
627	(667)	(58.7)		79	323	2227	227.1

HB 布朗硬度 Brinell 負載 3000kgf 標準球	HV 維式硬度 Vickers 負載 50kgf DPH	HRC 洛式硬度 Rockwell 負載 150kgf 鑽石	HRB 100kgf 1/16"球	HS 蕭式硬度 Shore	1000Psi 抗拉強度 Tensile Strength 1000lb/in² 0.145 1	MPa N/mm² 1 6.895	kgf/mm² kgf/mm² 0.102 0.703
630	670	(58.8)			324	2234	227.8
(634)	(674)	59			326	2248	229.2
638	680	(59.2)		80	329	2268	231.3
647	690	(59.7)					
653	(697)	60		81			
656	700	(60.1)					
670	720	61		(82.6)			
682	(737)	(61.7)		84			
684	740	(61.8)					
(688)	(746)	62		(84.5)			
698	760	(62.5)		86			
(705)	(772)	63		(86.5)			
710	780	(63.3)		87			
722	800	64		(88.5)			
733	820	(64.7)		90			
(739)	(832)	65		(90.6)			
745	840	(65.3)		91			
757	860	(65.9)		92			
	(865)	66		(92.7)			
767	880	(66.4)		93			
	900	67		95			
	920	(67.5)		96			
	940	68		(97.3)			
	1004	69		99			
	1076	70		101			
	1160	71					
	1245	72					
	1323	73					
	1400	74					
	1478	75					
	1556	76					
	1633	77					
	1710	78					
	1787	79					
	1865	80					
	1950	81					
	2030	82					
	2110	83					
	2190	84					
	2270	85					

上表列鋼材抗拉強度數據，乃參考ASTM A370 對沃斯田鐵不鏽鋼以外的鋼材，進行機械特性測試所得。

6.7 三次元量測儀

　　推動工業產品的品質提昇為重要工程，其中精密量測是很重要的一環。一般基本量測所無法測量的機件，就必須靠特殊量測，如座標量測儀～「三次元量測儀」(3D 測量) 來執行此任務，三次元的座標量測儀已經進入電腦數值控制 (CNC) 的時代，它不但可做一般的量測外，更可做空間幾何座標與幾何公差的測量，如真圓度、位置度、對稱度和曲線、曲面的輪廓度及曲率半徑之量測。

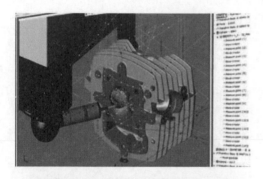

▲圖 6.7-1　三次元量測儀

模擬考題

一、選擇題

1. 如下圖所示，量測數值為？

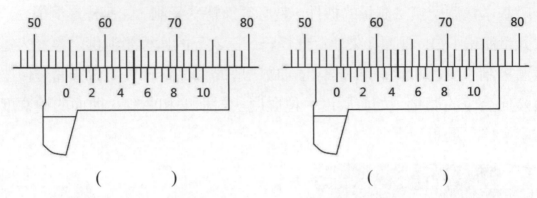

$$(\qquad)\qquad\qquad(\qquad)$$

2. 如下圖所示，量測數值為？

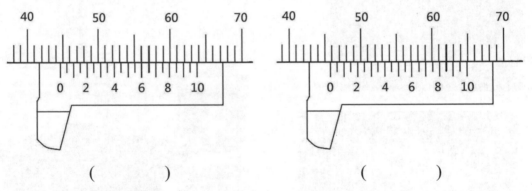

$$(\qquad)\qquad\qquad(\qquad)$$

3. 如下圖所示，量測數值為？

( )　　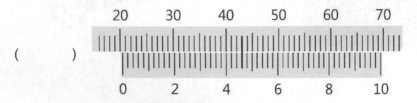

4. 如下圖所示，量測數值為？

( )　　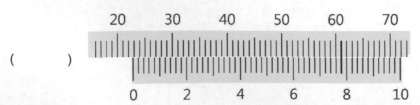

5. 如下圖所示，量測數值為？

（　　）
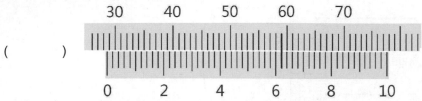

6. 如下圖所示，量測數值為？

（　　）
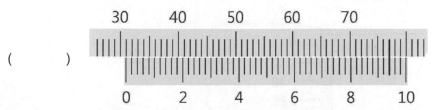

7. 如下圖所示，量測數值為？

（　　）

8. 如下圖所示，量測數值為？

（　　）
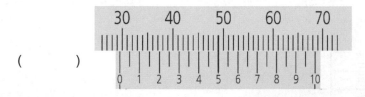

9. 如下圖所示，量測數值為？

（　　）

10. 如下圖所示，量測數值為？

（　　）
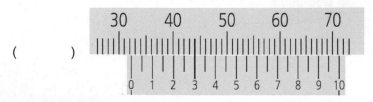

11. 如下圖所示，量測數值為？

( )   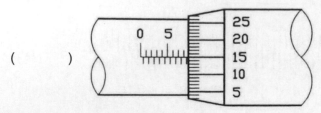

12. 如下圖所示，量測數值為？

( )   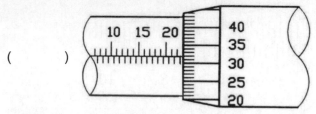

13. 如下圖所示，量測數值為？

( )   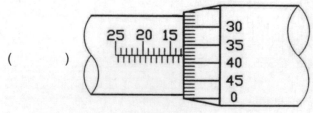

14. 如下圖所示，量測數值為？

( )   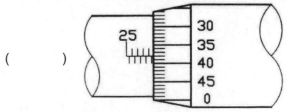

15. 如下圖所示，量測數值為？

( )   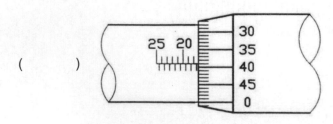

16. 如下圖所示，量測數值為？

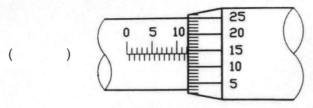

    (   )

17. 如下圖所示，塊規的標準厚度為 15.00mm，量測比對的各厚度為多少？

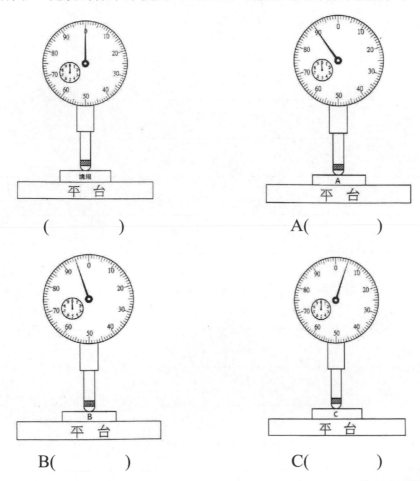

      (   )   A(   )

    B(   )   C(   )

NOTE

CHAPTER

7

氣壓、液壓與管路

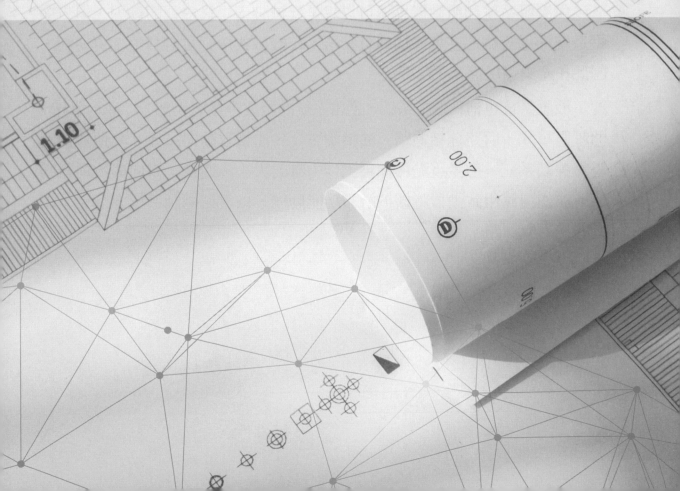

在工業化機具中，氣壓 (空壓) 與液壓 (油壓) 系統廣泛的與機構結合，組成了各式各樣的不同機械。包括交通工具、船艦、飛行器、車輛、工具機、塑膠橡膠機械、電子及半導體生產設備、包裝機械、紡織機械、建築、土木以及產業機械等，幾乎所有機械中都有氣液壓系統的存在。但在機械工程師的培養過程中，氣液壓系統的設計與應用卻常是最薄弱的一環，此章節就針對氣液壓系統之製圖切入，來簡略的介紹氣液壓系統與管路。

氣液壓系統，最簡單的說明是指：「系統以動力源 (如馬達) 連結泵浦，將流體在密閉管道間加壓，利用流體做為工作媒介，透過管路與元件形成迴路，導引高壓流體將致動器 (如氣液油壓缸、油壓馬達) 作動，進行直線式 (如氣液油壓缸) 與旋轉往復式 (如氣液油壓缸、油壓馬達) 的機構動作」。這些動作包括了升降、移動、轉向、剎車、差速、離合、換檔、夾持、沖壓、旋轉…等等。

氣液壓系統和電動機馬達可以說是機械設備中最主要的動力，但氣液壓系統透過管路連結各機構的引動器，較機械式傳動更有彈性、更便利，因此在產業適用性上更為廣泛。

液壓系統也稱為油壓系統，通常系統的組成分為七大部分：油箱單元、油壓泵單元、管路連結迴路、油壓閥單元、油壓致動器單元、其他附件與電氣控制系統。考量重點為油壓工作力量的大小、速度、方向與致動器動作，並如何應用致動器將機械所需功能動作，以電氣控制系統進行完美順暢的控制與操作。

7.1 油箱單元

1. 油箱本體：

通常是鋼板銲接，爲裝載液壓油之箱體，箱體容量常爲泵每分鐘吐出量的 3 ～ 5 倍。通常在側方會設有一檢查開孔，外部鎖上具防漏功能的油箱蓋。箱體內部設間隔槽，除增加箱體的強度，也具有沉澱油泥或減少氣泡產生混入液壓油內的功能。

▲圖 7.1-1　油箱在油路圖的一般符號

▲圖 7.1-2　當需加裝元件的符號

2. 油面計：

也稱爲液位計，本體爲透明玻璃或是壓克力，部分內裝紅色指示浮球，主要爲顯示油箱內的油量是否在要求範圍內。後方兩上下爲通管與油箱連結固定，需具防漏功能。

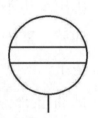

▲圖 7.1-3　油面計符號

3. 液位開關：

主要爲監控油箱內的油量是否在要求範圍內。

訊號連結到控制系統，油料不足發出警告。

4. 過濾器：

置於油箱內與泵浦的吸油入口連結，具有濾網 (45 ～ 150 μm)，主要爲避免油箱內之汙染物被泵浦吸入系統中，而影響油路元件之動作。較精密要求的系統，在泵浦吐進系統迴路時，設置高壓過濾器 (3 ～ 30 μm)，或在回油管路進油箱時設置低壓過濾器 (3 ～ 30 μm)，其目的皆在過濾元件作動時，因摩擦接觸所產生的微細汙染物質。

管路連結之外置式過濾器，應注意阻塞造成系統之供油失效，常以流量計或壓差計來確保。

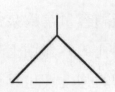 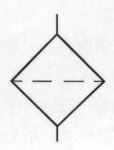

▲圖 7.1-4　出口端末連結符號　　　　　▲圖 7.1-5　管路連結符號

5.　注油器：

在油箱上側方與外部連結，主要是加油功能。

通常具有濾網，避免加油時汙染物進入油箱，也具有附過濾裝置的透氣網孔，讓高溫時油氣可以排出，也不回吸髒空氣。

油路 (▼內填黑，端點為方向)；氣壓 (△內中空)。

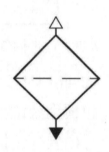

▲圖 7.1-6　注油器符號

6.　排油口：

在油箱側下方與外部連結，主要是換油時的洩油功能。通常會再連結螺紋結合的手動開關閥，避免油料汙染地板。

▲圖 7.1-7　內塞頭排油口　　　　　　▲圖 7.1-8 手動開關球閥 (螺紋結合)

7. 液體溫度控制裝置：

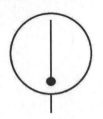 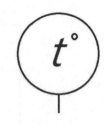  溫度開關

▲圖 7.1-9　溫度計符號

溫度控制裝置可分爲冷卻器，加熱器及可調節型溫度控制器等三大類。部分控制器會自行配置動力泵來讓油循環進入控制器，一般會將控制器與油路系統的主回油口連結以節省動力。

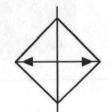

▲圖 7.1-10　冷卻器

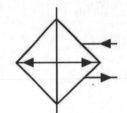

▲圖 7.1-11　水冷式冷卻器

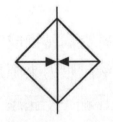

▲圖 7.1-12　加熱器

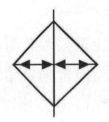

▲圖 7.1-13　調溫器

8. 磁鐵：

吸附金屬元件運轉後的細微粉末，避免流入系統中產生汙染影響動作。

▲圖 7.1-14　磁鐵符號

油箱單元的迴路：

1. 油箱
2. 油面計
3. 過濾器
4. 注油器
5. 排油口
6. 冷卻器
7. 磁鐵
8. 主流路，迴路線
9. 吸油口在液面下
10. 回油口在液面之下
11. 回油口在液面之上

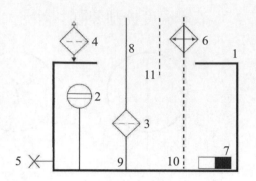

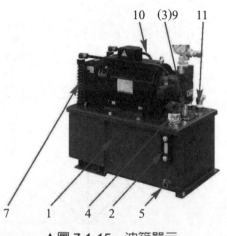

▲圖 7.1-15　油箱單元

![7.2 油壓泵單元]

一般的能量來源有電能、熱能及機械能三種經機構轉換成。最常用的液壓是以電動機帶動泵浦將液體壓縮產生壓力，液壓壓力來源是以三角形塗黑表示 (▼)。而空壓則是以壓縮機來讓空氣被壓縮，空壓壓力來源以三角形不塗黑表示 (▽)。而以柴油或汽油燃燒產生能量的則稱之為熱機，在產業機械中較常被使用。

1. 能量來源裝置：

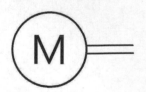　　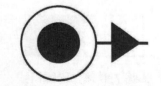　　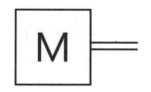

▲圖 7.2-1　電動機的符號　　▲圖 7.2-2　液壓源的符號　　▲圖 7.2-3　熱機的符號

主要為提供能量來帶動泵浦將流體壓縮產生壓力。

2. 流體壓縮：

將流體壓縮並傳遞此加壓流體的裝置稱之為泵，Pump，幫浦。

▲圖 7.2-4　定排量液壓泵　　▲圖 7.2-5　可變排量液壓泵　　▲圖 7.2-6　雙連定排量液壓泵

(1) 定排量液壓泵：

通常為葉片泵 (vane pump)，隨著電動機馬達的轉速來壓縮排出液壓油，相同轉速之下每分鐘排出相同容積 (Q，L/min) 與壓力 (P，kgf/cm^2) 之液壓油，若需吐出較高壓力之液壓油，則需配置較高功率之電動機馬達 (H，kW)。

馬力 H(KW) = (泵吐出 Q(L/min)× 壓力 P(kgf/cm^2))/(612×η)

※1 kW = 6120 kgf m/min，η 效率 (泵全效率 x 容積效率)

(2) 可變排量液壓泵：

通常為活塞泵 (piston pump)，在電動機固定功率下，若需吐出較高壓力之液壓油，則吐出油之容積會隨之降低。一般會挑選具壓力補償控制之形式，來控制最高吐出壓力。

(3) 雙連定排量液壓泵：

在電動機功率固定下，在吐出低壓需大流量之液壓油時，可藉由迴路控制將雙連泵共同吐出油引導入系統；但在需高壓小流量時，可藉由迴路控制指引入雙連泵之其中一個吐出泵，可達到系統之快慢速與低高壓變化。

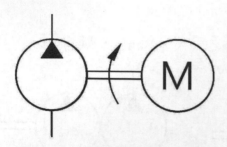

▲圖 7.2-7　定排量液壓泵 + 電動機

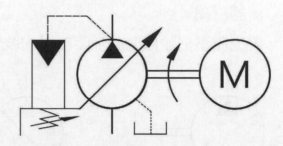

▲圖 7.2-8　可變排量壓力補償液壓泵 + 電動機

7.3 管路連結迴路

液壓系統的所有元件，都必須透過管路來進行連結，包括某些複合的元件其內部就有主流路、引導流路與排泄流路等三種組成。

1. 流路之畫法：

粗實線表示主流路，長虛線 (長於 3 mm) 為引導流路，短虛線 (短於 1.5 mm) 則是排洩流路。

▬▬▬▬▬▬▬▬　　　▬ ▬ ▬ ▬ ▬ ▬ ▬　　　▬ ▬ ▬ ▬ ▬ ▬ ▬ ▬ ▬ ▬

▲圖 7.3-1　主流路圖　　　▲圖 7.3-2　引導流路圖　　　▲圖 7.3-3　排洩流路

2. 流路連結之畫法：

流路若是相連接時，則於兩線相交處加畫一小黑點，若為跨越則於相交處改以小半圓弧表示之。

▲圖 7.3-4　兩流路連接

▲圖 7.3-5　流路連接

▲圖 7.3-6　流路未連接

▲圖 7.3-7　高壓軟管

3. 快速接頭之畫法：

流路中的相連接點，爲了能夠快速地進行管路連結，會使用快速接頭來做爲銜接。液壓迴路系統中，快速接頭幾乎都具有機械止回的功能，以防止壓力洩漏，氣壓系統因壓力小，連結接頭多爲管插式不具止回功能。

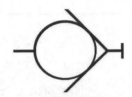

▲圖 7.3-8　具止回的單一側快速接頭圖

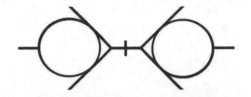

▲圖 7.3-9　具止回的快速接頭組

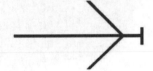

▲圖 7.3-10　無止回的單一側快速接頭

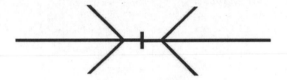

▲圖 7.3-11　無止回的快速接頭組

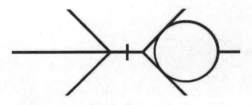

▲圖 7.3-12　單側止回的快速接頭組

油壓泵單元及管路的迴路：

1. 可變排量壓力補償液壓泵＋
   電動機

2. 馬達風扇型冷卻器

3. 具止回的快速接頭組

4. 壓力計

5. 高壓軟管

6. 管路連接

7. 主流路

8. 引導流路

9. 排洩流路

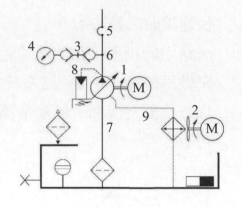

▲圖 7.3-13　油箱＋油泵＋管路＋壓力

 # 7.4 油壓閥單元

　　為了讓液壓系統的所有元件，都能發揮其功能，必須透過各種閥體來進行控制與調整。以功能來區分，閥體包括能控制壓力的壓力閥、控制流體流動速度的流量閥與控制引導流路走向的方向閥等三大類型。

1. 壓力控制閥：
   電動機與泵將壓縮流體送出並傳遞，通常需要控制此流體的壓力，這樣才能使得機器能夠提供固定而穩定的作功能量。因此就需要壓力調整與壓力檢知之裝置。
   壓力控制閥可以分為兩大類：洩壓閥及減壓閥。

(1) 洩壓閥 (Relief Valve，解壓閥、溢流閥)：

洩壓閥通常設置在液壓泵後供給的一次壓側，閥門在正常情況下是關閉的，在管路中之壓力大於設定壓力時開啓，讓管路中超過壓力值的液體流回油箱，使得管路中之液壓低於設定值。

洩壓閥又分為兩大類：單段洩壓閥及雙段洩壓閥。雙段式洩壓閥，壓力超過設定時引導閥會先被開啓小量釋放壓力，在壓差過大、釋放流量增大造成壓差超過彈簧壓力時，主洩壓閥會接續開啓快速釋放壓力。

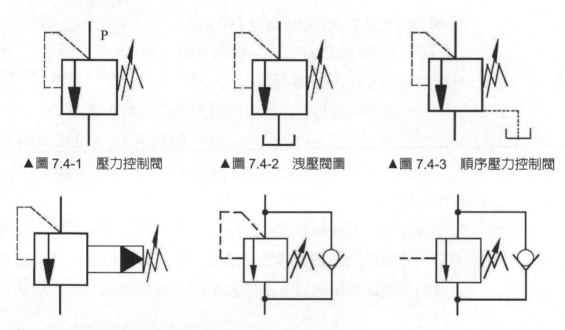

▲圖 7.4-1　壓力控制閥　　▲圖 7.4-2　洩壓閥圖　　▲圖 7.4-3　順序壓力控制閥

▲圖 7.4-4　先導控制洩壓閥圖　▲圖 7.4-5　壓力控制閥 (止回)　　▲圖 7.4-6　外部引導型

(2) 減壓閥 (調壓閥)：

減壓閥通常設置在系統中的二次壓側，通常為一常開裝置，主要在需要低於系統壓力下使用，因壓力低於一次側壓，所以可保持系統壓力在一定範圍內的穩定裝置。當壓力小於設定值時閥門會受彈簧壓力而關閉，壓力會透過平衡孔達到平衡。當壓力超過設定值時，閥門開啓洩壓。

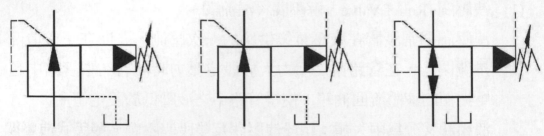

▲圖 7.4-7　減壓閥 (內引導，　▲圖 7.4-8　減壓閥 (遠端遙控)　▲圖 7.4-9　平衡閥 (遠端遙控)
外洩油)

① 壓力計 (壓力表)：

用來顯示管路中之流體壓力值。

液壓壓力分為 70 kgf/cm^2、140 kgf/cm^2、
210 kgf/cm^2 和 300 kgf/cm^2 等級別；而空壓
系統通常為 8 kgf/cm^2 等級。

▲圖 7.4-10　壓力計

除壓力等級外同時也要注意不同壓力單位之間的轉換。

1 kgf/cm^2 ＝ 98066 Pa(N/m^2，pascal，帕斯卡) ＝ 0.098 MPa ＝
0.98 Bar(bar/cm^2，巴) ＝ 14.223 psi(lbf/in^2，pounds/inch^2)

② 壓力開關：

以半導體電子元件結合電子回路來量測並設定液壓系統中的壓
力值，當管路液壓值大於設定值時，開關即會導通，傳遞壓力
到達的訊號給控制迴路，讓機械系統進行動作之切替或是執行
之確認。

③ 壓力感應器：

以電子系統量測液壓的壓力值，並將所量測到的訊號回傳至控
制系統，此訊號通常是電壓值 (V)，再由控制器將此電壓值轉
換為管路流體壓力值，讓機械系統進行動作之切替或是執行之
確認。

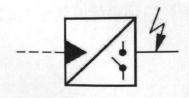

▲圖 7.4-11　壓力開關

▲圖 7.4-12　壓力感應器

2. 流量控制閥：

　　電動機與泵將壓縮流體送出並傳遞，其主要目的就是讓制動器 (如油壓缸) 做功，而爲了要調節制動器的速度，就可以使用流量控制閥來調節管路內的流體通過量。這樣才能調節機器提供固定而穩定的作功能量與速度。一般經過流量的調節後，會對流體產生波動，而造成系統的少量壓力變化。

▲圖 7.4-13　雙向節流閥

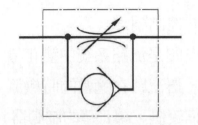

▲圖 7.4-14　單向節流閥

▲圖 7.4-15　壓力溫度補償圖
　　　　　　- 調流控制閥

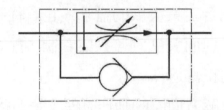

▲圖 7-4-16　單向壓力溫度補償
　　　　　　- 調流控制閥

　　壓力溫度補償調流控制閥，可以因應管路中的壓力與溫度的變化，進行設定流量的調節補償，給于通過所設定的固定流量，通常會附有數字顯示所設定的流量大小。

(1) 針型閥：以旋轉方式讓針型機構進入閥體中，來控制調整通過閥體的流量大小，也可全部鎖死讓流體無法通過，一般經過流量的調節後，會對流體產生波動，而造成系統的少量壓力變化。

▲圖 7.4-17　針型閥圖

▲圖 7.4-18　手動開關球閥 (螺紋結合)

(2) 流量計：用來顯示管路流量。

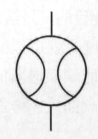

▲圖 7.4-19　流量計　　　　　　　　　　▲圖 7.4-20　流量表示器

3.　方向控制閥：

方向閥是流路系統中變化最多的元件，負責控制與改變流路的行進方向，讓流路在適當的時機流入該進入的管道中，傳遞被電動機與泵的壓縮流體，讓正確的制動器 (如油壓缸) 做功。

方向閥因為也是流路系統中使用最多也最頻繁的控制元件，所以為了配合工業發展的需求，也有從手動控制作動演進到電路控制作動，並更進而發展到監控與管制，配合制動器的同步監控，來確保整體系統的正常運作。

瞭解方向閥的動作原理，是迴路圖製作的最基本要求。

手動方向閥：以撥動控制桿的方式讓滑閥芯做水平移動，滑閥芯後端有定位摯子，水平移動時定位珠會被推開到下一段定位點時彈回定位，讓滑閥芯固定在被設定好的位置上，來切替流體通道。滑閥芯軸與閥體孔公差配合為留隙配合，將有內部微量洩漏造成壓力下降，此間隙與洩漏量會隨著流體溫度上升與使用磨耗而增加。

① #2：中位

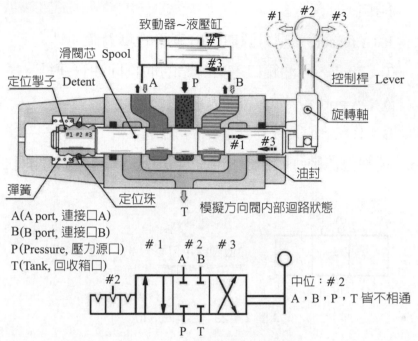

A(A port, 連接口A)
B(B port, 連接口B)
P(Pressure, 壓力源口)
T(Tank, 回收箱口)

中位：# 2
A，B，P，T 皆不相通

說明：液壓符號只以在中位時的狀態連結迴路

▲圖 7.4-21　手動方向閥 #2(中位)

在製作液壓回路圖時，符號連結只會以在中位時的狀態連結繪製。

切替後所造成的流路改變，須由讀圖時辨別確認動作。

符號說明：(方向閥)

四口：P，T，A，B，四個連結口
三位：閥芯形式(P，T，A，B全閉不通)

▲圖 7.4-22　方向閥 #2

a. 連結口數：閥體能連結的接口數，一般 P，T，A，B，四個連結口。

　　P：Pressure，壓力源口，與流路的壓力源連結。

　　T：Tank，回油箱口，與流路的油箱回油管連結。

　　A：A port，與致動器連結的流路口。

　　B：B port，與致動器連結的流路口。

b. 閥體位置數：閥體能控制的通道數，一般為 3 位與 2 位兩種。

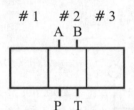

3位閥體，位置分#1；#2；#3，
其中#2為中位。

▲圖 7.4-23　方向閥 3 位

c. 流路與方向：以 ⇨ 表示，箭頭表示方向，黑色三角形表示流體為液壓；中空三角形為氣壓。

d. 閥芯形式：表示在中位時 (P，T，A，B 全閉不通)。

e. 方向切替：當滑閥芯被移動，P，T，A，B 的連結就會改變。

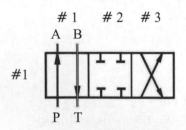

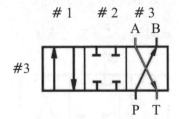

▲圖 7.4-24　方向閥 #1 位
　　　　　　　(P 通 A；B 通 T)

▲圖 7.4-25　方向閥 #3 位
　　　　　　　(P 通 B；A 通 T)

② #1：切方位

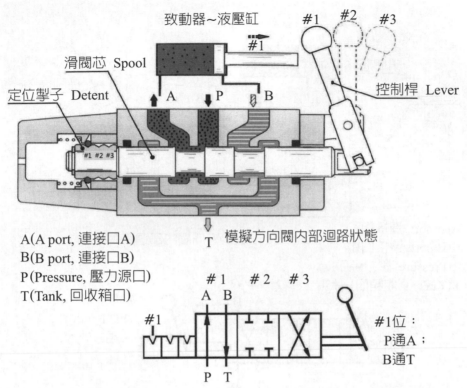

致動器~液壓缸

滑閥芯 Spool

定位掣子 Detent

控制桿 Lever

#1 #2 #3

A P B

T 模擬方向閥內部迴路狀態

A(A port, 連接口A)
B(B port, 連接口B)
P(Pressure, 壓力源口)
T(Tank, 回收箱口)

#1 #2 #3

A B

#1

P T

#1位：
P通A；
B通T

說明：液壓符號只以在中位時的狀態連結迴路

▲圖 7.4-26　手動方向閥 #1(切方位)

說明：當方向閥由中位 #2 切替到位 #1 時，

P 通 A：具壓力的流體由壓力源口 P 入閥體，經流路導引，由 A 口出，流路連結至致動器油壓缸之活塞頭側。

B 通 T：經流路導引，與致動器油壓活塞桿側連結的 B 口，流路與回油箱的 T 口連結。

壓力液壓油被導入活塞頭側，活塞桿側油被引導回油箱。因此油壓缸即可推出活塞桿進行作功，完成規劃之動作與功能。

③　#3：切方位

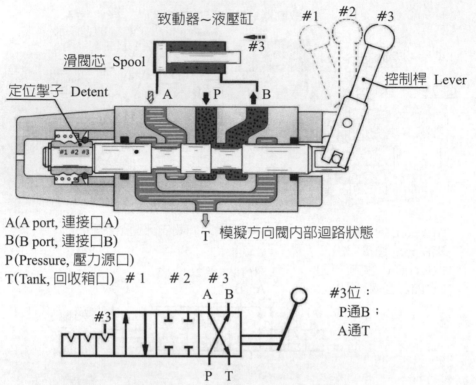

A(A port, 連接口A)
B(B port, 連接口B)
P(Pressure, 壓力源口)
T(Tank, 回收箱口)

說明：液壓符號只以在中位時的狀態連結迴路

▲圖 7.4-27　手動方向閥 #3(切方位)

說明：當方向閥由中位 #2 切替到位 #3 時，

P 通 B：具壓力的流體由壓力源口 P 入閥體，經流路導引，由 B 口出，流路連結至致動器油壓缸之活塞桿側。

A 通 T：經流路導引，與致動器油壓活塞頭側連結的 A 口，流路與回油箱的 T 口連結。

壓力液壓油被導入活塞桿側，活塞頭側油被引導回油箱。因此油壓缸即可收回活塞桿進行作功，完成規劃之動作與功能。

(1) 方向控制閥分類：

因方向閥是流路系統中變化最多的元件，也因此方向閥也有不同的分類，說明如下：

閥體位置數：閥體能控制的通道數，一般為 3 位與 2 位兩種。

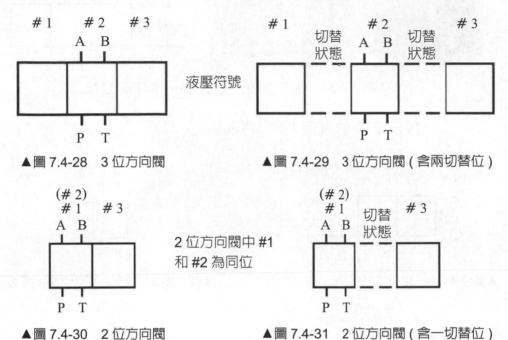

液壓符號

▲圖 7.4-28　3 位方向閥　　　　　▲圖 7.4-29　3 位方向閥（含兩切替位）

2 位方向閥中 #1 和 #2 為同位

▲圖 7.4-30　2 位方向閥　　　　　▲圖 7.4-31　2 位方向閥（含一切替位）

滑閥芯的控制與定位：在液壓符號中，控制與閥位同側，定位畫在對側，控制先於定位畫在下方位置，如下所示。

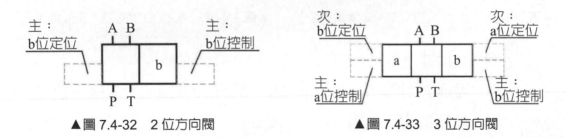

▲圖 7.4-32　2 位方向閥　　　　　　▲圖 7.4-33　3 位方向閥

滑閥芯的控制方法與液壓符號：

① 機械式手動方向閥：

▲圖 7.4-34　機械式手動 3 位方向閥，非彈簧式定位

機械式手動方向閥的滑閥芯定位方式：

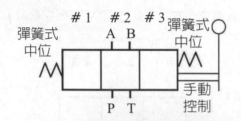

▲圖 7.4-35　3C(3 位方向閥，彈簧中位)

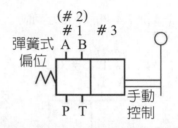

▲圖 7.4-36　2B(2 位方向閥，彈簧偏位)

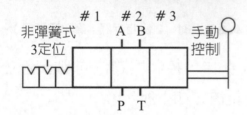

▲圖 7.4-37　3D(3 位方向閥，非彈簧定位)

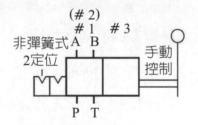

▲圖 7.4-38　2D(3 位方向閥，非彈簧定位)

② 凸輪式 (CAM) 方向閥：

因為必須靠壓合凸輪後換位，鬆開後彈回。所以幾乎都是二位且彈簧偏位 (復位) 的方向閥。

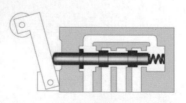
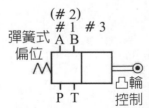

▲圖 7.4-39　凸輪式 2 位方向閥，彈簧偏位 (復位)2B*

③ 旋轉機械式手動方向閥：

操控滑閥芯旋轉方式有兩種，一種式手動撥桿旋轉，另一種是凸起擋塊 (DOG) 旋轉制動。應用上定位以非彈簧定位爲主。

▲圖 7.4-40　機械式手動旋轉 3 位方向閥，非彈簧式定位

旋轉機械式手動方向閥的滑閥芯控制方式：

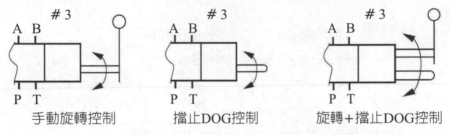

手動旋轉控制　　　擋止DOG控制　　　旋轉＋擋止DOG控制

▲圖 7.4-41　機械式手動旋轉控制

旋轉機械式手動方向閥的常用型號：

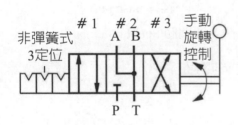

▲圖 7.4-42　3D4-C(3 位，旋轉，非彈簧)

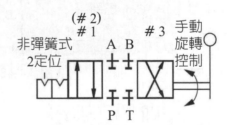

▲圖 7.4-43　2D2-C(2 位，旋轉，非彈簧)

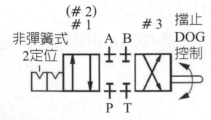

▲圖 7.4-44　2D2-A(2 位，擋止，非彈簧)

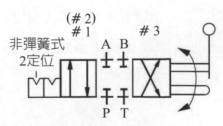

▲圖 7.4-45　2D2-B(2 位，旋轉＋擋止，非彈簧)

④ 電磁方向閥：

因應自動化需求，操控滑閥芯移動的方式也必須由機電控制，應用電磁方向閥來構成控制迴路，已然成為液壓回路市場上的主流應用，且閥芯定位皆以彈簧中位為主。

電磁方向閥構造如下：

Terminal Box Type

▲圖 7.4-46　接線盒形式

Plug-in Connector Type

▲圖 7.4-47　DIN- 插入式 (牛角型)

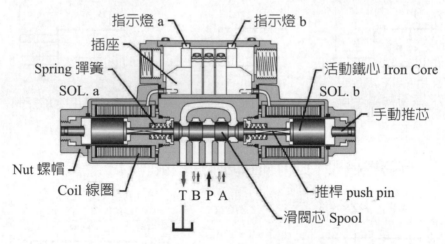

指示燈 a　　　　指示燈 b
插座
Spring 彈簧　　　　　　　　　活動鐵心 Iron Core
SOL. a　　　　　　　　　　　SOL. b
　　　　　　　　　　　　　　　手動推芯
Nut 螺帽
Coil 線圈　　　　　　　　　　推桿 push pin
　　　　T B P A　　　滑閥芯 Spool

▲圖 7.4-48　電磁方向閥中位

中間為方向閥體。

左右各有一組電磁閥 (Solenoid)SOL.a 和 SOL.b。

電磁閥包括鐵心組合、線圈組合及螺帽三大部分。

上方為電磁閥的接線盒，分為接線盒 (Box) 和插入式 (Plug-in) 兩種。

電磁方向閥符號說明：

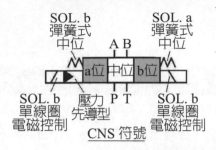

▲圖 7.4-49　3C*(3 位，電磁，彈簧中位)

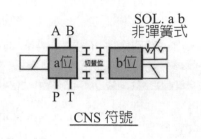

▲圖 7.4-50　2B*(2 位，電磁，非彈簧)

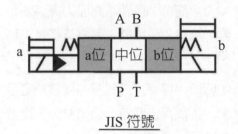

▲圖 7.4-51　3C*(3 位，電磁，彈簧中位)

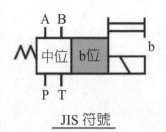

▲圖 7.4-52　2C*(2 位，電磁，彈簧中位)

方向閥型號說明：

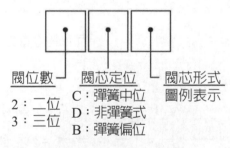

▲圖 7.4-53　方向閥型號

a. 第一碼：閥位數，2 或 3。

b. 第二碼：閥芯定位方式。

　C：彈簧中位 (SpringCentred)，通常為三位閥。

　D：非彈簧式 (No-Spring Detented)。

　B：彈簧偏位 (Spring Offset)，通常為二位閥。

c. 第三碼：閥芯形式 (Spool Type)，形式多，另以圖例說明。

(2) 閥芯形式 (Spool Type) 圖例說明：

▼表 7.4-1　閥芯圖例

方向閥之閥芯形式說明（通常以中位判斷）

	閥芯形式	液壓符號	功能與應用
2	中位全閉	A B P T	中位全閉時，可保持泵的壓力與油缸位置。注意用於兩位閥時，切替時容易顫動。
3	中位全開	A B P T	中位全開時，可卸除泵壓力與讓油缸浮動。用於兩位閥時，可降低切替時顫動。
4	中位 A,B,T 通	A B P T	中位時，可保持泵的壓力與讓油缸浮動。用於兩位閥時，切替時顫動比形式 2 略低。
40	中位 A,B,T 通 A-T 和 B-T 節流	A B P T	以形式 4 進行的相關變化。節流之功能，可更快的讓制動器停止。
5	中位 P,A,T 通	A B P T	可卸除泵壓力。並讓油缸的一側油量保持。
6	中位 P,T 通切替位全閉	A B P T	可卸除泵壓力。並讓油缸的位置保持。#1 和 #3 與通常品相異。
60	中位 P,T 通切替位全開	A B P T	以形式 6 進行的相關變化。切替時與油箱通，可降低切替時顫動。
7	中位全開 P 和 T 節流	A B P T	以形式 3 進行的相關變化。切替時可降低切替時顫動。
8	中位全閉為二方向閥	A B P T	中位功能與應用同形式 2。T 無連結。功能上為二方向閥。#1 和 #3 與通常品相異。

▼表 7.4-1　閥芯圖例 (續)

	閥芯形式	液壓符號	功能與應用
9	中位 P,A,B 通	A B P T	提供中位時的再生回授回路。 (Regenerative circuit)。
10	中位 B,T 通	A B P T	中位時可避免 A 口連接的制動器發生滑 動。通常用於垂直安裝時。
11	中位 P,A 通	A B P T	中位時 A 口連接的制動器持壓，B 口 閉。可讓油缸保持在定點。
12	中位 A,T 通	A B P T	中位時可避免 B 口連接的制動器發生滑 動。通常用於垂直安裝時。

(3)　電磁方向閥作動說明：

以電磁鐵激磁，讓活動鐵心頂出推桿方式讓滑閥芯做水平移動，
以切替流體通道。滑閥芯後端有壓縮彈簧，激磁消失後彈回中位
定位。

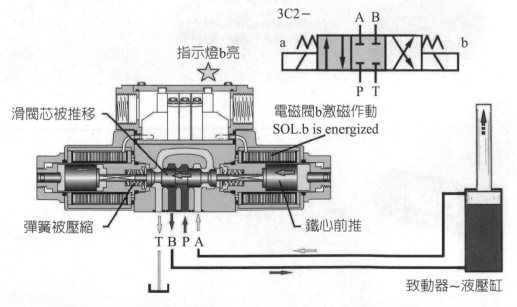

▲圖 7.4-54　電磁閥 b 激磁後，P 通 B 且 A 通 T，液壓缸的活塞桿上升

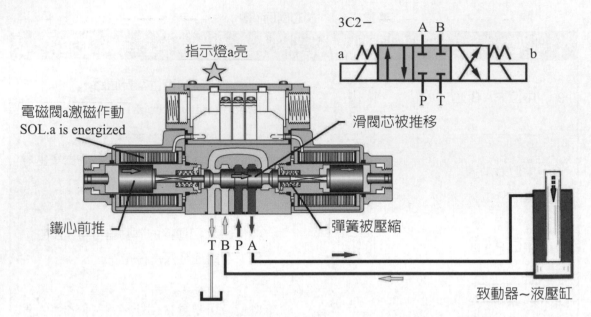

▲圖 7.4-55　電磁閥 a 激磁後，P 通 A 且 B 通 T，液壓缸的活塞桿下降

(4)　其他種類方向閥：

① 引導式方向閥：透過外部油路引導，讓滑閥芯做水平移動，切替流體通道。滑閥芯後端有壓縮彈簧，引導消失後彈回中位定位。

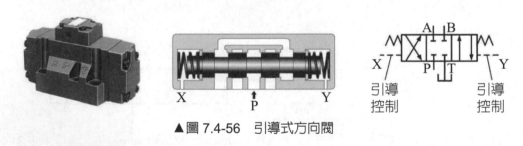

▲圖 7.4-56　引導式方向閥

② 止回閥：透過單向彈簧與錐形滑閥，讓流體只能單向流動。

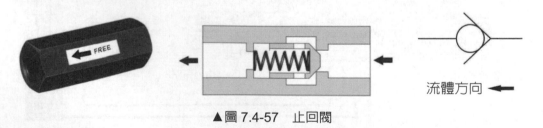

▲圖 7.4-57　止回閥

③ 引導止回閥：具止回閥功能，但能透過引導迴路將錐形滑閥推開，讓流體也能逆向流動。引導迴路洩油分內置型與外接型兩種。

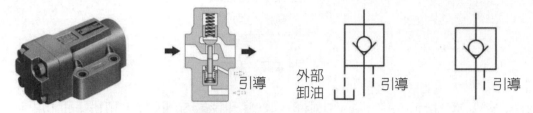

▲圖 7.4-58　引導止回閥

④ 提升型方向閥：閥體滑芯具止漏功能功能，縮短應答時間。

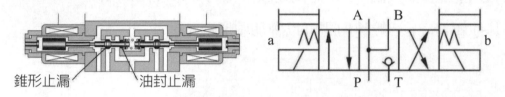

▲圖 7.4-59　提升型方向閥

⑤ 疊加型多功能方向閥：以方向閥閥體為基礎，疊加上另外的控制閥體，可得到更多種的控制功能。

圖 7.4-60：

A 入油 (B 回油)：A 直開止回閥 1 並引導開止回閥 2。

B 入油 (A 回油)：B 直開止回閥 2 並引導開止回閥 1。

AB 皆回油不入油：止回閥 1 和 2 皆關，防止洩漏。

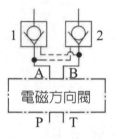

▲圖 7.4-60

圖 7.4-61：

A 入油 (B 回油)：A 被節流，B 直接回油。

B 入油 (A 回油)：B 被節流，A 直接回油。

AB 皆回油不入油：AB 回油皆通口，不被節流。

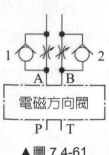

▲圖 7.4-61

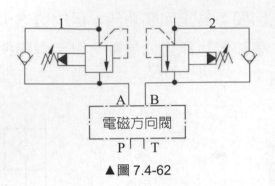

▲圖 7.4-62

A 入油 (B 回油)：A 直開通，B 需到達設定壓力才可開通回油。

B 入油 (A 回油)：B 直開通，A 需到達設定壓力才可開通回油。

AB 皆回油不入油：AB 需到達設定壓力才可開通回油。

其他組合：(一般疊加閥可以疊加兩層或三層)

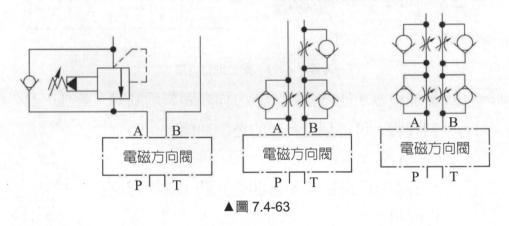

▲圖 7.4-63

 # 7.5 油壓致動器單元

　　液壓系統的功能就是讓致動器做功，致動器包括進行直線運動的液壓缸和進行旋轉運動的油壓馬達兩類型。

1. 液壓缸 (Hydraulic cylinder)：
   是將液壓能轉變為機械能的、做直線往復運動 (或擺動運動) 的液壓執行組件，也稱為線性的油壓馬達。液壓缸的輸出力是活塞有效面積及其兩邊壓差的乘積，以穩定的單向行程得到平穩的單向力，因此在各種機械的液壓系統中得到廣泛應用。因結構簡單、工作可靠且傳動間隙低，是需往復運動做功時的首選。液壓缸基本上由缸筒和缸蓋、活塞和活塞桿及密封元件組成。部分應用會設計緩衝裝置讓閉合時更平順減少衝擊及排氣功能來消除液壓油中的微小氣泡。

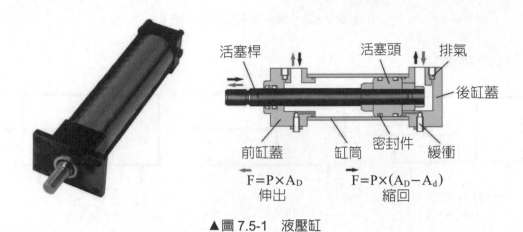

$$F = P \times A_D$$
伸出

$$F = P \times (A_D - A_d)$$
縮回

▲圖 7.5-1　液壓缸

液壓缸的形式與符號：

(1)　單動缸：

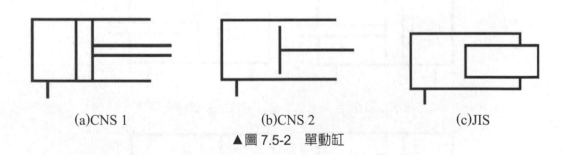

(a)CNS 1　　　　　　　(b)CNS 2　　　　　　　(c)JIS

▲圖 7.5-2　單動缸

(2)　單動彈簧回彈缸：

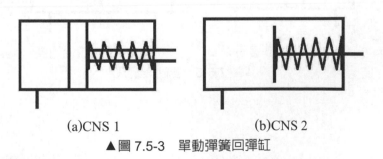

(a)CNS 1　　　　　　　(b)CNS 2

▲圖 7.5-3　單動彈簧回彈缸

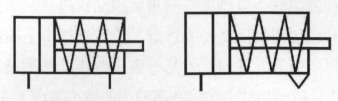

(c)JIS(回接管)　　　　　　(d)JIS(排氣管)

▲圖 7.5-3　單動彈簧回彈缸 (續)

(3)　雙動缸：

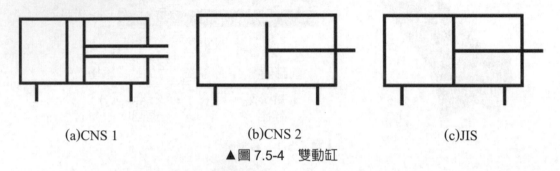

(a)CNS 1　　　　　　　(b)CNS 2　　　　　　　(c)JIS

▲圖 7.5-4　雙動缸

(4)　雙動緩衝缸：

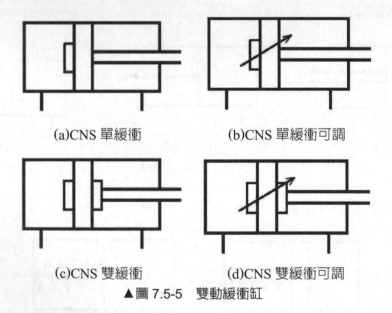

(a)CNS 單緩衝　　　　　　(b)CNS 單緩衝可調

(c)CNS 雙緩衝　　　　　　(d)CNS 雙緩衝可調

▲圖 7.5-5　雙動緩衝缸

(5) 雙活塞桿缸：

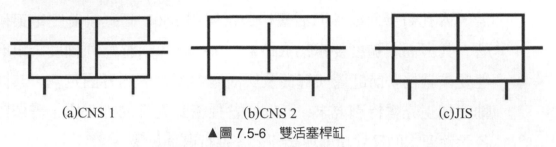

(a)CNS 1   (b)CNS 2   (c)JIS

▲圖 7.5-6　雙活塞桿缸

(6) 伸縮缸：活塞桿可兩段或多段式伸出與縮回，製作成本高，用於安裝空間受限時。

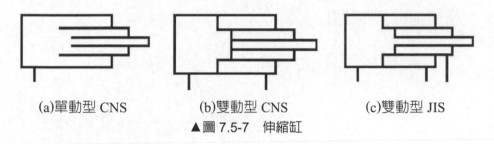

(a)單動型 CNS   (b)雙動型 CNS   (c)雙動型 JIS

▲圖 7.5-7　伸縮缸

(7) 加裝行程感應雙動缸：

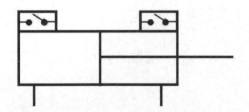

▲圖 7.5-8　雙動缸 (行程感應開關)JIS

活塞頭上加裝磁環，於缸壁上加裝磁簧開關，以感應活塞頭行程極限位置。

JIS 符號於原油缸上加畫開關符號。

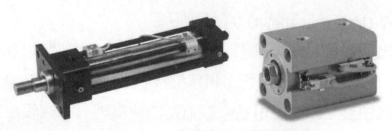

▲圖 7.5-9　加裝行程感應雙動缸

在製圖上，缸筒內壁須讓油封滑動並防洩漏，加工要求高，一般需經內孔研磨而成；而活塞桿通常使用 S50C 高碳鋼並經電鍍研磨，其表面粗糙度要求為 Ra0.4 ～ 0.8 μm，對整體同軸度、耐磨性要求嚴格。前缸蓋與缸筒及與活塞桿配合的內外固定處，其同軸度加工亦需特別要求。而安裝各種密封元件的加工處，需依照各元件要求的尺寸精度與幾何公差進行圖面繪製。

特別注意，活塞頭與缸筒及活塞桿與前蓋，都屬於滑動的留隙配合，其間隙大小與壓力值及油封元件材質都有密切關聯，需依建議值進行公差標註。

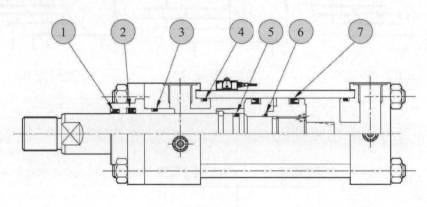

▲ 圖 7.5-10

油封元件說明：

1：防塵環　　　　　　　　　　　2：桿用油封 (加背托環)

3：O 型環 (加背托環)　　　　　4：O 型環 (加背托環)

5：O 型環　　　　　　　　　　　6：O 型環

7：活塞用油封 (加背托環)

2.　油壓馬達 (Hydraulic motor)：

是將液壓能轉變為機械能的、做旋轉運動的液壓執行組件，是一種將液壓油的壓力和流量轉成扭力和角位移 (轉動) 的機械致動器，能補足液壓系統中幾乎只能應用在直線運動的液壓缸。當液壓油被擠入馬達內，兩側因受力不平衡而使得轉子轉動產生轉矩，液壓馬達的輸出轉矩與排量和液壓馬達進出油口之間的壓力差有關，而轉速由輸入液壓馬達的流量大小來決定。一般設計上液壓馬達與電機馬達相同也要能夠正反轉。

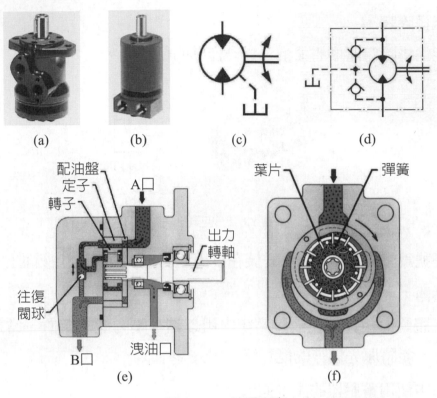

▲圖 7.5-11　油壓馬達

擺動油壓馬達：

使用在較小扭力輸出的油壓馬達，內部旋轉角度行程被限制，因此只能以正轉、反轉切替的方式進行往復搖動動作。

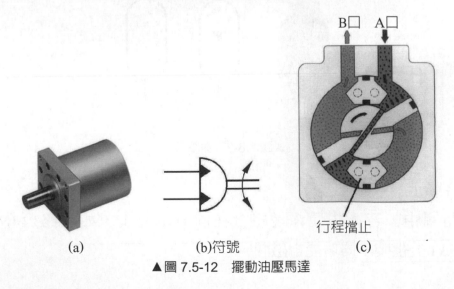

▲圖 7.5-12　擺動油壓馬達

7.6 其他單元

1. 空氣排除閥：

功能為排除管路中的氣泡，提升作動的穩定性。

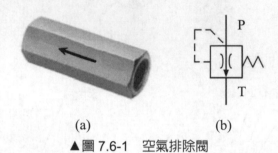

(a)　　　　　　　(b)

▲圖 7.6-1　空氣排除閥

此符號為壓差導引型，P 安裝在泵出油側，T 接回油箱液面上。

2. 蓄壓器：

為流體動力組件，在液壓系統中用以儲存壓力能的裝置，當迴路中需要時，能將原先儲存的能量釋放出來。

迴路中使用蓄壓器的主要原因為：

(1) 儲存能量並適時提供迴路所需之液壓油，減少成本。

(2) 吸收壓力脈動及吸收沖擊壓力，保護液壓系統。

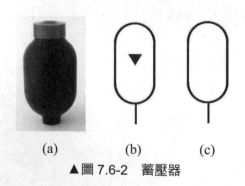

(a)　　　　　(b)　　　　　(c)

▲圖 7.6-2　蓄壓器

3. 組合單元：

迴路圖中，若某些元件是組合在同一單元上，如油路板 (Manifold Block) 上組裝不同功能電磁閥。

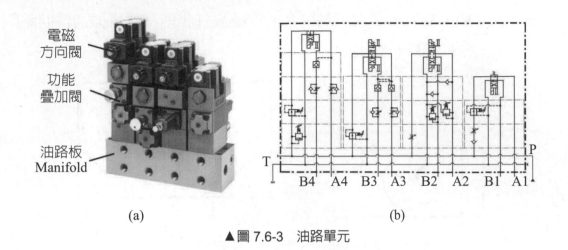

電磁
方向閥

功能
疊加閥

油路板
Manifold

(a)

(b)

T
P
B4 A4 B3 A3 B2 A2 B1 A1

▲圖 7.6-3　油路單元

4.　氣壓與液壓差異：

氣壓系統與液壓系統相近，因此在符號表現上是幾乎相同，但因為壓力差距很大，氣壓系統通常僅為 8 kgf/cm² 等級，且氣壓系統使用一般環境空氣進行壓縮流體應用，所以是將使用後的空氣排出回環境中，不像液壓油需在封閉管路系統中循環使用。所以兩者仍有著下列的差異。

流體符號差異：

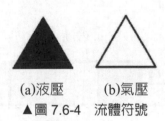

(a)液壓　　　(b)氣壓
▲圖 7.6-4　流體符號

液壓為實心黑三角形，氣壓為框邊黑色三角形。

(1)　空壓常用元件符號：

　　① 調理組 (三點組合)

　　　壓縮空氣會受水氣、塵埃、油渣與鐵鏽等雜質所污染，導致工作元件之損壞，為使工作元件增長壽命必須使用調理設備來加以處理。調理組一般包含空氣濾清器、調壓閥、與潤滑器三種，故也稱之為三點組合。符號雖有詳細符號，但通常回路圖常採簡略符號表示。

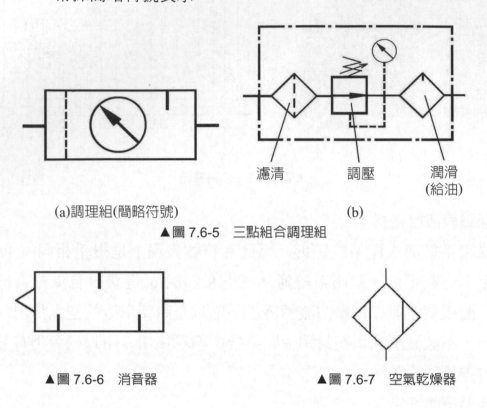

(a)調理組(簡略符號)　　　　　　　　　(b)

濾清　　　調壓　　　潤滑
(給油)

▲圖 7.6-5　三點組合調理組

▲圖 7.6-6　消音器　　　　　　　　▲圖 7.6-7　空氣乾燥器

② 電磁方向閥

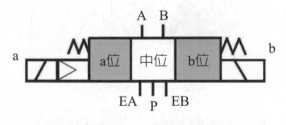

A　B

a　　a位　中位　b位　　b

EA　P　EB

▲圖 7.6-8　電磁方向閥

氣壓方向閥通常為五口閥 (液壓四口閥)，EA 口及 EB 口 (或以 R，S，T) 為直接排氣用，一般會再加裝消音器。

5.　液壓油：

液壓油是液壓系統的工作介質，作用是用來傳遞、轉換、控制液壓能量，因此需具有抗氧化、潤滑、防鏽、防腐蝕、冷卻、減震和沖洗等特性要求。

需要依照液壓系統所用油泵的種類及使用溫度來選擇適當之粘度，較有高粘度指數才不易因溫度變化而影響操作，但高黏度也會造成流動變慢而讓作動時間變長。亦需具有較高之氧化穩定性，防鏽性，抗泡沫性，以及分離水份能力。

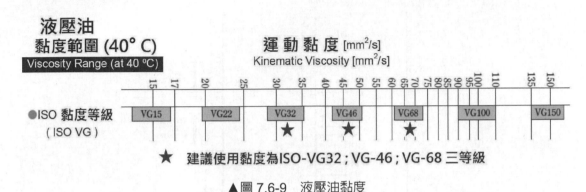

▲ 圖 7.6-9　液壓油黏度

通常，日本 (較冷) 區域使用 VG32，印尼 (較熱) 可使用 VG68。

▼ 表 7.6-1　液壓油等級

NAS 油品清潔度等級 (汙染顆粒數)　　　　　　　　　　100 ml 中的汙染顆粒數

顆粒大小 (微米 μm)	NAS 1638 油品清潔度等級							
	5	6	7	8	9	10	11	12
5~15	8,000	16,000	32,000	64,000	128,000	256,000	512,000	1,024,000
15~25	1,425	2,850	5,700	11,400	22,800	45,600	91,000	182,400
25~50	253	506	1,012	2,025	4,050	8,100	16,200	32,400
50~100	45	90	180	360	720	1,440	2,800	5,760
> 100	8	16	32	64	128	256	512	1,024
使用元件要求	伺服控制閥	比例控制閥	活塞泵	葉片泵	新油	壓力 140kgf/cm^2	一般要求	
		滾珠軸承	電磁方向閥	壓力 210 kgf/cm^2				

一般精密過濾器，有 20 μm；10 μm；5 μm；3 μm 等等級。

管內徑尺寸與流速及通過流量關係：

管徑大小與通過流量有著密切關係，可藉由查表快速地查出建議的通路內徑尺寸。

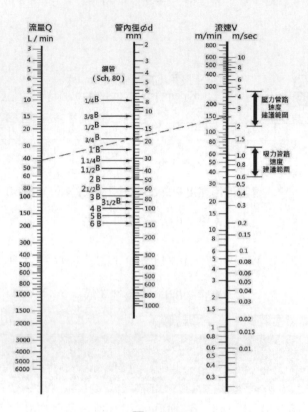

▲圖 7.6-10

 # 7.7 油路圖與動作說明

　　油路圖的動作與執行，在一張圖說上是無法百分百的表示完整。要串聯所有的完整動作與功能，需要和電控程式有著密切的搭配，因爲機電控制程式、電路符號、I/O 訊號規劃、電路圖、布置圖與 PLC，可程式化邏輯控制器階梯圖等等。需要更完整而獨立的課程來教授，因此在此書中，不進行此機電整合處在電控端的說明，僅就油路元件與迴路動作進行油路圖之說明。

1. 油路圖與動作說明：

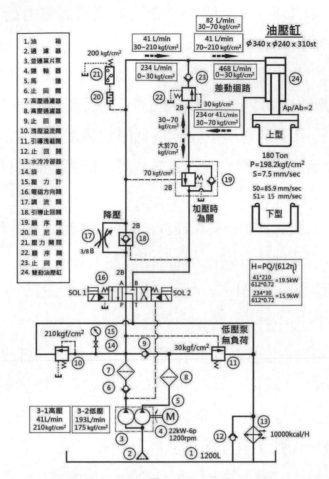

▲圖 7.7-1

(2) 高低壓控制迴路：

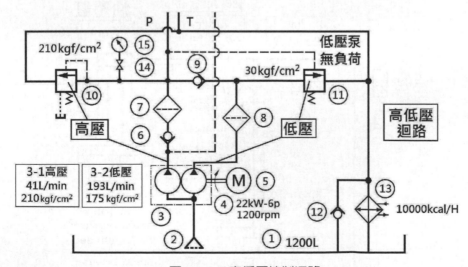

▲圖 7.7-2　高低壓控制迴路

雙連定排量液壓泵，左側 #3-1 泵可吐出最高壓力爲 210 kgf/cm^2，流量是 41 L/min；左側 #3-2 泵可吐出最高壓力爲 175 kgf/cm^2，流量是 193 L/min。

#10 件爲洩壓溢流閥，爲系統保護功能，當 #3-1 泵吐出壓力超過設定的壓力 210 kgf/cm^2 時，閥體打開將超壓的液壓油引導回油箱。

#11 件爲引導壓力洩載閥，爲低壓切替功能，當 #3-1 泵吐出壓力超過設定的引導壓力 30 kgf/cm^2 時，閥體打開將超壓的 #3-2 泵液壓油引導回油箱。

所以，低壓迴路 0 ～ 30 kgf/cm^2 時，總流出 P 的流量爲 #3-1 泵加上 #3-2 泵的 (41+193) L/min，共 234 L/min。

高壓迴路 30 ～ 210 kgf/cm^2 時，總流出 P 的流量爲 #3-1 泵的 41 L/min。

(2) 加壓下降與上升控制迴路：

#16 電磁方向閥在中位不作動時，P 通 T 孔，可洩載馬達之負荷，保持油缸之靜止。#16 電磁方向閥 SOL 1 作動時，P 通 A 孔，B 通 T 孔，可讓油缸下降加壓。#16 電磁方向閥 SOL 2 作動時，P 通 B 孔，A 通 T 孔，可讓油缸上升。

(3) 差動迴路：以壓力差異來進行控制的迴路

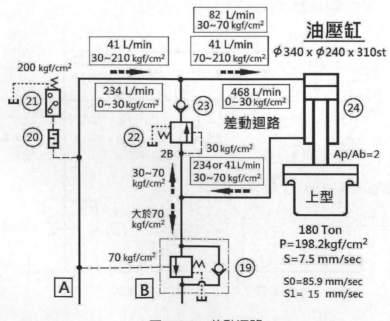

▲圖 7.7-3　差動迴路

① 上型加壓快速下降：($0 \sim 30 \ kgf/cm^2$)

由高低壓泵提供的加壓迴路中，低壓迴路 $0 \sim 30 \ kgf/cm^2$ 時流量為 234 L/min，流入油缸上腔，因下腔面積為上腔的 0.5 倍，(不計活塞桿和上模重)，油缸下腔被推擠出的油壓力為上腔油壓的兩倍以上。且液壓油拒不可壓縮特性，下腔被推擠油的壓力會瞬間上升超過 #22 順序閥設定的 $30 \ kgf/cm^2$ 後，(此時上腔油壓約 $30 \ kgf/cm^2$)，下腔油被推擠出的 234 L/min 油量，通過 #22 和 #23 回到油缸的上腔，讓油缸上腔下降加壓的流量加總為 234 L/min，上型加壓快速下降的速度可達 85.9 mm/sec。

② 上型加壓中速下降：($30 \sim 70 \ kgf/cm^2$)

當上型接觸到材料與下型，抵抗力加大，加壓力與上腔油壓也須加大出力，由高低壓泵提供的加壓油壓力超過 $30 \ kgf/cm^2$ 後，低壓泵吐出油被切替引導回油箱，迴路為高壓泵的吐出流量為 41 L/min，流入油缸上腔，和下腔油被推擠出的 41 L/min 油量，讓油缸上腔下降加壓的流量加總為 82 L/min，上型加壓中速下降的速度可降為 15 mm/sec。

③ 上型加壓慢速下降：($70 \sim 200 \ kgf/cm^2$)

隨著加壓力上升，由高壓泵提供的加壓油壓力超過 $70 \ kgf/cm^2$ 後，會打開 #19 的引導順序閥，下腔被推擠出的油被切替引導回油箱，迴路只有高壓泵的吐出流量 41 L/min 流入油缸上腔，讓油缸上型加壓慢速下降的速度降為 7.5 mm/sec。

④ 加壓成型控制迴路：($200 \ kgf/cm^2$)

隨著加壓力上升，當加壓油壓力到達 180Ton 的 $198 \ kgf/cm^2$ 後，並超過 #21 的壓力開關設定的 $200 \ kgf/cm^2$，壓力開關將傳回訊號給 PLC，讓 PLC 執行下一段的控制切替，讓 #16 電磁方向閥 SOL 1 停止作動，消磁回中位時，#20 阻尼器、#17 調

流閥及 #16A 通 T，都可降低壓力因瞬間變化產生的衝擊與震動。

(4) 其他元件：

管路過濾器：

#7 與 #8 都是高壓管路過濾器需選用 210 kgf/cm^2 級 (含) 以上的規格，搭配 10 μm 濾芯。

水冷式冷卻器：

通常使用中央冷氣循環水作為冷卻的水媒介，並挑選適當功率的冷卻器使用，來將液壓循環油控制在 55℃，避免油溫過高引起油泵效能降低、電磁閥與油缸內洩量增加與油封件容易老化損害等不良影響。

2. 電動機功率確認：

馬力 H(KW) = (泵吐出 Q(L/min) × 壓力 P(kgf/cm^2))/(612 × η)

其中 η 效率 (泵全效率 × 容積效率) 在定容量泵與馬達組合時取 0.72

高壓 200 kgf/cm^2，吐出流量 41 L/min 及低壓 30 kgf/cm^2，吐出流量 234 L/min，分別計算所需馬達功率如下：

H 高 = 200 × 41/612 × 0.72 = 18.6kW；

H 低 = 30 × 234/612 × 0.72 = 15.9kW；

→ 選用 22KW/30HP-6P 的電動機馬達。

或可由泵製造商提供的泵 - 吐出量 - 馬力圖，找出所需馬達功率：約為 18.5 kW。

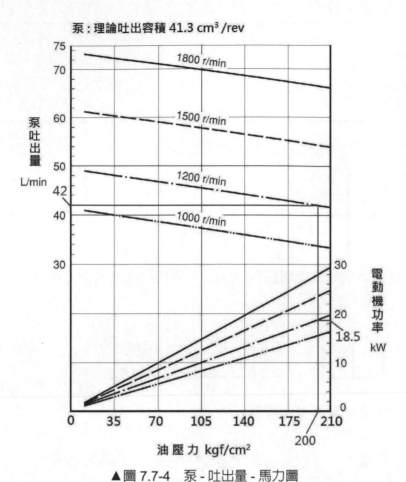

泵：理論吐出容積 41.3 cm³ /rev

▲圖 7.7-4　泵 - 吐出量 - 馬力圖

模擬考題

一、選擇題

( ) 1. 下列何者為油路圖中的排洩管路？

(A) ─────── (B) ─ ─ ─ ─ ─ (C) ------------ 。

( ) 2. 下列何者為兩油管路交叉，沒有連接的狀態？

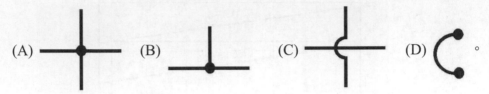

(A)　　　　(B)　　　　(C)　　　　(D)　　　　。

( ) 3. 下列何者表示連接到油箱的管路，管的端部在液面之下？

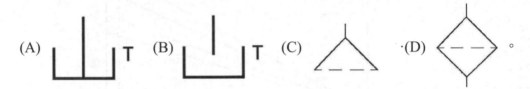

(A)　　　　(B)　　　　(C)　　　　·(D)　　　　。

( ) 4. 下列何者為變排量式液壓泵？

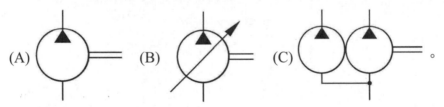

(A)　　　　(B)　　　　(C)　　　　。

( ) 5. 下列何者是水冷式冷卻器？

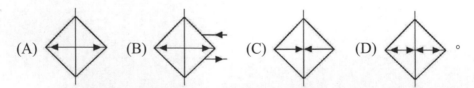

(A)　　　　(B)　　　　(C)　　　　(D)　　　　。

( ) 6. 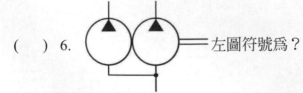 左圖符號為？

(A) 單段泵 (B) 雙連泵 (C) 兩段泵 (D) 複合泵。

(　　) 7. 下列何者是單緩衝型液壓缸？

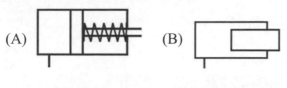

(A)　　　　　　　　　　(B)

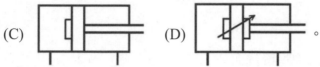

(C)　　　　　　　　　　(D)　　　　　。

(　　) 8. 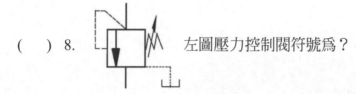 左圖壓力控制閥符號為？

(A) 內部引導、內部排洩　(B) 外部引導、內部排洩　(C) 外部引導、外部排洩　(D) 內部引導。

(　　) 9. 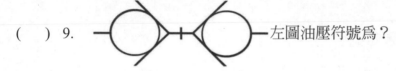 左圖油壓符號為？

(A) 快速接頭　(B) 梭動閥　(C) 止回閥　(D) 壓力閥。

(　　) 10. 下列何者為兩側附有止回閥之快速接頭？

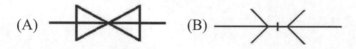

(A)　　　　　　　　　　(B)

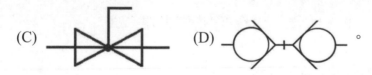

(C)　　　　　　　　　　(D)　　　　　。

(　　) 11.  左圖氣油壓符號為？

(A) 流量計　(B) 壓力計　(C) 溫度計　(D) 油面計。

( ) 12. 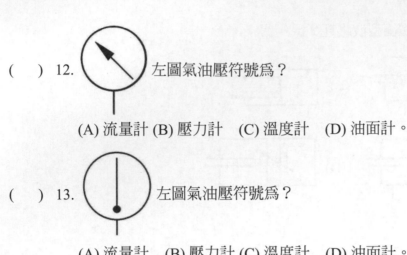 左圖氣油壓符號為？

(A) 流量計 (B) 壓力計 (C) 溫度計 (D) 油面計。

( ) 13. 左圖氣油壓符號為？

(A) 流量計 (B) 壓力計 (C) 溫度計 (D) 油面計。

( ) 14.  左圖氣油壓符號為？

(A) 流量計 (B) 壓力計 (C) 溫度計 (D) 油面計。

( ) 15. 左圖油壓符號為？

(A) 冷卻器 (B) 加熱器 (C) 溫度調節控制器。

( ) 16. 左圖油壓符號為？

(A) 冷卻器 (B) 加熱器 (C) 溫度調節控制器。

( ) 17.  左圖油壓符號為？

(A) 冷卻器 (B) 加熱器 (C) 溫度調節控制器。

( ) 18. 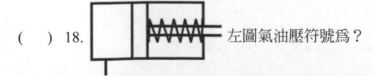 左圖氣油壓符號為？

(A) 單動缸 (B) 單動彈簧回彈缸 (C) 雙動缸 (D) 雙動緩衝缸。

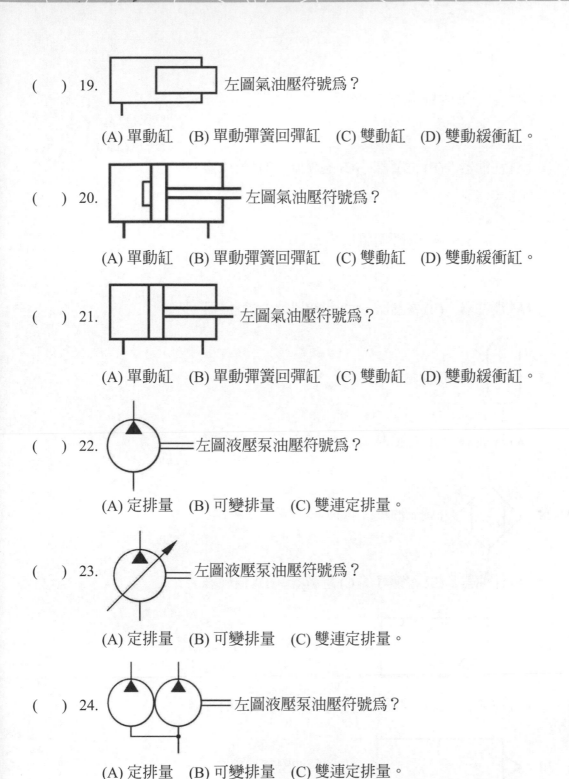

( ) 19. 左圖氣油壓符號為？

(A) 單動缸　(B) 單動彈簧回彈缸　(C) 雙動缸　(D) 雙動緩衝缸。

( ) 20. 左圖氣油壓符號為？

(A) 單動缸　(B) 單動彈簧回彈缸　(C) 雙動缸　(D) 雙動緩衝缸。

( ) 21. 左圖氣油壓符號為？

(A) 單動缸　(B) 單動彈簧回彈缸　(C) 雙動缸　(D) 雙動緩衝缸。

( ) 22. 左圖液壓泵油壓符號為？

(A) 定排量　(B) 可變排量　(C) 雙連定排量。

( ) 23. 左圖液壓泵油壓符號為？

(A) 定排量　(B) 可變排量　(C) 雙連定排量。

( ) 24. 左圖液壓泵油壓符號為？

(A) 定排量　(B) 可變排量　(C) 雙連定排量。

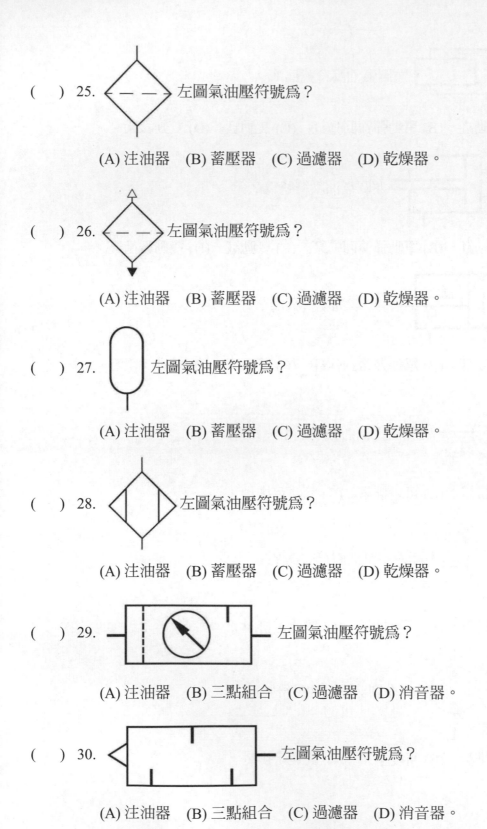

( ) 25. 左圖氣油壓符號為?

(A) 注油器　(B) 蓄壓器　(C) 過濾器　(D) 乾燥器。

( ) 26. 左圖氣油壓符號為?

(A) 注油器　(B) 蓄壓器　(C) 過濾器　(D) 乾燥器。

( ) 27. 左圖氣油壓符號為?

(A) 注油器　(B) 蓄壓器　(C) 過濾器　(D) 乾燥器。

( ) 28. 左圖氣油壓符號為?

(A) 注油器　(B) 蓄壓器　(C) 過濾器　(D) 乾燥器。

( ) 29. 左圖氣油壓符號為?

(A) 注油器　(B) 三點組合　(C) 過濾器　(D) 消音器。

( ) 30. 左圖氣油壓符號為?

(A) 注油器　(B) 三點組合　(C) 過濾器　(D) 消音器。

( ) 31. 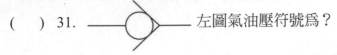 左圖氣油壓符號為？

        (A) 注油器　(B) 三點組合　(C) 過濾器　(D) 止回閥。

32. 如下之油壓迴路圖，請回答下列問題：

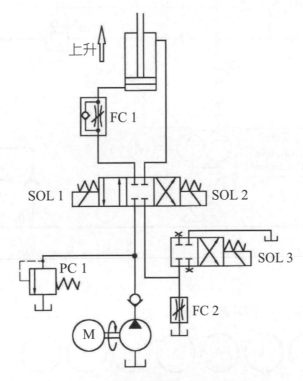

( ) (1) 要讓油缸上升，則下列何者需要通磁？

        (A)SOL1　(B)SOL2　(C)SOL3　(D)SOL1+SOL3。

( ) (2) 要讓油缸快速下降，則下列何者需要通磁？

        (A)SOL1　(B)SOL2　(C)SOL3　(D)SOL2+SOL3。

( ) (3) 要讓油缸慢速下降，則下列何者需要通磁？

        (A)SOL1　(B)SOL2　(C)SOL3　(D)SOL2+SOL3。

( ) (4) 符號 FC1 的功能，是？　(A) 調節上升速度　(B) 調節快速下降速度

        (C) 調節慢速上升速度　(D) 調節慢速下降速度。

( ) (5) 符號 FC2 的功能，是？　(A) 調節上升速度　(B) 調節快速下降速度

        (C) 調節慢速上升速度　(D) 調節慢速下降速度。

( ) (6) 符號 PC1 的功能，是？　(A) 洩載主泵壓力　(B) 控制上升壓力　(C) 兩者皆是　(D) 兩者皆非。

33. 如下之油壓迴路圖，請回答下列問題：

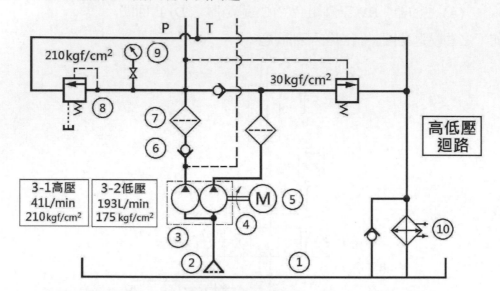

(1) 零件名稱連連看，請在號碼圈下方填入對應名稱之英文編號

　　a. 電動機　b. 止回閥　c. 壓力計　d. 冷卻器　e. 端末過濾器
　　f. 軸連結器　g. 高壓過濾器　h. 油箱　i. 壓力洩載閥　j. 液壓泵

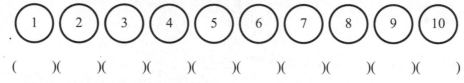

( )( )( )( )( )( )( )( )( )( )

( ) (2) 請問，當液壓泵吐出壓力達到 20 kg/cm² 時，P 孔流量為

　　(A)41　(B)193　(C)152　(D)234　L/min。

( ) (3) 請問，當液壓泵吐出壓力達到 150 kg/cm² 時，P 孔流量為

　　(A)41　(B)193　(C)152　(D)234　L/min。

34. 如下之油壓迴路圖，已知活塞頭面積是活塞桿的兩倍：

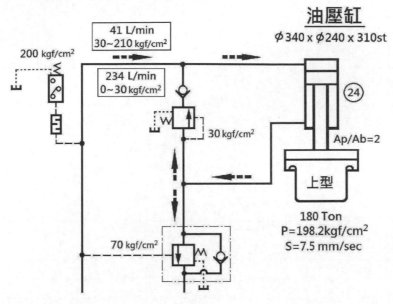

( ) (1) 請問，當液壓泵吐出壓力達到 20 kg/cm² 時，實際上流入加壓下降端的流
       量為　(A)41　(B)234　(C)82　(D)468　L/min。

( ) (2) 請問，當液壓泵吐出壓力達到 50 kg/cm² 時，實際上流入加壓下降端的流
       量為　(A)41　(B)193　(C)82　(D)468　L/min。

( ) (3) 請問，當液壓泵吐出壓力達到 150 kg/cm² 時，實際上流入加壓下降端的流
       量為　(A)41　(B)193　(C)82　(D)468　L/min。

NOTE

CHAPTER

8

金屬材料應用與熔接

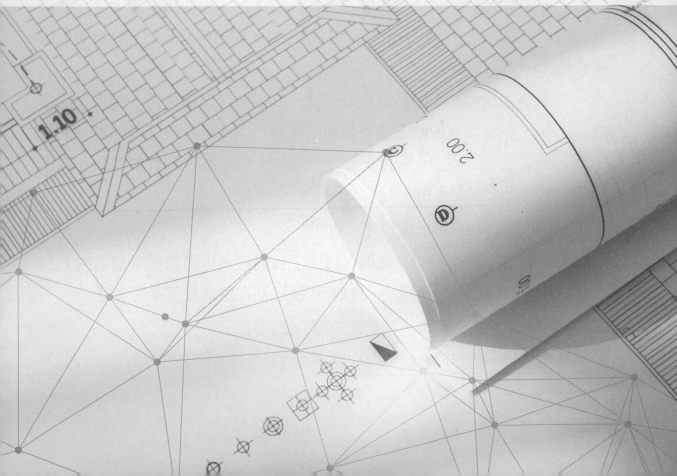

人類的文明與金屬有著密切的關係。從出土文物中可發覺史前時代已能冶煉並使用青銅、銅、金、銀、鐵、鉛、錫等金屬。西元前三千年埃及的武器即以隕石鐵製成，當時即被稱為「天上來的匕首」。

像錫、鉛及銅等金屬，只要將礦石加熱即可得到其金屬，這種冶煉方式稱為熔煉。原來熔煉都是單金屬，約在西元前 3500 年發現銅和錫混合後會產生性能更好的青銅合金，這也是重大的技術提昇，開始了青銅時代。

鐵的冶煉要比銅或錫要困難很多，冶煉方式約在西元前 1200 年發明，開始了鐵器時代。歐洲約西元前一千年開始製鐵。最早使用的煉鐵爐為空氣式爐或用土石堆砌的熔鐵爐、鍛鐵爐。

常用的工程金屬包括鋁、鉻、銅、鐵、鎂、鎳、鈦及鋅等金屬及其合金。一般的碳鋼適用於低成本、高強度，但不需考慮重量及腐蝕問題的應用。若是需要抗腐蝕的應用，一般會使用不鏽鋼或是熱浸鍍鋅處理的鋼。若要求高強度時，會使用各類型的合金鋼。

若是高腐蝕性環境，且不需要有磁性的場合，會使用銅鎳合金。高鎳基合金 (如鎳鉻鐵合金) 會用在像渦輪增壓器、壓力容器及熱交換器等需耐高溫應用中。

在工業領域中，金屬製造相關研究，其中包括金屬或合金選用、加工成形方式、製品表面的熱處理及表面處理等。以達成材料諸多性質之間的平衡，例如成本、重量、強度、硬度、韌性、抗蝕性、抗疲勞性及在高低溫下的特性等之工業應用。

金屬的製造形成方法與程序，包括：

1. 金屬鑄造：將熔融的金屬倒入特定形狀的模具中再冷卻。鑄造的方式包括翻砂鑄造、熔模鑄造 (也稱為脫蠟法)、壓鑄及連續鑄造等。

2. 鍛造：分熱鍛與冷鍛，乃是利用壓力使鋼胚成形。

3. 軋製：以一連串的軋輪將鋼胚軋延，成為金屬片的程序。

4. 擠製：以壓力將金屬擠入模具中，形成斷面相同的連續工件，可採取熱擠與冷擠。

5. 燒結：將金屬粉末注入模具中，透過加熱燒結使其成形的過程。

金屬常以熱處理來調整其強度、延展性、韌度、硬度或是抗蝕能力。常用的熱處理包括退火、正常化、淬火及回火。退火是將金屬加熱，然後再緩慢的冷卻，可以釋放金屬組織中的應力，使晶粒變大，強化韌性也比較容易切削。正常化是將鋼料加熱後由爐中取出，放置於空氣中自然冷卻，形成微細波來鐵組織，是最經濟的熱處理方式。淬火是將鋼料加熱後快速的冷卻，鋼的組織會形成高硬度的麻田散鐵組織，藉此來提高硬度。鋼料在硬度和韌度之間常須作取捨：硬度越高時，其韌度或是抗衝擊能力就越低；韌度越高時，其硬度就越低。回火用於消除金屬在硬化過程中產生的應力並使金屬略為軟化，可以承受衝擊而不會破裂。

8.1 常用鐵金屬材料分類

鋼鐵材料之種類很多，隨著其內部化學成分之組成不同，各鋼種之間的機械性質與應用也迥然不同。

純鐵 (Pure iron) 是鐵元素 (Fe) 質地並不硬，用處有限。但隨著各種添加元素的加入就讓鐵的結構產生了變化，其中最重要的元素就是碳 (C，carbon)，而鋼 (steel) 和鐵 (iron) 的最大分野也就是碳含量。鐵幾乎都是鑄鐵，其碳含量大於 2.14%；而鐵經過純化除碳後碳含量在 0.02% 至 2.14% 之間者為鋼。

在鋼材中加入其他元素，如矽 (Si，silicon)、錳 (Mn，manganese)、鎳 (Ni，nickel)、 鉻 (Cr，chromium)、 鉬 (Mo，molybdenum)、 釩 (V，vanadium)、 氮 (N，nitrogen)、 銅 (Cu，copper)、 鋁 (Al，aluminium)、 鈷 (Co，cobalt)、 鎢 (W，Tungsten) 及對結構不利的磷 (P，phosphorus)、 硫

(S，sulfur)、鉛 (Pb，lead，plumbum) 等元素，就組合成了各種不同的碳鋼、工具鋼、合金鋼與不鏽鋼等鋼材。

　　一般對於鋼材的分類可分為非合金鋼與合金鋼兩大類，ISO 對於此分類以各元素在鋼中的含量來決定，所含單一元素超過限制的百分比之後，就被歸類於合金鋼。而 GB 規範則將鋼材分類分為非合金鋼、低合金鋼與合金鋼三大類，將低合金鋼從合金鋼中拆分出來，分類基準除保持著與 ISO 相同的單一元素限制外，也規範了鎳 (Ni)、鉻 (Cr)、鉬 (Mo)、銅 (Cu) 四種合金的總含量規範。這些分類如下表，目的都是透過這些分類來區分鋼材的機械特性與不同價值。

▼表 8.1-1　機械工業常用鋼種分類

標準	分類	化學成分表 %											
		C	Si	Mn	Ni	Cr	Mo	Cu	Pb	V	Ti;Zr	Nb	Al;Co W;Bi Se;Te
GB	非合金鋼	< 2	< 0.5	< 1.0	< 0.3	< 0.3	< 0.05	< 0.1	< 0.4	< 0.04	< 0.05	< 0.02	< 0.1
					Ni+Cr+Mo+Cu<0.55								
	低合金鋼	< 2	0.5~0.9	1.0~1.4	0.3~0.5	0.3~0.5	0.05~0.1	0.1~0.5	< 0.4	0.04~0.12	0.05~0.13	0.02~0.06	< 0.1
					0.55 ≦ Ni+Cr+Mo+Cu<1.25								
	合金鋼	< 2	≧ 0.9	≧ 1.4	≧ 0.5	≧ 0.5	≧ 0.1	≧ 0.5	≧ 0.4	≧ 0.12	≧ 0.13	≧ 0.06	≧ 0.1
					Ni+Cr+Mo+Cu ≧ 1.25								
ISO	非合金鋼	< 2	< 0.5	< 1.65	< 0.3	< 0.3	< 0.08	< 0.4	< 0.4	< 0.1	< 0.05	< 0.06	< 0.1
	合金鋼	< 2	≧ 0.5	≧ 1.65	≧ 0.3	≧ 0.3	≧ 0.08	≧ 0.4	≧ 0.4	≧ 0.1	≧ 0.05	≧ 0.06	≧ 0.1

註 1: 表列內為個別化學成分依含量不同的分類判斷基準

註 2: 另外亦有針對 Ni+Cr+Mo+Cu 設立總量 70% 的分類判斷基準

註 3: P,S,N 元素不列入判斷基準

　　依照這些分類基準，約略的將機械工業上常被應用的鋼鐵材進行群組分類，表現如下頁的關係圖表。

常用鋼鐵分類，可分爲鑄鐵、非合金鋼、低合金鋼與合金鋼四大類。

▲圖 8.1-8　常用鋼鐵的分類

8.2 鑄鐵

鑄鐵 (Cast iron) 是指含碳量在 2% 以上的鑄造鐵碳合金，通常由生鐵、廢鋼、鐵合金等以不同比例配合通過熔煉而成。

主要元素除鐵、碳以外還有矽、錳和少量的磷與硫等元素，是將生鐵 (有時有煉鋼生鐵) 重新回爐熔化，並加進鐵合金、廢鋼、回爐鐵調整成分而得到的。一般可分為白口鑄鐵 (White cast iron)、灰口鑄鐵 (Grey cast iron)、球墨鑄鐵 (Ductile cast iron)、可鍛鑄鐵 (Malleable cast iron) 等。機械業之應用以灰鑄鐵、可鍛鑄鐵、球墨鑄鐵式延性鑄鐵居多，這三種鑄鐵中的碳以石墨形式存在。

鑄鐵中含有石墨所以耐磨性與制震性都很好，石墨具有潤滑作用，並會吸附潤滑油，可降低運動時的摩損。制震能則受石墨大小和形狀的影響，通常石墨愈大，形狀愈複雜，其制震能愈大。因此片狀石墨鑄鐵之制震能將優於球狀石墨鑄鐵。與其他鋼鐵材料比較，鑄鐵的制震能相當大，所以可用來製造受震動較大的飛輪 (Flywheel)、曲柄軸及機器設備的底座等。

1. 灰口鑄鐵 (Grey cast iron)：

   灰口鑄鐵，(灰鑄鐵) 石墨呈片狀，其成本低廉，鑄造性、加工性、減震性及金屬間摩擦性均優良，是工業中應用最廣泛的鑄鐵類型。但因片狀石墨的存在，也導致了灰口鑄鐵的低強度。灰口鑄鐵是鑄鐵中的最基礎群，也因此其符號就以 FC*** 來稱呼，F 為 Ferrum(鐵，拉丁文)，C 為 Casting(鑄造)，*** 為最低抗拉強度 N/mm^2，抗拉強度在 $100 \sim 450$ N/mm^2。一般以台語發音稱為「生ㄚ」。

   灰口鑄鐵之分類及成分特性如下：

▼表 8.2-1　灰口鑄鐵件 (FC)

FC: 灰口鑄鐵件								(CNS 2472 ; JIS G5501)		
記號		化學成分表 %					抗拉強度	硬度	熱處理	
目前	舊	C	Si	Mn	P	S	N/mm^2	HB,HBS	淬火 , 回火	
FC100	FC10						100~180	max.201		
FC150	FC15	3.5~3.8	2.3~2.8	0.5~0.8	max.0.25	max.0.10	150~250	max.201		
FC200	FC20	3.3~3.6	1.8~2.3	0.6~0.9	max.0.20	max.0.10	200~300	max.255		
FC250	FC25	3.2~3.5	1.7~2.2	0.6~0.9	max.0.15	max.0.10	250~350	max.269		
FC300	FC30	3.0~3.3	1.6~2.1	0.6~0.9	max.0.12	max.0.12	300~400	max.269	表面硬化	
FC350	FC35	2.9~3.2	1.5~2.0	0.7~1.0	max.0.10	max.0.12	350~450	max.277	表面硬化	

註 : 化學成分由製造者與使用者議定調整

　　灰口鑄鐵雖製造成本低但仍可進行熱處理來增加應用範圍：

(1)　表面淬火：

　　表面淬火的目的是提高灰鑄鐵件的表面硬度和耐磨性，其方法除感應加熱表面淬火外，鑄鐵還可以採用接觸電阻加熱表面淬火。

(2)　退火：

　　包括消除內應力退火 (又稱人工時效) 以及改善切削加工性退火，消除鑄件在鑄造冷卻過程中產生的內應力，降低鑄件變形和裂紋，以維持加工後尺寸的穩定、防止變形開裂並增加耐磨性。通常大型複雜的鑄件，如工具機床身、柴油機汽缸體等，會進行消除內應力的退火處理。而灰口鑄鐵的表層及一些薄截面處，由於冷速較快，可能產生高硬度的白口鑄鐵，難以切削加工難。故需要進行退火降低硬度，以改善切削加工性提高鑄件的耐磨性。

2.　球狀石墨鑄鐵，延性鑄鐵 (Ductile cast iron)：

　　球墨鑄鐵，石墨呈球狀，是將白口鑄鐵經過球化和孕育處理後得到的高性能鑄鐵，因石墨呈球狀，故其塑性、延展性 (Ductile) 和韌性相對於灰口鑄鐵都大幅提高，故可以在一些範圍「以鐵代鋼」。球墨鑄鐵，其符號以 FCD*** 來稱呼，FC 為鑄鐵，D 為 Ductile，一般以其發音稱為「拿太魯」。*** 為最低抗拉強度 N/mm^2，抗拉強度在 370 ～ 950 N/mm^2。

球狀石墨鑄鐵之分類及成分特性如下：

▼表 8.2-2　球狀石墨鑄鐵件 (FCD)

FCD: 球狀石墨鑄鐵件								(CNS 2869 ; JIS G5502)		
記號		化學成分表 %						抗拉強度	硬度	熱處理
目前	舊	C	Si	Mn	Mg	Cr	Mo	N/mm^2	HB,HBS	淬火 , 回火
FCD370	FCD37							370~480	max.179	
FCD400	FCD40	3.6~3.8	2.6~2.8	max.0.3	0.04			400~550	max.201	表面硬化
FCD450	FCD45	3.5~3.7	2.5~2.6	max.0.4	0.04	max.0.10		450~600	143~217	表面硬化
FCD500	FCD50	3.5~3.6	2.5~2.7	max.0.4	0.04~0.05	max.0.10		500~650	170~241	表面硬化
FCD600	FCD60	3.4~3.55	2.2~2.4	0.4~0.6	0.04~0.05	max.0.15	max.0.3	600~750	192~269	表面硬化
FCD700	FCD70	3.35~3.5	2.1~2.2	0.5	0.04~0.05	max.0.15	max.0.4	700~750	229~302	表面硬化
FCD800	FCD80	3.3~3.4	2.0~2.1	0.5	0.04~0.05	max.0.15	max.0.4	800~950	248~352	表面硬化
註：P 含量 max.0.05; S 含量 max.0.02; 化學成分由製造者與使用者議定調整										

FCD370 ～ FCD500 具有普通強度，適於一般機械用鑄件為鑄鋼代替品。切削性佳，制震能高可吸收噪音及震動，常應用於各種機械零件。FCD600 ～ FCD800 為球墨鑄鐵中具有最高抗拉強度。其耐衝擊性及耐內應力性均佳。可利用火焰及高週波感應熱淬火。應用於產業機械及汽機車用汽缸，塑膠機械、風力發電機零件等。

球狀石墨鑄鐵因添加微量合金元素鎂 Mg、鉻 Cr、鉬 Mo 等，故可進行熱處理來增加應用範圍：

(1) 表面熱處理：

表面淬火的目的是提高灰鑄鐵件的表面硬度、耐磨性及抗疲勞性能，如柴油機的曲軸、連桿等可由高週波、中週波等感應加熱表面淬火。另外也可以軟氮化處理，再提高鑄件耐磨性。

(2) 退火：

似灰口鑄鐵般，也可進行消除內應力退火以及改善切削加工性退火，消除鑄件在鑄造冷卻過程中產生的內應力，降低鑄件變形和裂紋，以維持加工後尺寸的穩定、防止變形開裂並增加耐磨性。

(3) 正常化，正火：

退火中的一個分類，可減少應力，提高強度、增加硬度和耐磨性。

(4) 調質：

淬火加上高溫回火兩個過程稱之為調質，可提高綜合力學性能。

3. 可鍛鑄鐵 (Malleable cast iron)：

可鍛鑄鐵，又叫展性鑄鐵或韌性鑄鐵。是由一定成分的白口鑄鐵經石墨化退火獲得的，石墨呈團絮狀，塑性延展性比灰鑄鐵高。因具有較高的強度、塑性和衝擊韌度，可以部分代替碳鋼。

分類如下：

(1) 黑心可鍛鑄鐵 (Blackheart malleable cast iron)：

石墨呈為黑色團絮狀在白色肥粒鐵中，斷口呈黑絨色，故稱黑心可鍛鑄鐵。可用於衝擊或震動和扭轉載荷的零件，常用於製造汽車後橋、彈簧支架、低壓閥門、管接頭、工具扳手等。其符號以 FCMB*** 來稱呼，FC 為鑄鐵，M 為 Malleable(展性)，B 為 Blackheart(黑心)。*** 為最低抗拉強度 N/mm^2，抗拉強度在 $270 \sim 460$ N/mm^2。有：

① FCMB270(FCMB28)270 N/mm^2；

② FCMB310(FCMB32)310 N/mm^2；

③ FCMB340(FCMB35)340 N/mm^2；

④ FCMB360(FCMB37)360 N/mm^2 等四種。

(2) 波來鐵可鍛鑄鐵 (Pearlitic malleable cast iron)：

也稱珠光體可鍛鑄鐵，斷面外緣有脫碳的表皮層，呈灰白色；心部組織為波來鐵珠光體＋團絮狀石墨的可鍛鑄鐵。其強度高，具有一定的韌性和硬度，耐磨性好。經淬火熱處理后其硬度可達 HRC50，耐磨性可達某些低合金鋼的水平。這種鑄鐵適用於要求強度和耐磨性較高的零件，如農機具、汽車、拖拉機零件等。為了穩定波來鐵，減少碳與矽含量，提高含錳量，亦可在鐵液中加入少量銅、錫、鉬、釩、鈦、鉻等元素。可增加細化波來鐵的數量，以提高鑄件的強度及硬度。一般加入銅 0.1 ～ 0.5%，鈦 0.01 ～ 0.02%，錫 0.05 ～ 0.1%。其符號以 FCMP*** 來稱呼，FCM 為可鍛鑄鐵，P 為 Pearlitic(波來鐵)。*** 為最低抗拉強度 N/mm^2，抗拉強度在 440 ～ 800 N/mm^2。有：

① FCMP440(FCMP45)440 N/mm^2；

② FCMP490(FCMP50)490 N/mm^2；

③ FCMP540(FCMP55)540 N/mm^2；

④ FCMP590(FCMP60)590 N/mm^2；

⑤ FCMP690(FCMP70)690 N/mm^2 等五種。

(3) 白心可鍛鑄鐵 (Whiteheart malleable cast iron)：

帶狀波來鐵在白色肥粒鐵中，斷口呈白色，故稱白心可鍛鑄鐵。由於可鍛化退火時間長，成本高而較少應用。其符號以 FCMW*** 來稱呼，FCM 為可鍛鑄鐵，W 為 Whiteheart(白心)。*** 為最低抗拉強度 N/mm^2，抗拉強度在 330 ～ 640 N/mm^2。有：

① FCMW330(FCMW34)330 N/mm^2；

② FCMW370(FCMW38)370 N/mm^2；

③ FCMW440(FCMW45)440 N/mm^2；

④ FCMW490(FCMW50)490 N/mm^2；

⑤ FCMW540(FCMW55)550 N/mm^2 等五種。

8.3 非合金鋼

依照 ISO 的分類基準，非合金鋼的標準如下：

▼表 8.3-1　非合金鋼的標準

標準	分類	化學成分表 %											
		C	Si	Mn	Ni	Cr	Mo	Cu	Pb	V	Ti;Zr	Nb	Al;Co W;Bi Se;Te
ISO	非合金鋼	< 2	< 0.5	< 1.65	< 0.3	< 0.3	< 0.08	< 0.4	< 0.4	< 0.1	< 0.05	< 0.06	< 0.1
	合金鋼	< 2	≧ 0.5	≧ 1.65	≧ 0.3	≧ 0.3	≧ 0.08	≧ 0.4	≧ 0.4	≧ 0.1	≧ 0.05	≧ 0.06	≧ 0.1

各元素對鋼材機械性質的影響說明如下：

鋼材的五大基本元素：

1.　碳 (C，carbon)：可增加強度提高硬化深度及耐磨性，但會降低抗衝擊性、延展性且不利加工。

2.　矽 (Si，silicon)：可促進碳的石墨化，適量有助鋼的流動性，防止氣孔的產生，使鋼的組織結實。但含量高時會增加鋼的脆性並提高淬火所需溫度。

3.　錳 (Mn，manganese)：最能增加鋼的硬化能，並能降低淬火溫度。具有去除氧化硫的功效，淨化鋼的組織。含量超過 12% 時，鋼的耐磨性及強度均增加。

4.　磷 (P，phosphorus)：因為易使鋼產生常溫脆性，降低衝擊抵抗力，所以屬於鋼材元素類中的雜質。但適量的搭配添加能改善鋼的切削性並增加鋼的耐蝕性。

5.　硫 (S，sulfur)：因為易使鋼產生高溫脆性，降低衝擊抵抗力，所以也屬於鋼材元素類中的雜質。但能增加切削時潤滑效果，改善鋼的切削性，因為是影響高溫脆性因此常被添加讓鋼材成為易削鋼。

碳、矽、錳、磷、硫為鋼材的五大基本元素，矽錳亦是合金元素。

非合金鋼因相對容易製造且價格合理，並不需經過太特殊的熱處理程序，因此能被廣泛應用，主要類別為碳鋼。

在碳鋼中添加硫 (S) 和鉛 (Pb，Lead) 可以讓鋼材變得容易加工，其目的乃透過添加物讓切削過程可提早斷屑，並可增加切削中的潤滑來延長刀具壽命節省加工時間。除了硫和鉛以外，其他四種元素也有改善加工性效果，可並稱為易削鋼六元素：S，Pb，Se，Te，Bi，P。

機械業常用之非合金鋼與低合金鋼：

1.　一般結構用軋鋼料 (Steel for Structure，SS***)：
　　符號 SS***，*** 代表著最低抗拉強度，在機械性質中，以抗拉強度最能代表品質的好壞，且易於試驗，SS 非合金鋼材之規格是以最低抗拉強度來決定。

▼表 8.3-2　一般結構用軋鋼料 (SS***)

一般結構用軋鋼料						(CNS 2473 G3039; JIS G 3101)		
種類的記號		化 學 成 份 %				降伏強度	抗拉強度	抗拉強度
新符號	舊符號	C	Mn	P	S	N/mm²	N/mm²	Kgf/mm²
SS330	SS34	-	-	0.05 以下	0.05 以下	195 以上	330~430	34~44
SS400	SS41	-	-	0.05 以下	0.05 以下	235 以上	400~510	41~52
SS490	SS50	-	-	0.05 以下	0.05 以下	275 以上	490~610	50~62
SS540	SS55	0.03 以下	1.6 以下	0.05 以下	0.05 以下	390 以上	540 以上	55 以上
註：SS540 因 Mn 為 1.6% 以下，在分類上介於非合金鋼與低合金鋼之間								

2　鉚釘用圓鋼 (Steel for Rivet，SV***)：
　　符號 SV***，*** 代表最低抗拉強度，SV330 及 SV400 成分與強度和一般結構用軋鋼 SS330 及 SS400 的機械性質幾乎相同；因用途不同而多出的分類為非合金鋼。

▼表 8.3-3　鉚釘用圓鋼 (SV***)

鉚釘用圓鋼						(JIS G 3104)		
種類的記號		化 學 成 份 %				降伏強度	抗拉強度	抗拉強度
新符號	舊符號	C	Mn	P	S	N/mm²	N/mm²	Kgf/mm²
SS330	SS34	-	-	0.04 以下	0.04 以下	195 以上	330~400	34~41
SS400	SS41	-	-	0.04 以下	0.04 以下	235 以上	400~490	41~50
註：SS540 因 Mn 為 1.6% 以下，在分類上介於非合金鋼與低合金鋼之間								

3. 磨光棒鋼用一般鋼材 (Steel for Grinding Drawing，SGD*)：

符號 SGD*，G(Grinding，研磨)，D(Drawing，冷抽引伸)，* 代表等級，為非合金鋼。

▼表 8.3-4　磨光棒鋼用一般鋼材 (SGD*)

磨光棒鋼用一般鋼材					(JIS G 3108)		
種類的記號	化 學 成 份 %				降伏強度	抗拉強度	抗拉強度
新符號	C	Mn	P	S	N/mm²	N/mm²	Kgf/mm²
SGDA	-	-	0.045 以下	0.045 以下		290~390	30~40
SGDB	-	-	0.045 以下	0.045 以下	215 以上	400~510	41~52
SGD1	0.1 以下	0.3~0.6	0.045 以下	0.045 以下			
SGD2	0.1~0.15	0.3~0.6	0.045 以下	0.045 以下			
SGD3	0.15~0.2	0.3~0.6	0.045 以下	0.045 以下			
SGD4	0.2~0.25	0.3~0.6	0.045 以下	0.045 以下			

4. 鍋爐用碳鋼板 (Steel for Boiler，SB***)：

符號 SB***，*** 代表最低抗拉強度，SB340 ～ SB480 非合金鋼成分與強度和碳鋼 S15C ～ S30C 的機械性質幾乎相同。

▼表 8.3-5　鍋爐用碳鋼板 (SB***)

鍋爐用 碳鋼板							(CNS 3331 G3072; JIS G 3103)		
種類的記號		化 學 成 份 %					降伏強度	抗拉強度	抗拉強度
新符號	舊符號	C	Si	Mn	P	S	N/mm²	N/mm²	Kgf/mm²
SB340	SB35	0.22 以下	0.3 以下	0.8 以下	0.035 以下	0.04 以下	185 以上	340~410	35~42
SB410	SB42	0.30 以下	0.15~0.3	0.9 以下	0.035 以下	0.04 以下	225 以上	410~550	42~56
SB450	SB46	0.33 以下	0.15~0.3	0.9 以下	0.035 以下	0.04 以下	245 以上	450~590	46~60
SB480	SB49	0.35 以下	0.15~0.3	0.9 以下	0.035 以下	0.04 以下	265 以上	480~620	49~63

5. 鍊條用圓鋼 (Steel for Bar Chain，SBC***)：

符號 SBC***，*** 代表最低抗拉強度，而 SBC490 及 SBC690 成分中錳 (Mn) 含量在 1.0 ～ 1.9% 之間，分類上介於合金與低合金鋼之間。

▼表 8.3-6　鍊條用圓鋼 (SBC***)

鍊條用 圓鋼							(JIS G 3105)	
種類的記號		化 學 成 份 %					抗拉強度	抗拉強度
新符號	舊符號	C	Si	Mn	P	S	N/mm^2	Kgf/mm^2
SBC300	SBC31	0.13 以下	0.04 以下	0.5 以下	0.04 以下	0.04 以下	300 以上	31 以上
SBC490	SBC50	0.25 以下	0.15~0.4	1.0~1.5	0.04 以下	0.04 以下	490 以上	50 以上
SBC690	SBC70	0.36 以下	0.15~0.55	1.0~1.9	0.04 以下	0.04 以下	690 以上	70 以上
註：SBC490 和 SBC690 因 Mn 為 1.0~1.9% 之間，在分類上屬於低合金鋼與合金鋼間								

6. 熔接構造用耐候熱軋鋼 (Steel for Marine，SM***)：

符號 SM***，M(Marine，船舶，輪機)*** 代表最低抗拉強度，後碼為等級。SM490 ～ SM570 成分中錳 (Mn) 含量在 1.5% 以下，分類上介於非合金與低合金鋼之間。

▼表 8.3-7　熔接構造用熱軋鋼材 (SM***)

熔接構造用 熱軋鋼材							(CNS 2947; JIS G 3106)	
種類的記號		化 學 成 份 %					抗拉強度	抗拉強度
新符號	舊符號	C	Si	Mn	P	S	N/mm^2	Kgf/mm^2
SM400A	SM41A	0.25 以下	-	0.6~1.2	0.04 以下	0.04 以下	400~510	41~52
SM400B	SM41B	0.22 以下	0.35 以下	0.6~1.2	0.04 以下	0.04 以下	400~510	41~52
SM400C	SM41C	0.18 以下	0.35 以下	1.4 以下	0.04 以下	0.04 以下	400~510	41~52
SM490A	SM50A	0.22 以下	0.55 以下	1.5 以下	0.04 以下	0.04 以下	490~610	50~62
SM490B	SM50B	0.20 以下	0.55 以下	1.5 以下	0.04 以下	0.04 以下	490~610	50~62
SM490C	SM50C	0.18 以下	0.55 以下	1.5 以下	0.04 以下	0.04 以下	490~610	50~62
SM490YA	SM50YA	0.20 以下	0.55 以下	1.5 以下	0.04 以下	0.04 以下	490~610	50~62
SM490YB	SM50YB	0.20 以下	0.55 以下	1.5 以下	0.04 以下	0.04 以下	490~610	50~62
SM520B	SM53B	0.20 以下	0.55 以下	1.5 以下	0.04 以下	0.04 以下	520~640	53~65
SM520C	SM53C	0.20 以下	0.55 以下	1.5 以下	0.04 以下	0.04 以下	520~640	53~65
SM570	SM58	0.18 以下	0.55 以下	1.5 以下	0.04 以下	0.04 以下	570~720	58~73
註：SM490~SM570 因 Mn 為 1.5% 以下，在分類上屬於非合金鋼與低合金鋼間								

7. 機械構造用碳鋼 (Steel-Carbon，S**C)(Steel-Kogu，SK*)：

碳鋼是最被大量應用的非合金鋼板族群，符號 S**C，C(Carbon，碳)，** 爲平均碳含量 ±0.03%，直接以碳含量的多寡來進行材料識別，分爲低碳鋼 (C ≦ 0.25%)、中碳鋼 (0.25%<C<0.5%) 及高碳鋼 (0.5% ≦ C)。含碳量高於 0.6% 以上的碳鋼，其熱處理後材質非常堅硬因此常被使用於各種工具中，而命名爲工具鋼，符號 SK*，K(Kogu，日文的工具) * 代表碳含量等級，SK7 經淬火回火後硬度可達 HRC54 以上，SK1 可達 HRC63 以上。SUP3 及 SUP4 則是彈簧鋼中的高碳鋼系。

▼表 8.3-8　機械構造用碳鋼 (S**C)、工具碳鋼及彈簧鋼 (SK*)、SUP3 及 SUP4)

機械構造用碳鋼、工具碳鋼及彈簧鋼 SUP3,SUP4 (CNS 3828；JIS G 4051 , JIS G4401, JIS G4801)									
種類	化 學 成 份 %						降伏點	抗拉強度	硬度
符號	C		Si	Mn	P	S	Kgf/mm²	Kgf/mm²	HB
S10C	0.08~0.13	≒ 0.10					206 以上	314 以上	109~156
S15C	0.13~0.18	≒ 0.15		0.3~0.6			235 以上	373 以上	111~167
S20C	0.18~0.23	≒ 0.20					245 以上	402 以上	116~174
S25C	0.22~0.28	≒ 0.25					265 以上	441 以上	123~183
S30C	0.27~0.33	≒ 0.30					284 以上	471 以上	137~197
S35C	0.32~0.38	≒ 0.35	0.15~0.35		0.03 以下	0.035 以下	304 以上	510 以上	149~207
S40C	0.37~0.43	≒ 0.40					324 以上	539 以上	156~217
S45C	0.42~0.48	≒ 0.45		0.6~0.9			343 以上	569 以上	167~229
S50C	0.47~0.53	≒ 0.50					363 以上	608 以上	179~235
S55C	0.52~0.58	≒ 0.55					392 以上	647 以上	183~255
S58C	0.55~0.61	≒ 0.58					392 以上	647 以上	183~255
SK7	0.6~0.7	≒ 0.65							*217 以下
SK6	0.7~0.8	≒ 0.75							*212 以下
SK5	0.8~0.9	≒ 0.85					Cu<0.3%;		*212 以下
SK4	0.9~1.0	≒ 0.95	0.35 以下	0.5 以下	0.03 以下	0.03 以下	Ni<0.25%;		*207 以下
SK3	1.0~1.1	≒ 1.05					Cr<0.3%;		*207 以下
SK2	1.1~1.3	≒ 1.20							*201 以下
SK1	1.3~1.5	≒ 1.40							*201 以下
SUP3	0.75~0.9	≒ 0.83	0.15~0.35	0.3~0.6	0.035 以下	0.035 以下	Cu<0.3%;		
SUP4	0.9~1.1	≒ 1.0							
註：材料的機械性質都是經正常化 N 後的一般狀態；* 為退火硬度									

8. 快削鋼 (Steel，specialUsed， Machining，SUM**，SUM**L)：

在碳鋼中添加硫 (S) 和鉛 (Pb，Lead) 可以讓鋼材變得容易加工，其目的乃透過添加物讓切削過程可提早斷屑，並可增加切削中的潤滑來延長刀具壽命節省加工時間。符號 SUM**L，後 L 表為含鉛 L(Pb，Lead 鉛)，而在不鏽鋼中常添加 Se(Selenium，硒) 或 Te(Tellurium，碲) 來增加可切削性。快削鋼因為在合金元素中只有單一元素錳 Mn，且其含量在 1.65% 以下，一般將 SUM** 分類皆為非合金鋼。

▼表 8.3-9　硫及硫鉛快削碳鋼 (SUM**L)

硫及硫鉛快削碳鋼				(JIS G 4804)	
種類	化 學 成 份 %				
符號	C	Mn	P	S	Pb
SUM11	0.08~0.13	0.3~0.6	0.04 以下	0.08~0.13	-
SUM12	0.08~0.13	0.6~0.9	0.04 以下	0.08~0.13	-
SUM21	0.13 以下	0.7~1.0	0.07~0.12	0.16~0.23	-
SUM22	0.13 以下	0.7~1.0	0.07~0.12	0.24~0.33	-
SUM22L	0.13 以下	0.7~1.0	0.07~0.12	0.24~0.33	0.1~0.35
SUM23	0.09 以下	0.75~1.05	0.04~0.09	0.26~0.35	-
SUM23L	0.09 以下	0.75~1.05	0.04~0.09	0.26~0.35	0.1~0.35
SUM24L	0.15 以下	0.85~1.15	0.04~0.09	0.26~0.35	0.1~0.35
SUM31	0.14~0.2	1.0~1.3	0.04 以下	0.08~0.13	-
SUM31L	0.14~0.2	1.0~1.3	0.04 以下	0.08~0.13	0.1~0.35
SUM32	0.12~0.2	0.6~1.1	0.04 以下	0.10~0.20	-
SUM41	0.32~0.39	1.35~1.65	0.04 以下	0.08~0.13	-
SUM42	0.37~0.45	1.35~1.65	0.04 以下	0.08~0.13	-
SUM43	0.4~0.48	1.35~1.65	0.04 以下	0.24~0.33	-
註：Cu<0.25%;Ni<0.25%					

雖添加元素可使材料增加可切削性，但也將使得材料相對的耐用性降低，因此此類的材料應用上要特別注意。

9. 碳鋼鑄件 (Steel，Casting，SC***) 與熔接用碳鋼鑄件 (Steel，Casting，Welding，SCW***)：

   符號 SC*** 與 SCW***，C(Casting，鑄造)，W(Welding，熔接)*** 代表最低抗拉強度，乃透過直接鑄造方式的碳鋼，其目的乃透過鑄造獲得具有形狀且高強度的零件，來減少加工。

▼表 8.3-10　碳鋼鑄件 (SC***) 及熔接用碳鋼鑄件 (SCW***)

SC 碳鋼鑄件 ; SCW 熔接用碳鋼鑄件					(JIS G 5101; G5102)		
種類的記號		化 學 成 份 %			降伏強度	抗拉強度	抗拉強度
新符號	舊符號	C	P	S	N/mm^2	N/mm^2	Kgf/mm^2
SC360	SC37	0.20 以下	0.04 以下	0.04 以下	175 以上	360 以上	37 以上
SC410	SC42	0.30 以下	0.04 以下	0.04 以下	205 以上	410 以上	42 以上
SC450	SC46	0.35 以下	0.04 以下	0.04 以下	225 以上	450 以上	46 以上
SC480	SC49	0.40 以下	0.04 以下	0.04 以下	245 以上	480 以上	49 以上
SCW410	SCW42	0.22 以下	0.04 以下	0.04 以下	235 以上	410 以上	42 以上
SCW450	SCW46	0.22 以下	0.04 以下	0.04 以下	255 以上	450 以上	46 以上
SCW480	SCW49	0.22 以下	0.04 以下	0.04 以下	275 以上	480 以上	49 以上
SCW550	SCW56	0.22 以下	0.04 以下	0.04 以下	350 以上	550 以上	56 以上
SCW620	SCW63	0.22 以下	0.04 以下	0.04 以下	430 以上	620 以上	63 以上

10. 碳鋼鍛造件 (Steel，Forging，SF***)：

   符號 SF***，F(Forging，鍛造)，*** 代表最低抗拉強度，乃透過直接鍛造方式的碳鋼，其目的乃透過多次鍛造獲得更高強度的零件。

▼表 8.3-11　碳鋼鍛造件 (SF***)

碳鋼鍛造件							(JIS G 3201)	
種類的記號		化 學 成 份 %					抗拉強度	抗拉強度
新符號	舊符號	C	Si	Mn	P	S	N/mm^2	Kgf/mm^2
SF340A	SF35A						340~440	35~45
SF390A	SF40A						390~490	40~50
SF440A	SF45A						440~540	45~55
SF490A	SF50A	0.60 以下	0.15~0.50	0.3~1.2	0.03 以下	0.035 以下	490~590	50~60
SF540A	SF55A						540~640	55~65
SF590A	SF60A						590~690	60~70
SF640B	SF65B						640~780	65~79

11. 非合金鋼管：不同材質製成的非合金鋼管件及代表符號。

▼表 8.3-12　非合金鋼管

種類的記號		化 學 成 份 %					降伏點	抗拉強度	抗拉強度
新符號	舊符號	C	Si	Mn	P	S	N/mm²	N/mm²	Kgf/mm²
SGP		-	-	-	0.05 以下	0.05 以下		290 以上	30 以上
STP370	STP38	0.25 以下	0.35 以下	0.3~0.9	0.04 以下	0.04 以下	215 以上	370 以上	38 以上
STP410	STP42	0.30 以下	0.35 以下	0.3~1.0	0.04 以下	0.04 以下	245 以上	410 以上	42 以上
STS370	STS38	0.25 以下	0.10~0.35	0.3~1.1	0.035 以下	0.035 以下	215 以上	370 以上	38 以上
STS410	STS42	0.30 以下	0.10~0.35	0.3~1.4	0.035 以下	0.035 以下	245 以上	410 以上	42 以上
STS480	STS49	0.33 以下	0.10~0.35	0.3~1.5	0.035 以下	0.035 以下	275 以上	480 以上	49 以上
STPT370	STPT38	0.25 以下	0.10~0.35	0.3~0.9	0.035 以下	0.035 以下	215 以上	370 以上	38 以上
STPT410	STPT42	0.30 以下	0.10~0.35	0.3~1.0	0.035 以下	0.035 以下	245 以上	410 以上	42 以上
STPT480	STPT49	0.33 以下	0.10~0.35	0.3~1.0	0.035 以下	0.035 以下	275 以上	480 以上	49 以上
STPY400	STPY41	-	-	-	0.05 以下	0.05 以下	225 以上	400 以上	41 以上
STB340	STB35	0.18 以下	0.35 以下	0.3~0.6	0.035 以下	0.035 以下	175 以上	340 以上	35 以上
STB410	STB42	0.32 以下	0.35 以下	0.3~0.8	0.035 以下	0.035 以下	255 以上	410 以上	42 以上
STB510	STB52	0.25 以下	0.35 以下	1.0~1.5	0.035 以下	0.035 以下	295 以上	510 以上	52 以上
STK290	STK30	-	-	-	0.05 以下	0.05 以下	-	290 以上	30 以上
STK400	STK41	0.25 以下	-	-	0.04 以下	0.04 以下	235 以上	400 以上	41 以上
STK490	STK50	0.18 以下	0.55 以下	*1.5 以下	0.04 以下	0.04 以下	315 以上	490 以上	50 以上
STK500	STK51	0.30 以下	0.35 以下	0.3~1.0	0.04 以下	0.04 以下	355 以上	500 以上	51 以上
STK540	STK55	0.23 以下	0.55 以下	*1.5 以下	0.04 以下	0.04 以下	390 以上	540 以上	55 以上
STKM11A		0.12 以下	0.35 以下	0.25~0.60	0.04 以下	0.04 以下		290 以上	30 以上
STKM12A		0.20 以下	0.35 以下	0.25~0.60	0.04 以下	0.04 以下	175 以上	340 以上	35 以上
STKM12B		0.20 以下	0.35 以下	0.25~0.60	0.04 以下	0.04 以下	275 以上	390 以上	40 以上
STKM12C		0.20 以下	0.35 以下	0.25~0.60	0.04 以下	0.04 以下	355 以上	470 以上	48 以上
STKM13A		0.25 以下	0.35 以下	0.3~0.9	0.04 以下	0.04 以下	215 以上	370 以上	38 以上
STKM13B		0.25 以下	0.35 以下	0.3~0.9	0.04 以下	0.04 以下	305 以上	440 以上	45 以上
STKM13C		0.25 以下	0.35 以下	0.3~0.9	0.04 以下	0.04 以下	380 以上	510 以上	52 以上
STKM14A		0.30 以下	0.35 以下	0.3~1.0	0.04 以下	0.04 以下	245 以上	410 以上	42 以上
STKM14B		0.30 以下	0.35 以下	0.3~1.0	0.04 以下	0.04 以下	355 以上	500 以上	51 以上
STKM14C		0.30 以下	0.35 以下	0.3~1.0	0.04 以下	0.04 以下	410 以上	550 以上	56 以上
STKM15A		0.25~0.35	0.35 以下	0.3~1.0	0.04 以下	0.04 以下	275 以上	470 以上	48 以上
STKM15C		0.25~0.35	0.35 以下	0.3~1.0	0.04 以下	0.04 以下	430 以上	580 以上	59 以上
STKM16A		0.35~0.45	0.40 以下	0.4~1.0	0.04 以下	0.04 以下	325 以上	510 以上	52 以上
STKM16C		0.35~0.45	0.40 以下	0.4~1.0	0.04 以下	0.04 以下	460 以上	620 以上	63 以上
STKM17A		0.45~0.55	0.40 以下	0.4~1.0	0.04 以下	0.04 以下	345 以上	550 以上	56 以上
STKM17C		0.45~0.55	0.40 以下	0.4~1.0	0.04 以下	0.04 以下	480 以上	650 以上	66 以上
STKM18A		0.18 以下	0.55 以下	*1.5 以下	0.04 以下	0.04 以下	275 以上	440 以上	45 以上
STKM18B		0.18 以下	0.55 以下	*1.5 以下	0.04 以下	0.04 以下	315 以上	490 以上	50 以上
STKM18C		0.18 以下	0.55 以下	*1.5 以下	0.04 以下	0.04 以下	380 以上	510 以上	52 以上
STKM19A		0.25 以下	0.55 以下	*1.5 以下	0.04 以下	0.04 以下	315 以上	490 以上	50 以上
STKM19C		0.25 以下	0.55 以下	*1.5 以下	0.04 以下	0.04 以下	410 以上	550 以上	56 以上
STKM20A		0.25 以下	0.55 以下	*1.6 以下	0.04 以下	0.04 以下	390 以上	540 以上	55 以上

註：*1.5 與 *1.6 因 Mn 為 1.5% 以下，在分類上屬於非合金鋼與低合金鋼間

8.4 低合金鋼

　　依照前節 ISO 的分類基準，是沒有所謂的低合金鋼分類，而依照 GB 的分類標準，屬於低合金鋼的鋼材也非特定群組，而是散落在某些群組之中，GB 對於低合金鋼分類如下：

▼表 8.4-1　低合金鋼分類

標準	分類	化學成分表 %												
		C	Si	Mn	Ni	Cr	Mo	Cu	Pb	V	Ti;Zr	Nb	Al;Co W;Bi Se;Te
GB	非合金鋼	< 2	< 0.5	< 1.0	< 0.3	< 0.3	< 0.05	< 0.1	< 0.4	< 0.04	< 0.05	<0.02	<0.1
					Ni+Cr+Mo+Cu<0.55								
	低合金鋼	< 2	0.5~ 0.9	1.0~ 1.4	0.3~ 0.5	0.3~ 0.5	0.05~ 0.1	0.1~ 0.5	< 0.4	0.04~ 0.12	0.05~ 0.13	0.02~ 0.06	<0.1
					0.55 ≦ Ni+Cr+Mo+Cu<1.25								
	合金鋼	< 2	≧ 0.9	≧ 1.4	≧ 0.5	≧ 0.5	≧ 0.1	≧ 0.5	≧ 0.4	≧ 0.12	≧ 0.13	≧ 0.06	≧ 0.1
					Ni+Cr+Mo+Cu ≧ 1.25								

　　除單一合金元素的規範外，另外規範合金元素內 Ni(鎳) + Cr(鉻) + Mo(鉬) + Cu(銅) 的總含量不可超過加總含量的 70%，也因此低合金元素並列了 0.55% ≦ Ni + Cr + Mo + Cu < 1.25% 的規範。

　　目前機械工業應用的低合金鋼，幾乎都是錳鋼。

　　可被歸類於低合金鋼的鋼材如下：

1.　8.3 節介紹過的鋼材群組中的某些鋼料：

　　(1)　一般結構用軋鋼料的 SS540

　　(2)　鍊條用圓鋼中的 SBC490

　　(3)　熔接構造用耐候熱軋鋼 SM490 ～ SM570

(4) 鋼管類別中的 STB510、STK490、STK540、STKM18A、STKM18B、STKM18C、STKM19A、STKM19C、STKM20A。

2. 保證硬化機械結構用錳鋼 (Steel，Mn，SMn4**)

▼表 8.4-2　保證硬化機械結構用錳鋼 (SMn4**)

保證硬化機械結構用錳鋼							(CNS 4445; CNS 11999; JIS G 4052;JIS G 4106)	
種類的記號		化 學 成 份 %					降伏強度	抗拉強度
新符號	舊符號	C	Si	Mn	P	S	N/mm^2	N/mm^2
SMn420H	SMn21H	0.16~0.23 ≒ 0.42	0.15~0.35	1.15~1.55	0.03 以下	0.03 以下	-	-
SMn433H	SMn 1H	0.29~0.36 ≒ 0.33	0.15~0.35	1.15~1.55	0.03 以下	0.03 以下	-	-
SMn438H	SMn 2H	0.34~0.41 ≒ 0.38	0.15~0.35	1.3~1.7	0.03 以下	0.03 以下	-	-
SMn443H	SMn 3H	0.39~0.46 ≒ 0.43	0.15~0.35	1.3~1.7	0.03 以下	0.03 以下	-	-
SMn420	SMn21	0.17~0.23 ≒ 0.42	0.15~0.35	1.2~1.5	0.03 以下	0.03 以下	-	690 以上
SMn433	SMn 1	0.3~0.36 ≒ 0.33	0.15~0.35	1.2~1.5	0.03 以下	0.03 以下	540 以上	690 以上
SMn438	SMn 2	0.35~0.41 ≒ 0.38	0.15~0.35	1.35~1.65	0.03 以下	0.03 以下	590 以上	740 以上
SMn443	SMn 3	0.40~0.46 ≒ 0.43	0.15~0.35	1.35~1.65	0.03 以下	0.03 以下	640 以上	790 以上
註 :Cu<0.3%								

這些低合金鋼料皆是 Mn 含量在 1.5% 以下的錳鋼。因為錳最能增加鋼的硬化能，並能降低淬火溫度。具有去除氧化硫的功效，淨化鋼的組織。且經過淬火熱處理後，能得到非常硬度的表層。SMn420(HRC40 ～ 48)、SMn433(HRC50 ～ 57)、SMn438(HRC52 ～ 59)、SMn443(HRC55 ～ 62)。

8.5 合金鋼

依照 ISO 的分類基準，合金鋼的標準如下：

▼表 8.5-1　合金鋼的標準

標準	分類	化學成分表 %											
		C	Si	Mn	Ni	Cr	Mo	Cu	Pb	V	Ti;Zr	Nb	Al;Co W;Bi Se;Te
ISO	非合金鋼	< 2	< 0.5	< 1.65	< 0.3	< 0.3	< 0.08	< 0.4	< 0.4	< 0.1	< 0.05	< 0.06	< 0.1
	合金鋼	< 2	≧ 0.5	≧ 1.65	≧ 0.3	≧ 0.3	≧ 0.08	≧ 0.4	≧ 0.4	≧ 0.1	≧ 0.05	≧ 0.06	≧ 0.1

合金鋼因不易製造且相對價格昂貴，並需經過特殊的熱處理程序，常用成分為鎳、鉻、鉬等元素組成，主要類別有鎳鋼、鎳鉻鋼、鉬鋼、鉻鋼、鉻釩鋼、鎢鋼、鎳鉻鉬鋼、矽錳鋼等。而含鉻量超過 12% 的鋼材稱為不鏽鋼。而隨著醫療產業及航太產業的發展，鋁合金、鈦合金與高鎳基合金也逐漸受到廣泛應用。

針對各合金元素對鋼材機械性質的影響說明如下：

1. 矽 (Si，silicon)：可促進碳的石墨化，適量有助鋼的流動性，防止氣孔的產生，使鋼的組織結實。但含量高時會增加鋼的脆性並提高淬火所需溫度。

2. 錳 (Mn，manganese)：最能增加鋼的硬化能，並能降低淬火溫度。具有去除氧化硫的功效，淨化鋼的組織。含量超過 12% 時，鋼的耐磨性及強度均增加。

3. 鎳 (Ni，nickel)：可增加鋼材韌性、強度、耐高溫、耐磨耗並能增加鋼的抗蝕性，不易變形與生鏽。

4. 鉻 (Cr，chromium)：耐蝕性強，超過 12% 稱為不鏽鋼，可增加鋼材硬度與強度、使晶粒細化提高耐熱性與耐磨耗性。

5. 鉬 (Mo，molybdenum)：可增加鋼材韌性、強度、使晶粒細化提高耐高溫與耐磨耗，改善不鏽鋼的耐蝕性及鎳鉻鋼的回火脆性。且具有良好的切削性。

6. 釩 (V，vanadium)：提高鋼對衝擊及反覆震動的抵抗能力，防止氣孔的產生，晶粒組織密實使鋼的組織結實。提高鋼的高溫強度及應用於切削刀具時可提高切削能力。

7. 鈷 (Co，cobalt)：增加鋼的耐熱性、耐磨性、硬度及強度。鈷含量超過 20% 時，能抵抗高溫軟化。

8. 鎢 (W，Tungsten)：增加鋼的硬化能，使鋼耐磨堅硬。增加鋼的頑磁性，可做為永久磁石。結合鎢與碳元素，形成碳化鎢刀具。

9. 鋁 (Al，aluminium)：強力脫氧劑使鋼的組織結實，並可促進石墨化增加鋼的耐磨性。

10. 鈦 (Ti，titanium)：具有脫酸去氧之功能使鋼的組織結實，在 600℃ 的高溫環境下，仍能保持強度。鈦與碳結合成 TiC 具有優良的切削性。

11. 鉛 (Pb，lead)：毒性物質，能增加可切削性。

12. 鉍 (Bi，bismuth)：毒性比鉛低，能增加可切削性。

13. 硒 (Se，selenium)：非金屬，性質與硫相近能增加可切削性及硬度。

14. 碲 (Te，tellurium)：非金屬，性質與硫相近能增加可切削性及硬度。

易削鋼六元素：S，Pb，Se，Te，Bi，P。

機械業常用合金鋼：

1. 鍋爐用鉬鋼板 (Steel for Boiler，Mo，SB***M)：
    符號 SB***M，*** 代表著最低抗拉強度，M(Mo，鉬)。

▼表 8.5-2　鍋爐用鉬合金鋼板 (SB***M)

鍋爐用鉬合金鋼板						(CNS 3331 G3072; JIS G 3103)		
種類的記號		化 學 成 份 %				降伏強度	抗拉強度	抗拉強度
新符號	舊符號	C	Si	Mn	Mo	N/mm²	N/mm²	Kgf/mm²
SB450M	SB46M	0.25 以下	0.15~0.3	0.9 以下	0.45~0.6	255 以上	450~590	46~60
SB480M	SB49M	0.27 以下	0.15~0.3	0.9 以下	0.45~0.6	275 以上	480~620	49~63
註 1：P 含量 0.035 以下 . S 含量 0.04 以下								
註 2：SB450M 和 SB480M 因 Mo 為 0.45~0.6% 之間，在分類上屬於合金鋼								

2. 低溫用鎳合金鋼板 (Steel with specified Low temperature properties，Ni，SL*N***)：

符號 SL*N***，*N 代表著 *% 的 Ni。

*** 表降伏強度。這樣的符號表示在 JIS 中是非常罕見的分類。

▼表 8.5-3　低溫用鎳合金鋼板 (SL*N***)

低溫用鎳合金鋼板						(CNS 8698; JIS G 3127)		
種類的記號		化 學 成 份 %				降伏強度	抗拉強度	耐低溫
新符號	舊符號	C	Si	Mn	Ni	N/mm²	N/mm²	℃
SL2N255	SL2N26	0.17 以下			2.1~2.5	255 以上	450~590	−70
SL3N255	SL3N26	0.15 以下		0.7 以下	3.25~3.75	255 以上	450~590	−101
SL3N275	SL3N28	0.17 以下			3.25~3.75	275 以上	480~620	−101
SL3N440	SL3N45	0.15 以下	0.15~0.3		3.25~3.75	440 以上	540~690	−110
SL5N590		0.13 以下		1.5 以下	4.75~6.0	590 以上	690~830	−130
SL7N590		0.12 以下		1.2 以下	6.0~7.5	590 以上	690~830	−196
SL9N520	SL9N53	0.12 以下		0.9 以下	8.5~9.5	520 以上	690~830	−196
SL9N590	SL9N60	0.12 以下			8.5~9.5	590 以上	690~830	−196
註：P 和 S 含量皆在 0.025 以下								

3. 鎳鉻合金鋼 (Steel with Ni，Cr，SNC***)：

符號 SNC***，第一碼 * 代表分類。

後 ** 代表碳含量 %，為含有鎳 (Ni) 及鉻 (Cr) 的合金鋼。

▼表 8.5-4　鎳鉻合金鋼 (SNC***)

鎳鉻合金鋼								(CNS 3230 ; JIS G 4102)	
種類的記號		化 學 成 份 %						降伏強度	抗拉強度
新符號	舊符號	C		Si	Mn	Ni	Cr	N/mm²	N/mm²
SNC236	SNC 1	0.32~0.40	≒ 0.36		0.5~0.8	1.0~1.5	0.5~0.9	590 以上	740 以上
SNC415	SNC 21	0.12~0.18	≒ 0.15			2.0~2.5	0.2~0.5	－	790 以上
SNC631	SNC 2	0.27~0.35	≒ 0.31	0.15~0.35		2.5~3.0	0.6~1.0	690 以上	840 以上
SNC815	SNC 22	0.12~0.18	≒ 0.15		0.35~0.65	3.0~3.5	0.7~1.0	－	990 以上
SNC836	SNC 3	0.32~0.40	≒ 0.36			3.0~3.5	0.6~1.0	790 以上	790 以上
註 : P 和 S 含量皆在 0.03 以下									

4. 鎳鉻鉬合金鋼 (Steel with Ni，Cr，Mo，SNCM***)：

符號 SNCM***，第一碼 * 代表分類。

後 ** 代表碳含量 %，為含有鎳 (Ni)、鉻 (Cr) 及鉬 (Mo) 的合金鋼。

▼表 8.5-5　鎳鉻鉬合金鋼 (SNCM***)

鎳鉻鉬合金鋼								(CNS 3271 ; JIS G 4103)	
種類的記號		化 學 成 份 %						降伏強度	抗拉強度
新符號	舊符號	C		Mn	Ni	Cr	Mo	N/mm²	N/mm²
SNCM220	SNCM21	0.17~0.23	≒ 0.22	0.6~0.9	0.4~0.7	0.4~0.65	0.15~0.3	－	840 以上
SNCM240	SNCM 6	0.38~0.43	≒ 0.40	0.7~1.0	0.4~0.7	0.4~0.65	0.15~0.3	790 以上	890 以上
SNCM415	SNCM22	0.12~0.18	≒ 0.15	0.4~0.7	1.6~2.0	0.4~0.65	0.15~0.3	－	890 以上
SNCM420	SNCM23	0.17~0.23	≒ 0.20	0.4~0.7	1.6~2.0	0.4~0.65	0.15~0.3	－	990 以上
SNCM431	SNCM 1	0.27~0.35	≒ 0.31	0.6~0.9	1.6~2.0	0.6~1.0	0.15~0.3	690 以上	840 以上
SNCM439	SNCM 8	0.36~0.43	≒ 0.39	0.6~0.9	1.6~2.0	0.6~1.0	0.15~0.3	890 以上	990 以上
SNCM447	SNCM 9	0.44~0.50	≒ 0.47	0.6~0.9	1.6~2.0	0.6~1.0	0.15~0.3	940 以上	1040 以上
SNCM616	SNCM26	0.13~0.20	≒ 0.16	0.8~1.2	2.8~3.2	1.4~1.8	0.4~0.6	－	1190 以上
SNCM625	SNCM 2	0.20~0.30	≒ 0.25	0.35~0.6	3.0~3.5	1.0~1.5	0.15~0.3	840 以上	940 以上
SNCM630	SNCM 5	0.25~0.35	≒ 0.30	0.35~0.6	2.5~3.5	2.5~3.5	0.5~0.7	890 以上	1090 以上
SNCM815	SNCM25	0.12~0.18	≒ 0.15	0.35~0.6	4.0~4.5	0.7~1.0	0.15~0.3	－	1090 以上
註 : Si 含量皆在 0.15~0.35; P 和 S 含量皆在 0.03 以下									

5. 鉻合金鋼 (Steel with Cr，SCr***)：

符號 SCr***，第一碼 * 代表分類。

後 ** 代表碳含量 %，為含有鉻 (Cr) 的合金鋼。

▼表 8.5-6　鉻合金鋼 (SCr***)

鉻合金鋼							(CNS 3231；JIS G 4104)	
種類的記號		化 學 成 份 %					降伏強度	抗拉強度
新符號	舊符號	C		Si	Mn	Cr	N/mm^2	N/mm^2
SCr415	SCr21	0.13~0.18	≒ 0.15	0.15~0.35	0.6~0.85	0.9~1.2	–	790 以上
SCr420	SCr22	0.18~0.23	≒ 0.20				–	840 以上
SCr430	SCr 2	0.28~0.33	≒ 0.30				640 以上	790 以上
SCr435	SCr 3	0.33~0.38	≒ 0.35				740 以上	890 以上
SCr440	SCr 4	0.38~0.43	≒ 0.40				790 以上	940 以上
SCr445	SCr 5	0.43~0.48	≒ 0.45				840 以上	990 以上
註 : P 和 S 含量皆在 0.03 以下								

6. 鉻鉬合金鋼 (Steel with Cr， Mo，SCM***)：

符號 SCM***，第一碼 * 代表分類。

後 ** 代表碳含量 %，為含有鉻 (Cr) 及鉬 (Mo) 的合金鋼。

▼表 8.5-7　鉻鉬合金鋼 (SCM***)

鉻鉬合金鋼							(CNS 3229；JIS G 4105)	
種類的記號		化 學 成 份 %					降伏強度	抗拉強度
新符號	舊符號	C		Mn	Cr	Mo	N/mm^2	N/mm^2
SCM415	SCM21	0.13~0.18	≒ 0.15	0.6~0.85	0.9~1.2	0.1~0.3	–	840 以上
SCM418		0.16~0.21	≒ 0.18				–	890 以上
SCM420	SCM22	0.18~0.23	≒ 0.20				–	940 以上
SCM421	SCM23	0.17~0.23	≒ 0.21	0.7~1.0			–	990 以上
SCM430	SCM 2	0.28~0.33	≒ 0.30	0.6~0.85			690 以上	840 以上
SCM432	SCM 1	0.27~0.37	≒ 0.32	0.3~0.6	1.0~1.5		740 以上	890 以上
SCM435	SCM 3	0.33~0.38	≒ 0.35	0.6~0.85	0.9~1.2		790 以上	940 以上
SCM440	SCM 4	0.38~0.43	≒ 0.40				840 以上	990 以上
SCM445	SCM 5	0.43~0.48	≒ 0.45				890 以上	1040 以上
SCM822	SCM24	0.20~0.25	≒ 0.22			0.35~0.45	–	1040 以上
註 : Si 含量皆在 0.15~0.35; P 和 S 含量皆在 0.03 以下								

7. 保證硬化錳鉻合金鋼 (Steel withMn，Cr，SMnC***)：

符號 SMnC***，第一碼 * 代表分類。

後 ** 代表碳含量 %，為含有錳 (Mn) 及鉻 (Cr) 的合金鋼。

因含錳合金主要為表面硬化使用。

▼表 8.5-8　保證硬化錳鉻合金鋼 (SMnC***)

保證硬化錳鉻合金鋼						(CNS 4445; CNS 11999; JIS G 4052;JIS G 4106)		
種類的記號		化 學 成 份 %					降伏強度	抗拉強度
新符號	舊符號	C		Si	Mn	Cr	N/mm²	N/mm²
SMnC420H	SMnC21H	0.16~0.23	≒ 0.42	0.15~0.35	1.15~1.55	0.35~0.70	–	–
SMnC443H	SMnC 3H	0.39~0.46	≒ 0.43	0.15~0.35	1.3~1.7		–	–
SMnC420	SMnC21	0.17~0.23	≒ 0.42	0.15~0.35	1.2~1.5		–	840 以上
SMnC443	SMnC 3	0.40~0.46	≒ 0.43	0.15~0.35	1.35~1.65		790 以上	940 以上
註 1：P 和 S 含量皆在 0.03 以下								
註 2：Cu<0.3%								

SMnC420H(HRC40 ～ 48)、SMnC443H(HRC55 ～ 62)。

8. 螺栓用特殊合金鋼 (Alloy steel bolting materials，SNB***)：

符號 SNB***，為特殊螺栓使用之合金鋼。

▼表 8.5-9　螺栓用特殊合金鋼 (SNB***)

螺栓用特殊合金鋼								(JIS G 4107 ; JIS G 4108)	
種類	化 學 成 份 %							耐力	抗拉強度
符號	C	Si	Mn	Ni	Cr	Mo	V	N/mm²	N/mm²
SNB5	0.1 以上	1.0 以下	1.0 以下	–	4.0~6.0	0.4~0.65	–	550 以上	690 以上
SNB7	0.38~0.48	0.2~0.35	0.75~1.0	–	0.8~1.1	0.15~0.25	–	520 以上	690 以上
SNB16	0.36~0.44	0.2~0.35	0.45~0.7		0.8~1.15	0.5~0.65	0.25~0.35	590 以上	690 以上
SNB21	0.36~0.44	0.2~0.35	0.45~0.7		0.8~1.15	0.5~0.65	0.25~0.35	690 以上	790 以上
SNB22	0.39~0.46	0.2~0.35	0.65~1.1	–	0.75~1.2	0.15~0.25		690 以上	790 以上
SNB23	0.37~0.44	0.2~0.35	0.6~0.95	1.55~2.0	0.65~0.95	0.2~0.3		690 以上	790 以上
SNB24	0.37~0.44	0.2~0.35	0.7~0.9	1.65~2.0	0.7~0.95	0.3~0.4		690 以上	790 以上
註 1：#21,22,23,24 四種分為 –1 ～ –5 五級 , 1 級耐力為 1030 以上抗拉強度 1140 以上 . 上表為 5 級的強度									
註 2：#5,7,16 ～ P 和 S 含量皆在 0.04 以下 ; #21,22,23,24 ～ P 和 S 含量皆在 0.025 以下									

8.6 特殊用途使用的合金鋼

特殊用途使用的合金鋼 (alloy Steel，specialUsed，---，SU--***)：

符號 **SU--*** **，**為特殊用途使用的合金鋼。

包括：

(1) SUM***(Machining，切削加工)～快削鋼，易削鋼 (見 8.3-8 節)。

(2) SUP***(SPring，彈簧)～彈簧鋼，因與不鏽鋼首音衝突，取第二字母 P。

(3) SUJ***(Jiku 軸的日文發音)～軸承鋼。

(4) SUS***(Stainless，不生鏽)～不鏽鋼。

(5) SUH***(Heat-resisting，耐熱)～耐熱鋼。

1. 彈簧鋼 (Steel，specialUsed，SPring，**SUP***)：

符號 **SUP*** **，**為特殊用途使用之彈簧鋼。

▼表 8.6-1　彈簧鋼 (SUP***)

彈簧鋼								(JIS G 4801)
種類	化 學 成 份 %						抗拉強度	分類
符號	C	Si	Mn	Cr	V	B	N/mm^2	鋼種
SUP 3	0.75~0.9	0.15~0.35	0.3~0.6	–	–	–	1080 以上	高碳工具鋼
SUP 4	0.9~1.1	0.15~0.35	0.3~0.6	–	–	–	1120 以上	高碳工具鋼
SUP 6	0.55~0.65	1.5~1.8	0.7~1.0	–	–	–	1220 以上	矽合金鋼
SUP 7	0.55~0.65	1.8~2.2	0.7~1.0	–	–	–	1220 以上	矽合金鋼
SUP 9	0.50~0.65	0.15~0.35	0.65~0.95	0.65~0.95	–	–	1220 以上	鉻合金鋼
SUP 9A	0.55~0.65	0.15~0.35	0.7~1.0	0.7~1.0	–	–	1220 以上	鉻合金鋼
SUP 10	0.45~0.55	0.15~0.35	0.65~0.95	0.8~1.1	0.15~0.25	–	1220 以上	鉻合金鋼
SUP 11A	0.55~0.65	0.15~0.35	0.7~1.0	0.7~1.0	–	0.0005 以上	1220 以上	鉻合金鋼
註：P 和 S 含量皆在 0.035 以下								

2. 軸承鋼 (Steel，special Used，Jiku 軸的日文發音，SUJ***)：

符號 **SUJ*****，爲特殊用途使用之軸承鋼。

▼表 8.6-2　軸承鋼 (高碳鉻合金鋼)(SUJ***)

軸承鋼 (高碳鉻合金鋼)					(JIS G 4805)
種類	化 學 成 份 %				
符號	C	Si	Mn	Cr	Mo
SUJ 1		0.15~0.35	0.5 以下	0.9~1.2	< 0.08
SUJ 2		0.15~0.35	0.5 以下	1.3~1.6	< 0.08
SUJ 4	0.95~1.1	0.15~0.35	0.5 以下	1.3~1.6	0.1~0.25
SUJ 3		0.4~0.7	0.9~1.15	0.9~1.2	–
SUJ 5		0.4~0.7	0.9~1.15	0.9~1.2	0.1~0.25
註：P 和 S 含量皆在 0.025 以下；Ni 和 Cu 含量皆在 0.25 以下					

3. 不鏽鋼 (Steel，special Used，Stainless，不生鏽，SUS***)：

符號 **SUS*****，爲特殊用途使用之不鏽鋼。

鋼鐵材料的價格便宜，機械性質優良，產量多且實用性佳，然其缺點爲容易生鏽，而且抵抗化學藥品侵蝕的能力亦差。所以可在鋼中添加鉻及鎳來防鏽及防蝕，此種鋼種稱爲耐蝕鋼 (Corrosion resisting steel)。耐蝕鋼中最具代表性者爲鉻 (Cr，chromium) 含量超過 12% 的不鏽鋼 (Stainless steel)。

依照不鏽鋼的成分可分爲，(1) 鉻系不鏽鋼；(2) 鎳鉻系不鏽鋼。

若依不鏽鋼之組織可分爲，(1) 肥粒鐵系不鏽鋼；(2) 麻田散鐵系不鏽鋼；(3) 奧斯田鐵系不鏽鋼；(4) 析出硬化型不鏽鋼。茲分述如下：

(1) 鉻系不鏽鋼：具磁性。

依組織分爲無法再熱處理的肥粒鐵系不鏽鋼，其質軟容易加工。及組織較肥粒體佳，可熱處理的麻田散鐵系不鏽鋼。

鉻系不鏽鋼為含 12 ～ 28% 鉻、不含鎳或低鎳 (SUS431，Ni 含量 1.25 ～ 2.5%)，含鉻量愈高其耐蝕性愈好。

▼表 8.6-3　鉻系不鏽鋼 (肥粒鐵系)(SUS***)

鉻不銹鋼 (肥粒鐵系)					(JIS G 4303；JIS G 4304；JIS G 4305；JIS G 4318)					
種類	化 學 成 份 %								耐力	抗拉強度
符號	C	Si	Mn	Ni	Cr	Mo	其他	N/mm²	N/mm²
SUS405	0.08 以下				11.5~14.5		Al 0.1~0.3	175 以上	410 以上
SUS410L	0.03 以下	1.0 以下			11~13.5			195 以上	360 以上
SUS429	0.12 以下		1.0 以下		14~16			205 以上	450 以上
SUS430	0.12 以下	0.75 以下			16~18			205 以上	450 以上
SUS430LX	0.03 以下	0.75 以下		0.6 以下	16~19		Ti 或 Nb 0.1~1.0	175 以上	360 以上
SUS430F	0.12 以下		1.25 以下		16~18	0.6 以下	S 0.15 以上；易削	205 以上	450 以上
SUS434	0.12 以下	1.0 以下			16~18	0.75~1.25		205 以上	450 以上
SUS436L	0.03 以下		1.0 以下		16~19	0.75~1.25	N 0.25 以下；Ti 或 Nb 或 Zr 0.3~0.8	245 以上	410 以上
SUS444	0.03 以下				17~20	1.75~2.5		245 以上	410 以上
SUS447J1	0.01 以下	0.4 以下	0.4 以下	0.5 以下	28.5~32	1.5~2.5	N 0.15 以下	295 以上	450 以上
SUSXM27	0.01 以下	0.4 以下	0.4 以下	0.5 以下	25~27.5	0.75~1.5	N 0.15 以下	245 以上	410 以上
鉻不銹鋼 (麻田散鐵系)					(JIS G 4303；JIS G 4304；JIS G 4305；JIS G 4318)				
SUS403	0.15 以下	0.5 以下			11.5~13			205 以上	440 以上
SUS410	0.15 以下	1.0 以下	1.0 以下		11.5~13.5			205 以上	440 以上
SUS410J1	0.08~0.18	0.6 以下			11.5~14	0.3~0.6			
SUS410S	0.08 以下				11.5~13.5			205 以上	410 以上
SUS416	0.15 以下		1.25 以下	0.6 以下	12~14	0.6 以下	S 0.15 以上；易削	205 以上	440 以上
SUS420J1	0.16~0.25		1.0 以下		12~14			225 以上	520 以上
SUS420J2	0.26~0.4				12~14			225 以上	540 以上
SUS420F	0.26~0.4		1.25 以下		12~14	0.6 以下	S 0.15 以上；易削	245 以上	550 以上
SUS429J1	0.25~0.4	1.0 以下			15~17			225 以上	520 以上
SUS431	0.20 以下			1.25~2.5	15~17				
SUS440A	0.6~0.75		1.0 以下		16~18	0.75 以下		245 以上	590 以上
SUS440B	0.75~0.95			0.6 以下	16~18	0.75 以下			
SUS440C	0.95~1.2				16~18	0.75 以下			
SUS440F	0.95~1.2		1.25 以下		16~18	0.75 以下	S 0.15 以上；易削		

註：除 SUS416; 420F; 430F; 440F 的 S 含量為 0.15 以上，其餘 S 含量皆在 0.03 以下

註：除 SUS416; 420F; 430F; 440F 的 P 含量為 0.06 以下及 SUS447J1 的 P 含量為 0.03 以下，其餘 P 含量皆在 0.04 以下

(2) 鎳鉻不鏽鋼：組織在常溫時為奧斯田鐵，質軟韌性好，容易加工不具磁性。鎳鉻系不鏽鋼以 SUS304 為代表含 0.2% 以下的碳、18% 鉻、8% 鎳等，一般又稱為 18-8 型不鏽鋼。

▼表 8.6-4　鎳鉻不鏽鋼 (奧斯田鐵系)(SUS***)

鎳鉻不銹鋼 (奧斯田鐵系)								(JIS G 4303；JIS G 4304；JIS G 4305；JIS G 4318)		
種類	化 學 成 份 %								耐力	抗拉強度
符號	C	Si	Mn	Ni	Cr	Mo	其他		N/mm²	N/mm²
SUS201	0.15 以下		5.5~7.5	3.5~5.5	16~18		N 0.25 以下		275 以上	520 以上
SUS202	0.15 以下		7.5~10	4.0~6.0	17~19		N 0.25 以下		275 以上	520 以上
SUS301	0.15 以下	1.0 以下		6.0~8.0	16~18				205 以上	520 以上
SUS301J1	0.08~0.12			7.0~9.0	16~18				205 以上	570 以上
SUS302	0.15 以下			8.0~10	17~19				205 以上	520 以上
SUS302B	0.15 以下	2.0~3.0	2.0 以下	8.0~10	17~19				205 以上	520 以上
SUS303	0.15 以下			8.0~10	17~19	0.6 以下	S 0.15 以上；易削		205 以上	520 以上
SUS303Se	0.15 以下			8.0~10	17~19		Se 0.15 以上；易削		205 以上	520 以上
SUS304	0.08 以下			8.0~10.5	18~20				205 以上	520 以上
SUS304L	0.03 以下			9.0~13	18~20				175 以上	480 以上
SUS304N1	0.08 以下		2.5 以下	7.0~10.5	18~20		N 0.1~0.25		275 以上	550 以上
SUS304N2	0.08 以下			7.5~10.5	18~20		N 0.15~0.3; Nb 0.15 以下		345 以上	690 以上
SUS304LN	0.03 以下			8.5~11.5	17~19		N 0.12~0.22		245 以上	550 以上
SUS305	0.12 以下			10.5~13	17~19				175 以上	480 以上
SUS305J1	0.08 以下			11~13	16.5~19				175 以上	480 以上
SUS309S	0.08 以下			12~15	22~24				205 以上	520 以上
SUS310S	0.08 以下			19~22	24~26				205 以上	520 以上
SUS316	0.08 以下	1.0 以下		10~14	16~18	2~3			205 以上	520 以上
SUS316L	0.03 以下			12~15	16~18	2~3			175 以上	480 以上
SUS316N	0.08 以下			10~14	16~18	2~3	N 0.1~0.22		275 以上	550 以上
SUS316LN	0.03 以下			10.5~14.5	16.5~18.5	2~3	N 0.12~0.22		245 以上	550 以上
SUS316J1	0.08 以下		2.0 以下	10~14	17~19	1.2~2.75	Cu 1.0~2.5		205 以上	520 以上
SUS316J1L	0.03 以下			12~16	17~19	1.2~2.75	Cu 1.0~2.5		175 以上	480 以上
SUS317	0.08 以下			11~15	18~20	3~4			205 以上	520 以上
SUS317L	0.03 以下			11~15	18~20	3~4			175 以上	480 以上
SUS317J1	0.04 以下			15~17	16~19	4~6			175 以上	480 以上
SUS321	0.08 以下			9~13	17~19		Ti 5*C% 以上		205 以上	520 以上
SUS347	0.08 以下			9~13	17~19		Nb 10*C% 以上		205 以上	520 以上
SUS384	0.08 以下			17~19	15~17					
SUSXM7	0.08 以下			8.5~10.5	17~19		Cu 3~4		175 以上	480 以上
SUSXM15J1	0.08 以下	3.0~5.0		11.5~15	15~20				205 以上	520 以上
鎳鉻不銹鋼 (奧斯田鐵系 * 肥粒鐵系)								(JIS G 4303；JIS G 4304；JIS G 4305；JIS G 4318)		
SUS329J1	0.08 以下	1.0 以下	1.5 以下	3~6	23~28	1~3			390 以上	590 以上
SUS329J2L	0.03 以下			4.5~7.5	22~26	2.5~4	N 0.08~0.3		450 以上	620 以上

註：除 SUS303 的 S 含量為 0.15 以上，其餘 S 含量皆在 0.03 以下

註：除 SUS329 的 P 含量為 0.04 以下，SUS201,202 的 P 含量為 0.06 以下，SUS303,303Se 的 P 含量為 0.2 以下，其餘 P 含量皆在 0.045 以下

(3) 析出硬化不鏽鋼：(Precipitation hardening stainless) 是在鉻鎳系不鏽鋼中再添加其他合金元素，經由奧斯田鐵固溶處理及低溫熱處理後，使其析出分散且不損耐蝕性的金屬間化合物，以提高強度與硬度。析出硬化型不鏽鋼的代表性鋼種有 17-4PH 鋼及 17-7PH 鋼，17-4PH 的析出硬化元素為 Cu，17-7PH 為 Al。

其抗拉強度可提升到 1030 N/mm^2 以上

▼表 8.6-5　鎳鉻不鏽鋼 (析出硬化系)(SUS***)

鎳鉻不銹鋼 (析出硬化系)					(JIS G 4303；JIS G 4304；JIS G 4305；JIS G 4318)					
種類的記號		化 學 成 份 %							耐力	抗拉強度
JIS 符號	AISI 符號	C	Si	Mn	Ni	Cr	Mo	其他	N/mm^2	N/mm^2
SUS630	17-4PH	0.07 以下			3~5	15.5~17.5	Cu 3~5；Nb0.15~0.45		380 以上	1030 以上
SUS631	17-7PH	0.09 以下	1.0 以下	1.0 以下	6.5~7.75	16~18		Al 0.75~1.5	380 以上	1030 以上
SUS631J1		0.09 以下			7~8.5	16~18		Al 0.75~1.5	380 以上	1030 以上
註：P 含量皆在 0.04 以下，S 含量皆在 0.03 以下										

4. 耐熱鋼 (Steel，special Used，Heat-resisting， 耐熱，SUH***)：

耐熱鋼符號 SUH***，為特殊用途使用之耐熱鋼。

耐熱鋼 (Heat resisting steel) 是指在高溫高壓下，仍具有高強度、耐氧化性、耐腐蝕性或潛變強度大的合金鋼材。一般添加的元素計有鎳、鉻、鋁、矽、鎢、鉬、釩、鈷等，其中以 Cr 為主要的添加元素，在鋼材的表面形成一層堅固的氧化膜，以抵抗高溫時的氣體侵蝕。

耐熱鋼依照成分可分為，(1) 鉻系耐熱鋼；(2) 鎳鉻系耐熱鋼。若依組織可分為，(1) 肥粒鐵系耐熱鋼；(2) 麻田散鐵系耐熱鋼；(3) 奧斯田鐵系耐熱鋼。茲分述如下：

(1) 鉻系耐熱鋼：

依組織分為無法再熱處理的肥粒鐵系耐熱鋼，其質軟相對容易加工。及組織較肥粒體佳，可熱處理的麻田散鐵系耐熱鋼。

鉻系耐熱鋼為含 8 ～ 27% 鉻、不含鎳或低鎳 (SUH4，Ni 含量 1.15 ～ 1.65% 與 SUH616，Ni 含量 0.5 ～ 1.0%)，含鉻量愈高其耐熱性愈好。

▼表 8.6-6　鉻耐熱鋼 (肥粒鐵系)(正常化狀態)(SUH***)

鉻耐熱鋼 (肥粒鐵系)(正常化狀態)								(JIS G 4311；JIS G 4312)	
種類	化 學 成 份 %							耐力	抗拉強度
符號	C	Si	Mn	Ni	Cr	Mo	其他	N/mm²	N/mm²
SUH 21	0.10 以下	1.5 以下	1.0 以下	0.6 以下	17~21		Al 2~4	245 以上	440 以上
SUH409	0.08 以下	1.0 以下	1.0 以下	0.6 以下	10.5~11.75		Ti 0.4~0.75	175 以上	360 以上
SUH446	0.20 以下	1.0 以下	1.5 以下	0.6 以下	23~27		N 0.25 以下	275 以上	510 以上
註：P 含量皆在 0.04 以下；S 含量皆在 0.03 以下									
鉻耐熱鋼 (麻田散鐵系)(焠火回火狀態)								(JIS G 4311；JIS G 4312)	
SUH 1	0.4~0.5	3.0~3.5	0.6 以下	0.6 以下	7.5~9.5			685 以上	930 以上
SUH 3	0.35~0.45	1.8~2.5	0.6 以下	0.6 以下	10~12	0.7~1.3		685 以上	930 以上
SUH 4	0.75~0.85	1.75~2.25	0.2~0.6	1.154~1.65	19~20.5			635 以上	880 以上
SUH 11	0.45~0.55	1.0~2.0	0.6 以下	0.6 以下	7.5~9.5			685 以上	880 以上
SUH600	0.15~0.2	0.5 以下	0.5~1.0	0.6 以下	10~13	0.3~0.9	V0.1~0.4; N0.5~1.0; Nb+Ta0.2~0.6	685 以上	830 以上
SUH616	0.2~0.25	0.5 以下	0.5~1.0	0.5~1.0	11~13		W0.75~1.25；V0.2~0.3	735 以上	880 以上
註：P 含量 SUH600;616 在 0.04 以下 , 其餘在 0.03 以下；S 含量皆在 0.03 以下									

(2)　鎳鉻系耐熱鋼：組織在常溫時為奧斯田鐵，質軟韌性好，鎳鉻系的耐熱鋼有較大的高溫強度與潛變強度。奧斯田鐵型的耐熱鋼可用 600℃ 以上的環境。

▼表 8.6-7　鎳鉻耐熱鋼 (奧斯田鐵系)(固溶化熱處理狀態)(SUH***)

鎳鉻耐熱鋼 (奧斯田鐵系)(固溶化熱處理狀態)								(JIS G 4311；JIS G 4312)	
種類	化 學 成 份 %							耐力	抗拉強度
符號	C	Si	Mn	Ni	Cr	Mo	其他	N/mm²	N/mm²
SUH 31	0.35~0.45	1.5~2.5	0.6 以下	13~15	14~16		W 2~3	315 以上	690 以上
SUH 35	0.48~0.58	0.35 以下	8~10	3.25~4.5	20~22		N 0.35~0.5	560 以上	880 以上
SUH 36	0.48~0.58	0.35 以下	8~10	3.25~4.5	20~22		N 0.35~0.5; S0.04~0.09	560 以上	880 以上
SUH 37	0.15~0.25	1.0 以下	1.0~1.6	10~12	20.5~22.5		N 0.15~0.3	390 以上	780 以上
SUH 38	0.25~0.35	1.0 以下	1.2 以下	10~12	19~21	1.8~2.5	B 0.001~0.01	490 以上	880 以上
SUH309	0.20 以下	1.0 以下	2.0 以下	12~15	22~24			205 以上	560 以上
SUH310	0.25 以下	1.15 以下	2.0 以下	19~22	24~26			205 以上	590 以上
SUH330	0.15 以下	1.5 以下	2.0 以下	33~37	14~17			205 以上	560 以上
SUH660	0.08 以下	1.0 以下	2.0 以下	24~27	13.5~16	1.0~1.5	V0.1~0.5; Ti 1.9~2.35; Al 0.35 以下；B 0.001~0.01	590 以上	900 以上
SUH661	0.08~0.16	1.0 以下	1.0~2.0	19~21	20~22.5	2.5~3.5	W 2.0~3.0; Co 18.5~21; N 0.1~0.2; Nb 0.75~1.25	315 以上	690 以上
註：P 含量除 SUH38 為 0.18~0.25 其餘皆在 0.04 以下									
註：S 含量除 SUH36 為 0.04~0.09 其餘皆在 0.03 以下									

5. 不鏽鋼鑄件 (Steel，Casting，Stainless，**SCS*****)：

符號 **SCS*****，為不鏽鋼鑄造產品，依照 JIS G5121 可分類為下列：

SCS1；SCS2；SCS2A；SCS3；SCS4；SCS5；SCS6；SCS10；
SCS11；SCS12；SCS13；SCS13A；SCS14；SCS14A；SCS15；
SCS16；SCS16A；SCS17；SCS18；SCS19；SCS19A；SCS20；
SCS21；SCS22；SCS23。

其中 SCS13 的成分最為接近 SUS304 的鑄造件。

8.7 工具鋼、合金工具鋼

工具鋼系列 (Steel，Kogu，日文的工具，---，SK--***)：

符號 **SK--*****，為可當作工具使用的合金鋼。包括：

(1) SK***(Kogu，日文的工具)～高碳工具鋼 (見 8.3.7 節)。

(2) SKS***(Special， 特殊)～特殊工具鋼。

(3) SKD***(Die，模具)～模具用工具鋼。

(4) SKT***(Tanzo， 鍛造日文發音)～鍛造模用工具鋼。

(5) SK<u>H</u>***(Highspeed steel，高速鋼)～高速工具鋼。

工具合金鋼系列，通常添加可使合金鋼更為強韌的合金元素如：鉻、鎢、鉬、釩、錳、鎳及鈷等，尤其是鎢、釩與鈷以提高碳工具鋼的硬化能、抗衝擊、耐磨耗性、回火軟化的抵抗能力等 (見 8.5 節)。

合金工具鋼依所添加的合金元素不同可分為五類：(1) 切削用合金工具鋼；(2) 耐衝擊用合金工具鋼；(3) 耐磨冷作加工模用合金工具鋼；(4) 熱作加工模用合金工具鋼；(5) 高速度工具鋼，茲分述如下：

1. 特殊用途合金工具鋼 (Steel，<u>K</u>ogu，Special，**SKS*****)：

符號 **SKS*****，為特殊用途使用之合金工具鋼。

SKS** 工具鋼以添加鎢、釩與鉻來達到鋼材的強韌與耐衝擊性。除 SKS5 及 SKS51 含鎳外，其餘淬火回火後的硬度可達 HRC53 以上。

▼表 8.7-1　切削工具用合金鋼 (SKS***)

切削工具用合金鋼								(JIS G 4404)	硬度	
種類	化 學 成 份 %								退火	淬火回火
符號	C	Si	Mn	Ni	Cr	W	V		HB	HRC
SKS 11	1.2~1.3				0.2~0.5	3.0~4.0	0.1~0.3		241 以下	62 以上
SKS 2	1~1.1			0.25 以下	0.5~1.0	1.0~1.5	0.2 以下		217 以下	61 以上
SKS 21	1~1.1					0.5~1.0	0.1~0.25		217 以下	61 以上
SKS 5	0.75~0.85	0.35 以下	0.5 以下	0.7~1.3		–	–		207 以下	45 以上
SKS 51	0.75~0.85			1.3~2.0	0.2~0.5	–	–		207 以下	45 以上
SKS 7	1.1~1.2			0.25 以下		2~2.5	0.2 以下		217 以下	62 以上
SKS 8	1.3~1.5					–	–		217 以下	63 以上

註：P 和 S 含量皆在 0.03 以下
註：Ni 含量對工具鋼而言，常被視為雜質

▼表 8.7-2　耐衝擊工具用合金鋼 (SKS***)

耐衝擊工具用合金鋼							(JIS G 4404)	硬度	
種類	化 學 成 份 %							退火	淬火回火
符號	C	Si	Mn	Cr	W	V		HB	HRC
SKS 4	0.45~0.55	0.35 以下	0.5 以下	0.5~1.0	0.5~1.0	–		201 以下	56 以上
SKS 41	0.35~0.45	0.35 以下	0.5 以下	1.0~1.5	2.5~3.5	–		217 以下	53 以上
SKS 43	1~1.1	0.25 以下	0.3 以下	–	–	0.1~0.25		201 以下	63 以上
SKS 44	0.8~0.9	0.25 以下	0.3 以下	–	–	0.1~0.25		207 以下	60 以上

註：P 和 S 含量皆在 0.03 以下
註：Ni,Cu 含量在 0.2 以下對工具鋼而言，常被視為雜質

▼ 表 8.7-3　冷作加工模具用合金工具鋼 (SKS***)

冷作加工模具用合金工具鋼					(JIS G 4404)		硬度	
種類	化 學 成 份 %						退火	淬火回火
符號	C	Si	Mn	Cr	W	V	HB	HRC
SKS 3	0.9~1.0	0.35 以下	0.9~1.2	0.5~1.0	0.5~1.0	–	217 以下	60 以上
SKS 31	0.95~1.05	0.35 以下	0.9~1.2	0.8~1.2	1~1.5	–	217 以下	61 以上
SKS 93	1.0~1.1	0.5 以下	0.8~1.1	0.2~0.6	–	–	217 以下	63 以上
SKS 94	0.9~1.0				–		217 以下	61 以上
SKS 95	0.8~0.9				–		212 以下	59 以上

註：P 和 S 含量皆在 0.03 以下

註：Ni,Cu 含量在 0.25 以下對工具鋼而言，常被視為雜質

2. 金屬模具用合金工具鋼 (Steel，Kogu，Die，**SKD***)：

符號 **SKD***，為金屬模具用合金工具鋼。

SKD** 工具鋼以添加鉬、鎢、釩與鉻來達到鋼材的強韌與耐衝擊性。SKD 1 含碳量高達 1.8 ～ 2.4% 已是鋼與鐵的分界，並含約 13.5% 的鉻使其具有不鏽鋼的特質，SKD 11 亦與其相似，是冷作金屬模工具鋼中具有非常好耐蝕性能的鋼種。

▼ 表 8.7-4　冷作加工模具用合金工具鋼 (SKD***)

冷作加工模具用合金工具鋼					(JIS G 4404)		硬度	
種類	化 學 成 份 %						退火	淬火回火
符號	C	Si	Mn	Cr	Mo	V	HB	HRC
SKD 1	1.8~2.4	0.4 以下	0.6 以下	12~15	–	–	269 以下	61 以上
SKD 11	1.4~1.6	0.4 以下	0.6 以下	11~13	0.8~1.2	0.2~0.5	255 以下	61 以上
SKD 12	0.95~1.05	0.4 以下	0.6 以下	4.5~5.5	0.8~1.2	0.2~0.5	255 以下	61 以上

註：P 和 S 含量皆在 0.03 以下

註：Ni 含量在 0.5 以下，Cu 含量在 0.25 以下對工具鋼而言，常被視為雜質

▼表 8.7-5　熱作加工模具用合金工具鋼 (SKD***)

熱作加工模具用合金工具鋼								（ JIS G 4404 ）	硬度	
種類	化 學 成 份 %								退火	淬火回火
符號	C	Si	Mn	Cr	Mo	W	V		HB	HRC
SKD 4	0.25~0.35	0.4 以下	0.6 以下	2~3	–	5~6	0.3~.5		235 以下	50 以下
SKD 5	0.25~0.35	0.4 以下	0.6 以下	2~3	–	9~10	0.3~.5		235 以下	50 以下
SKD 6	0.32~0.42	0.8~1.2	0.5 以下	4.5~5.5	1~1.5	–	0.3~.5		229 以下	53 以下
SKD 61						–	0.8~1.2		229 以下	53 以下
SKD 62						1~1.5	0.2~.6		229 以下	53 以下
SKD 7	0.28~0.38	0.5 以下	0.6 以下	2.5~3.5	2.5~3	–	0.4~.7		229 以下	53 以下
SKD 8	0.35~0.45	0.5 以下	0.6 以下	4~4.7	0.3~0.5	3.8~4.5	1.7~2.2		241 以下	55 以下

註：P 和 S 含量皆在 0.03 以下

註：Ni,Cu 含量在 0.25 以下對工具鋼而言，常被視為雜質

3.　鍛造熱作模具用合金工具鋼 (Steel，Kogu，Tanzo，**SKT***)：

符號 **SKT***，為鍛造熱作模具用合金工具鋼。

SKT** 工具鋼為鎳鉻鉬合金鋼的一種，但其熱處理過程較為繁複。

▼表 8.7-6　熱作加工模具用合金工具鋼 (SKT***)

熱作加工模具用合金工具鋼							（ JIS G 4404 ）	硬度	
種類	化 學 成 份 %							退火	淬火回火
符號	C	Si	Mn	Ni	Cr	Mo		HB	HRC
SKT 3	0.5~0.6	0.3 以下	0.6~1.0	0.25~0.6	0.9~1.2	0.3~0.5		235 以下	42 以下
SKT 4	0.5~0.6	0.3 以下	0.6~1.0	1.3~2.0	0.7~1.0	0.2~0.5		241 以下	42 以下

註：可添加 V 含量在 0.2 以下

註：P 和 S 含量皆在 0.03 以下

註：Cu 含量在 0.25 以下對工具鋼而言，常被視為雜質

4. 高速度工具鋼 (Steel，Kogu，Highspeed steel，SKH***)：

符號 **SKH***，為高速度工具鋼。常用來製造切削的刀具，其成分為含有 4% 鉻及鎢、鉬、釩、鈷的鋼種。加工過程的高熱並不會影響其切削能力反而提高其硬度，此性質稱為紅熱硬度或二次硬化。

▼表 8.7-7　高速度工具鋼 (SKH***)

高速度工具鋼										（ JIS G 4403 ）	硬度	
種類的記號		化 學 成 份 %									退火	淬火回火
JIS 符號	AISI 符號	C	Si	Mn	Cr	Mo	W	V	Co		HB	HRC
SKH 2	T1	0.73~0.83	0.4 以下	0.4 以下	3.8~4.5	–	17~19	0.8~1.2	–		248 以下	62 以上
SKH 3	T4	0.73~0.83	0.4 以下	0.4 以下	3.8~4.5	–	17~19	0.8~1.2	4.5~5.5		262 以下	63 以上
SKH 4	T5	0.73~0.83	0.4 以下	0.4 以下	3.8~4.5	–	17~19	1.0~1.5	9.0~11		285 以下	64 以上
SKH 10	T15	1.45~1.6	0.4 以下	0.4 以下	3.8~4.5	–	11.5~13.5	4.2~5.2	4.2~5.2		285 以下	64 以上
SKH 51	M2	0.8~0.9	0.4 以下	0.4 以下	3.8~4.5	4.5~5.5	5.5~6.7	1.6~2.2	–		255 以下	62 以上
SKH 52	M3	1.0~1.1	0.4 以下	0.4 以下	3.8~4.5	4.8~6.2	5.5~6.7	2.3~2.8	–		269 以下	63 以上
SKH 53	M3-2	1.1~1.25	0.4 以下	0.4 以下	3.8~4.5	4.8~6.2	5.5~6.7	2.8~3.3	–		269 以下	63 以上
SKH 54	M4	1.25~1.4	0.4 以下	0.4 以下	3.8~4.5	4.5~5.5	5.3~6.5	3.9~4.5	–		269 以下	63 以上
SKH 55	M35	0.85~0.95	0.4 以下	0.4 以下	3.8~4.5	4.8~6.2	5.5~6.7	1.7~2.3	4.5~5.5		277 以下	63 以上
SKH 56	M36	0.85~0.95	0.4 以下	0.4 以下	3.8~4.5	4.8~6.2	5.5~6.7	1.7~2.3	7.0~9.0		285 以下	63 以上
SKH 57	M44;M48	1.2~1.35	0.4 以下	0.4 以下	3.8~4.5	3.0~4.0	9.0~11	3.0~3.7	9.0~11		285 以下	64 以上
SKH 58	M7	0.95~1.05	0.5 以下	0.4 以下	3.5~4.5	8.2~9.2	1.5~2.1	1.7~2.2	–		269 以下	64 以上
SKH 59	M42	1.0~1.15	0.5 以下	0.4 以下	3.5~4.5	9.0~10	1.3~1.9	0.9~1.4	7.5~8.5		277 以下	65 以上

註：P 和 S 含量皆在 0.03 以下
註：Ni,Cu 含量在 0.25 以下對工具鋼而言，常被視為雜質

8.8 熔接、符號與熔接表示

因應鋼板件的多樣性與大量應用與快速施工，熔接或銲接工法已大量使用在作永久性連接兩物件以上接合處之設計及製造，以達到製造成本低，重量輕且強度高之機構。

熔接符號是用於表示熔接工法，為公認且能依據施工的一組特殊簡單代表的符號。符號內容具備並說明了全部熔接有關之資料，包括熔接接頭之形式、方法、位置、尺度、場所、材料、表面形狀、熔接後加工熔接道

的方法及註解或特殊說明等。

　　這些熔接工法相關資料在鋼結構之工程圖面上，是無法在有限的圖面空間內以文字加以詳細說明，所以必須使用一組經過大眾所認同的圖形、代號、數字等標準的專用符號來代替。因此了解並使用熔接標準符號也是機械工程師在設計與製圖中相當重要的知識與技能。

1.　熔接方法：

　　將兩件欲接合的金屬材料以加熱和加壓使該兩物件沿其接融面熔合的一種作業方式謂之熔接。熔接時，接合面相互滲透結晶，達到金屬原子間結合的目的，而使結構成為一個完整的物體。

　　而讓金屬材料表面被加熱到能重新融合結晶的方法包括：

(1)　電弧熔銲法：以電弧產生高熱將兩銲件加熱到熔點以上，使成液態並熔下銲條，使兩件結合一體，此銲法即為電弧熔銲法，一般稱之為電銲，市售之交流電銲機即是屬於電弧銲接類中之「保護金屬電弧銲接法」(Shielded Metal Arc Welding，SMAW)，可以分為手工銲接、半自動銲接及自動銲接等三種方式來操作。此為機械工業最常用的銲接方法。

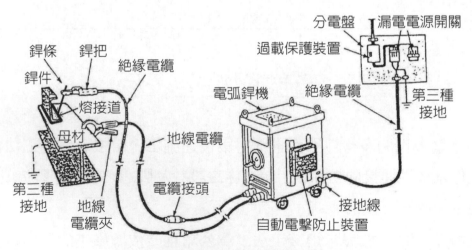

▲圖 8.8-1　交流電弧銲接機之連接與工作法

(2) 氣銲法：利用氣矩，俗稱銲把子，燃燒可燃性混合氣體，沿銲縫
將母材加熱，使之局部熔化，並與填入銲料之熔合後完成熔接之
作業，即為氣銲。「氧乙炔熔接」(Oxyacetylene Welding， OAW)
氣銲也是一種最普遍的熔接方法，施工時亦可不加銲料，至於在
銲接作業中，是否加壓或加銲料視工作需要而定。

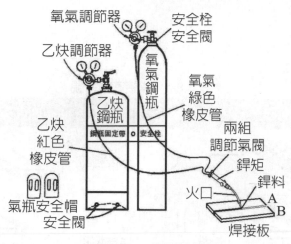

▲圖 8.8-2　氧乙炔熔接

(3) 壓銲法：將兩銲件加熱到接近熔點，成半流體狀態，再以外力錘
擊，或衝壓結合成一體即為壓銲法。如汽車板金結合俗稱為「Spot
點銲」的「電阻點熔接」(Resistance Spot Welding，RSW)。壓銲
法除了電阻加熱外也包括摩擦、高週波、超音波…等方法。

▲圖 8.8-3　電阻點熔接

(4) 臘銲法：一般用於配管管材結合，係利用比母材熔點低的非鐵金
屬合金做為填料，將配合良好之母材組合後，沿接融面均勻加熱，
填入熔化銲料依毛細管作用滲入母材高溫密接面之縫隙中，冷卻

後即完成熔接。可分為銲料合金之熔點在 427 度以上的硬銲 (又名銅銲) 與 427 度以下的軟銲 (又名錫銲) 兩種。

2. 熔接形式與符號

熔接符號組成有五要素：A. 標示線，B. 基本符號，C. 輔助符號，D. 數字或字母，E. 註解或特殊說明。為求更容易了解，先由基本符號介紹起。

(1) 基本符號：

▼表 8.8-1　銲接基本符號

名稱		示意圖	符號	名稱		示意圖	符號
凸緣熔接			八	背後熔接			⌓
起槽熔接	Ｉ型	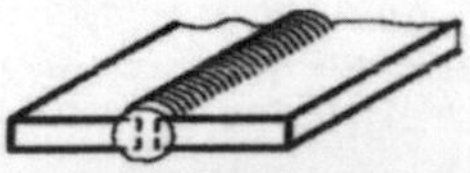	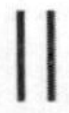 ‖	填角熔接			◺
	Ｖ型		∨				
	單斜型		⋁	塞孔基槽	熔接	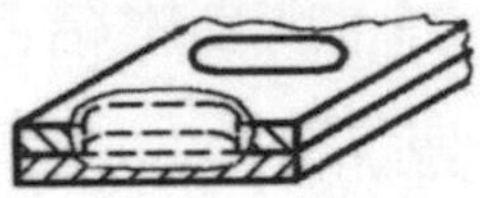	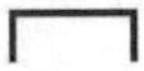 ⊓
	Ｙ型		Ｙ	電阻熔接	點熔接或浮凸熔接	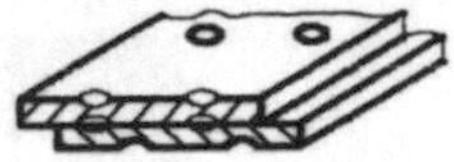	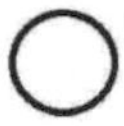 ○
	斜Ｙ型		Ｙ				
	Ｕ型		Ｙ		縫熔接		⊖
	Ｊ型		Ｐ				

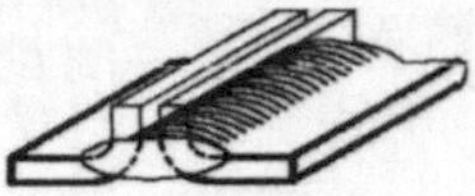

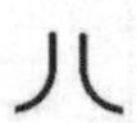

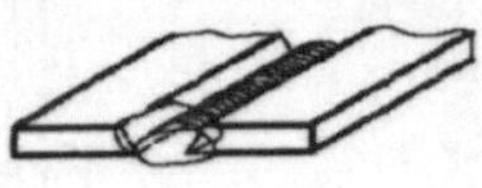

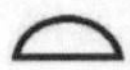

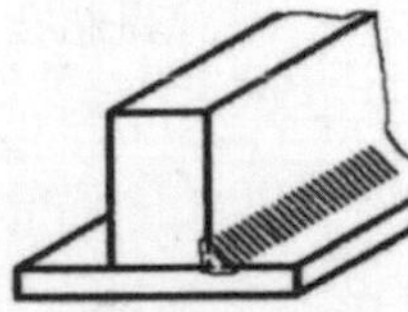

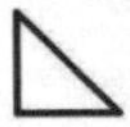

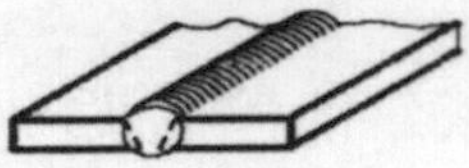

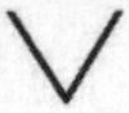

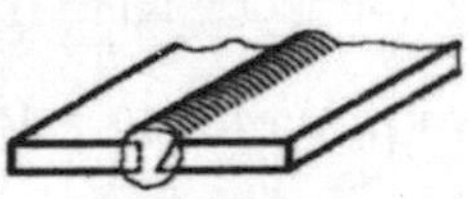

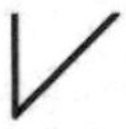

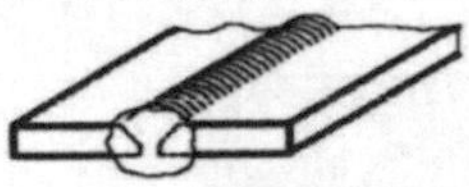

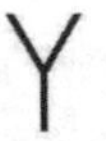

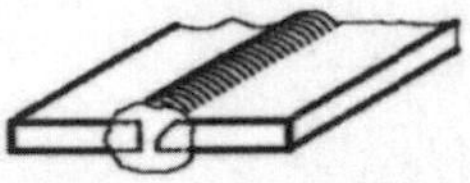

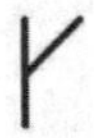

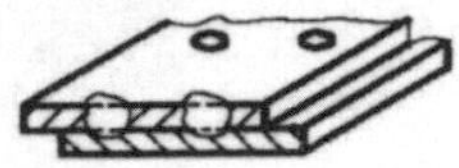

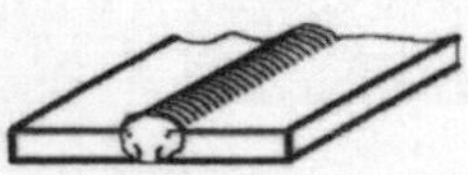

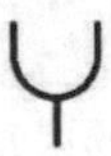

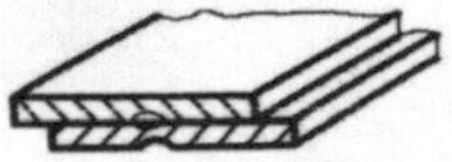

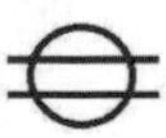

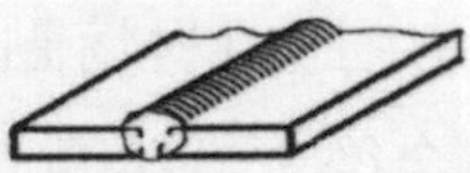

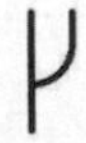

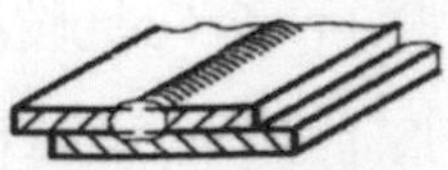

(2) 輔助符號：輔助符號必須配合基本符號使用。

① 用來說明熔接道表面形狀是平面、凸面或凹面。

② 用來說明是全周熔接、現場熔接或全周現場熔接。

▼表 8.8-2　銲接輔助符號

名稱	符號	名稱	符號	名稱	符號
熔接道平面	⎯	熔接道凸面	⌒	熔接道凹面	⌣
全周熔接	○	現場熔接	⚑	現場 全周熔接	⚑⊕

兩種類別的輔助符號，標示的位置不同。

熔接道表面形狀與熔接基本符號標示在一起；

全周熔接或現場熔接則標示在引線與基線交點上。且現場熔接之黑三角尖端需朝向標示線的尾叉。

(3) 標示線：標示線係由箭頭、引線、基線、副基線 (虛線) 及尾叉所組成，如下圖所示：並組成四個 4 個標示區。

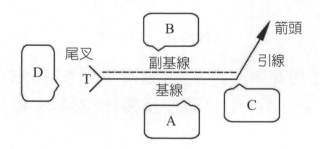

熔接標示線及4個標示區

▲圖 8.8-4　標示線

① A 區：連結基線上，標示箭頭所指示邊的「熔接尺度」，包括熔接深度與強度、熔接基本符號、起槽角度、熔接表面形狀符號、斷續熔接之數目 - 長度 - 斷續距離等熔接尺度。

② B 區：連結副基虛線上，標示箭頭所指示對邊的「熔接尺度」，包括熔接深度與強度、熔接基本符號、起槽角度、熔接表面形狀符號、斷續熔接之數目 - 長度 - 斷續距離等熔接尺度。若對邊與指示邊之銲法相同時，副基虛線省略不畫出。

③ C 區：引線與基線交點上，用來標示全周熔銲接或現場熔接之輔助符號。

④ D 區：用來註解或特別說明，如 J 型或 U 型槽底圓弧半徑 R、槽口寬度 W、熔接方法、熔接註解等。若無特別說明時，包括尾叉也可省略。

(4) 熔接尺度：包括熔接深度與強度、熔接基本符號、起槽角度、熔接表面形狀符號、斷續熔接之數目 - 長度 - 斷續距離等。

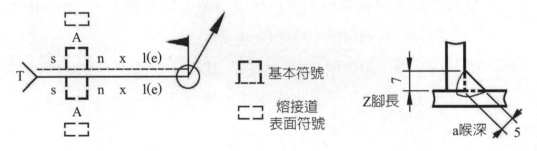

▲圖 8.8-5　熔接尺度

S：包括熔接深度或強度 (全深時應省略) 填角熔接尺度時，Z7 表示銲腳長 7；或以 a5 表示熔接喉深 5

A：起槽角度

n：斷續熔接之數目 (無斷續熔接時應省略)

l：斷續熔接之長度 (必要時可標熔接長度)

e：斷續熔接之斷續距離 (無斷續熔接時應省略)

T：註解或特別說明

3. 熔接形式與符號範例說明：

以熔接道之說明圖，詳圖及熔接符號之標註，分別說明如下：

(1) 填角熔接：

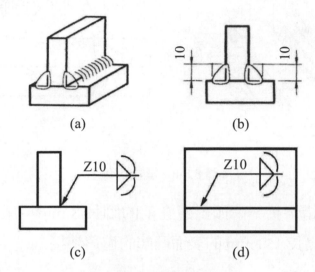

▲圖 8.8-6　填角熔接 -1

雙邊腳長 10 mm 的表面凸起的填角熔接。

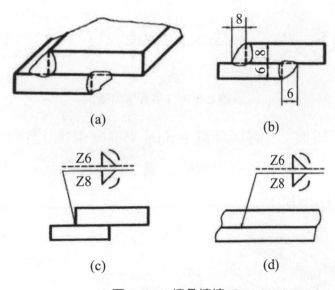

▲圖 8.8-7　填角熔接 -2

箭頭指示邊爲腳長 8 mm，對邊爲腳長 6 mm 的表面凸起的塡角熔接。

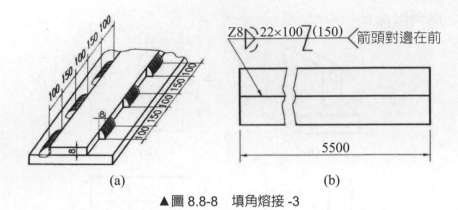

(a)   (b)

▲圖 8.8-8 塡角熔接 -3

雙邊交錯熔接，箭頭對邊在前的腳長 8 mm，每邊 22 段 100 mm 長，間隔長 150 mm 的表面凸起的塡角熔接。

(2) I 型起槽熔接：

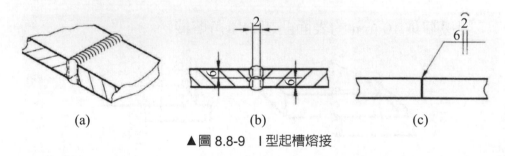

(a)   (b)   (c)

▲圖 8.8-9 I 型起槽熔接

根部間隙爲 2，熔接深度 6 mm(各佔一半厚度，熔接長度爲熔接件全長，則副基線可以省略不畫) 的表面凸起的 I 型起槽熔接。

(3) V 型起槽熔接：

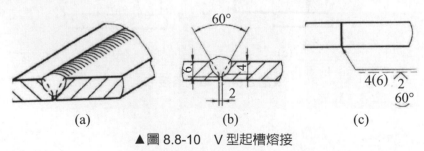

(a)   (b)   (c)

▲圖 8.8-10 V 型起槽熔接

箭頭對邊 (標示在副基線上)V 形 60° 起槽熔接，起槽深度為 4 mm，熔接深度為 6 mm，根部間隙為 2 mm，表面形狀為凸面。

(4) 單斜形起槽熔接 : (雙邊成為 K 形)

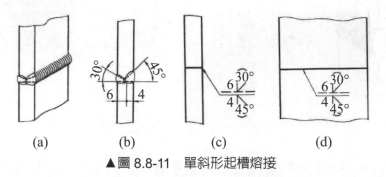

(a)　　　　(b)　　　　(c)　　　　(d)

▲圖 8.8-11　單斜形起槽熔接

箭頭指示邊 45° 起槽深度 4 mm，對邊 30° 起槽深度 6 mm 的單斜形起槽熔接，表面形狀為凸面。

(5) Y 形起槽熔接 : (必須標註熔接深度)

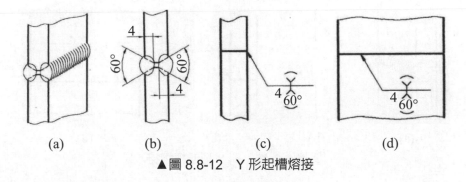

(a)　　　　(b)　　　　(c)　　　　(d)

▲圖 8.8-12　Y 形起槽熔接

雙邊 60° 起槽深度 4 mm，的 Y 形起槽熔接，表面形狀為凸面。

(6) U 形起槽熔接 : (必須標註熔接深度)

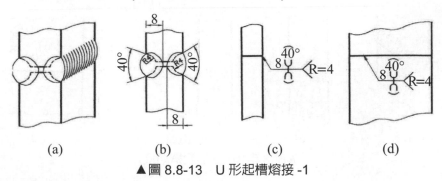

(a)　　　　(b)　　　　(c)　　　　(d)

▲圖 8.8-13　U 形起槽熔接 -1

雙邊 40° 熔接深度 8 mm 圓角 R4 的 U 形起槽熔接，表面形狀爲凸面。

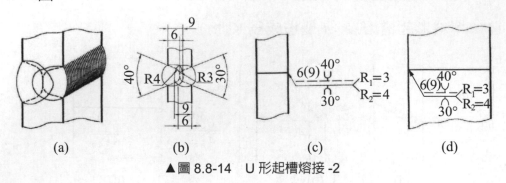

(a)　　　　(b)　　　　(c)　　　　(d)

▲圖 8.8-14　U 形起槽熔接 -2

箭頭指示邊 30° 圓角 R3，對邊 40° 圓角 R4，皆起槽深度 6 mm 熔接深度 9 mm 的雙邊 U 形起槽熔接。(註：R1 表指示邊，R2 表對邊)

(7)　斜 Y 形起槽熔接：(必須標註熔接深度)

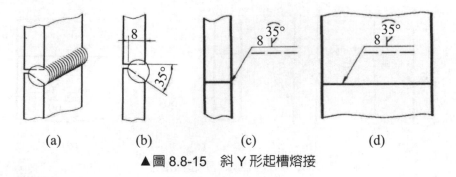

(a)　　　　(b)　　　　(c)　　　　(d)

▲圖 8.8-15　斜 Y 形起槽熔接

箭頭指示邊 35°，熔接深度 8 mm 的單邊斜 Y 形起槽熔接，凸面。

(8)　J 形起槽熔接：(必須標註熔接深度)

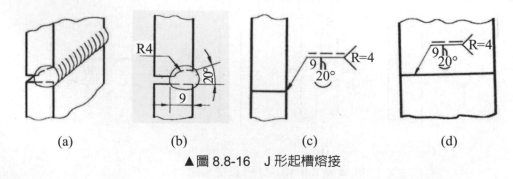

(a)　　　　(b)　　　　(c)　　　　(d)

▲圖 8.8-16　J 形起槽熔接

箭頭指示邊 20°，起槽深度 9 mm 圓角 R4，J 形起槽熔接，凸面。

(9) 雙凸緣熔接：

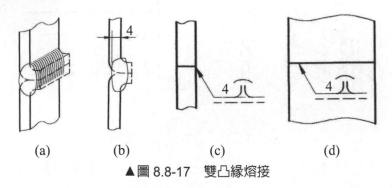

(a)　　　(b)　　　(c)　　　(d)

▲圖 8.8-17　雙凸緣熔接

箭頭指示邊，熔接深度 4 mm，雙凸緣熔接，表面為凸面。

(10) 喇叭形起槽熔接：

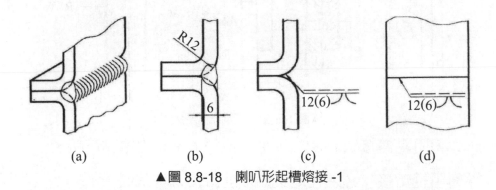

(a)　　　(b)　　　(c)　　　(d)

▲圖 8.8-18　喇叭形起槽熔接 -1

箭頭指示邊，R 角 12 熔接深度 6 mm，喇叭形起槽熔接，表面為凸面。

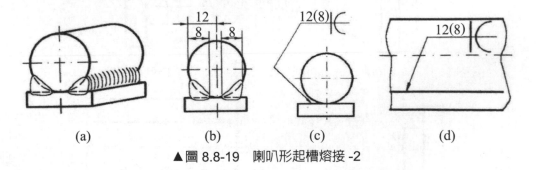

(a)　　　(b)　　　(c)　　　(d)

▲圖 8.8-19　喇叭形起槽熔接 -2

雙邊，R 角 12 熔接深度 8 mm，喇叭形起槽熔接。

(11) 塞孔或塞槽熔接：

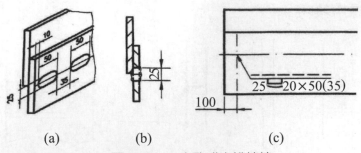

    (a)   (b)   (c)

▲圖 8.8-20　塞孔或塞槽熔接

單邊塞槽熔接，20 處，圓 25 槽長 50 mm，間隔 35 mm，表面凸面。

(12) 電阻點熔接：必須在尾叉內加註熔接方法代號。

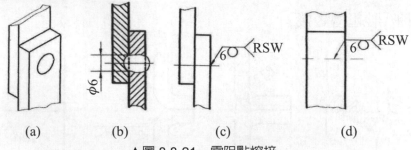

  (a)   (b)   (c)   (d)

▲圖 8.8-21　電阻點熔接

以電阻點熔接法 (RSW)，進行直徑 6 mm 的單點熔接。

(13) 電阻縫熔接：必須在尾叉內加註熔接方法代號。

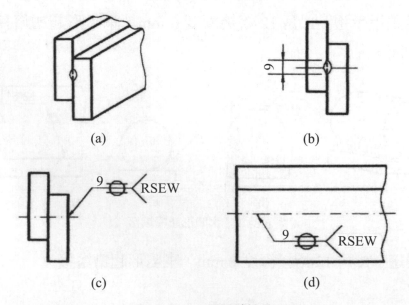

    (a)   (b)

    (c)   (d)

▲圖 8.8-22　電阻縫熔接 -1

在標示線上以電阻縫熔接法 (RSEW)，進行寬度 9 mm 的縫熔接。

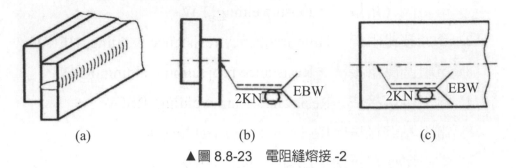

(a)　　　　　　　　　(b)　　　　　　　　(c)

▲圖 8.8-23　電阻縫熔接 -2

在標示線上以電子束銲接 (EBW) 進行縫熔接，銲道強度 2 KN。

4.　熔接方法與代號：

(1)　熔銲法 (電弧熔接法，Arc welding , AW)：

　　① 原子氫弧熔接法，Atomic hydrogen welding, AHW

　　② 碳弧熔接法，Carbon arc welding, CAW

　　③ 包藥銲線電弧熔接法，Flux cored arc welding, FCAW

　　④ 氣體金屬電弧熔接法，Gas metal arc welding, GMAW

　　⑤ 氣體金屬充氣電弧熔接法，GMAW-electrogas, GMAW-EG

　　⑥ 氣體鎢極電弧熔接法，Gas tungsten arc welding, GTAW

　　⑦ 電漿弧熔接法，Plasma arc welding, PAW

　　⑧ 潛弧熔接法，Submerged arc welding, SAW

　　⑨ 保護金屬電弧熔接法，Shielded metal arc welding, SMAW

　　⑩ 螺樁電弧熔接法，Stud arc welding, SW

(2)　氣銲法 (氣體熔接法，Gas welding, GW)：

　　① 空氣乙炔氣體熔接法，Air acetylene welding, AAW

　　② 氧乙炔氣體熔接法，Oxyacetylene welding, OAW

　　③ 氣燃料氣體熔接法，Oxyfule gas welding, OFW

　　④ 氧氫氣體熔接法，Oxyhydrogen welding, OHW

　　⑤ 壓力氣體熔接法，Pressure gas welding, PGW

(3) 電阻銲熔接法，Resistance welding, RW：

 ① 電阻閃光熔接法，Flash welding, FW

 ② 高週波電阻銲，High frequency resistance welding, HFRW

 ③ 電阻凸壓熔接法，Resistance projection welding, RPW

 ④ 電阻縫熔接法，Resistance seam welding, RSEW

 ⑤ 電阻點熔接法，Resistance spot welding, RSW

 ⑥ 電阻壓衝熔接法，Upset welding, UW

(4) 固態銲熔接法，Solid stste welding, SSW)：

 ① 冷壓熔接法，Cold welding, CW

 ② 擴散熔接法，Diffusion welding, DFW

 ③ 爆熱熔接法，Explosion welding, EXW

 ④ 鍛壓熔接法，Forge welding, FOW

 ⑤ 磨擦熔接法，Friction welding, FRW

 ⑥ 高週波熔接法，High frequency welding, HFW

 ⑦ 超音波熔接法，Ultrasonic welding, USW

(5) 其他熔接法：

銲炬銅熔接法 (BT)；銲炬錫熔接法 (TS)；電子束熔接法 (EBW)；雷射熔接法 (LBW)；電熱熔渣熔接法 (ESW)；熔燒熔接法 (FLOW)。

5. 較佳的熔接方法與說明比較：

(1)

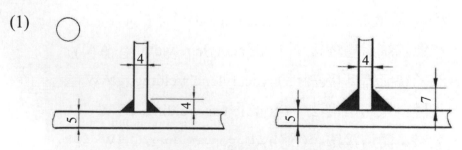

熔接尺度大小經濟性之比較，以左圖較佳。

(2) ○

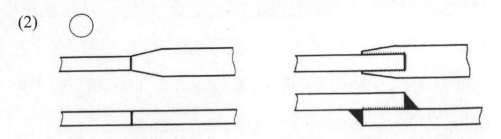

疊板接頭與對接接頭之比較，以左圖較佳。

(3) ○

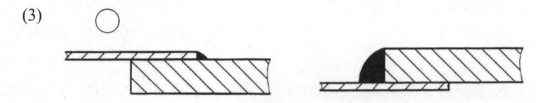

薄板與厚板熔接時之比較，以左圖較佳。

(4) ○

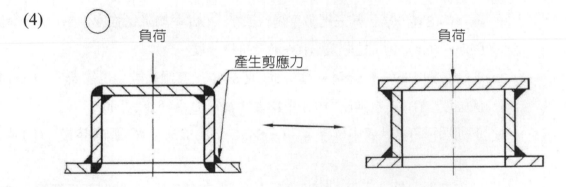

承受負荷時角接頭與 T 形接頭之比較，以右圖較佳。

模擬考題

一、選擇題

(　) 1. 影響鑄鐵分類及機械性能表現的是哪一種物質？　(A)石墨　(B)生鐵　(C)矽　(D)鎳。

(　) 2. 構成鋼材的五大基本元素，不包括？　(A)錳　(B)矽　(C)鎳　(D)碳。

(　) 3. 構成鋼材的五大基本元素，是？　(A)碳矽錳磷硫　(B)碳矽錳鎳鉻　(C)碳錳鎳鉻鉬　(D)錳鎳鉻鉬鈦。

(　) 4. 鋼鐵材含硫量甚低，一般皆在　(A)0.4%　(B)0.2%　(C)0.1%　(D)0.05% 以下。

(　) 5. 鋼鐵材含磷量甚低，一般皆在　(A)0.4%　(B)0.2%　(C)0.1%　(D)0.05% 以下。

(　) 6. 在非合金鋼中，除了碳鋼與易削鋼外，如結構鋼板的 SS400 或熔接用耐候鋼板的 SM490A，其三碼數字是代表？　(A) 平均降伏強度　(B) 最低降伏強度　(C) 平均抗拉強度　(D) 最低抗拉強度。

(　) 7. 非合金鋼中的一般碳鋼，如 S35C 或 S45C，其兩碼數字是代表？　(A) 降伏強度　(B) 抗拉強度　(C) 平均碳含量　(D) 最低碳含量。

(　) 8. 下列哪種符號代表中碳鋼？　(A)S45C　(B)S35C　(C) 兩者皆是　(D) 兩種皆非。

(　) 9. 被稱為拿太魯 (Ductile) 的鑄鐵是　(A) 灰口鑄鐵　(B) 球狀石墨鑄鐵　(C) 黑心可鍛鑄鐵　(D) 白心可鍛鑄鐵。

(　) 10. 鑄件之時效處理，其目的為　(A) 硬化　(B) 軟化　(C) 消除內應力　(D) 增進耐磨性。

(　) 11. 鑄鐵之含碳量通常在　(A)0.2 ～ 0.67%　(B)0.1 ～ 1.8%　(C)2.8 ～ 4.0%　(D)3 ～ 8%。

(　) 12. 製造機械，如希望機械之抗震能力 (Damping Capacity) 佳，應選用　(A) 碳鋼　(B) 合金鋼　(C) 鑄鐵　(D) 高速鐵。

(　) 13. 用來區分鐵和鋼分界的元素是　(A) 錳　(B) 矽　(C) 鎳　(D) 碳。

( ) 14. 常用來當作機架銲接用，C 和 Mn 無要求，最低抗拉強度在 400 N/mm^2 的 SS400 是屬於 (A) 鐵板 (B) 鋼板 (C) 合金鋼板 (D) 不一定。

( ) 15. 不鏽鋼的代碼是 (A)SUJ (B)SUP (C)SUS (D)SUM。

( ) 16. 軸承鋼的代碼是 (A)SUJ (B)SUP (C)SUS (D)SUM。

( ) 17. 彈簧鋼的代碼是 (A)SUJ (B)SUP (C)SUS (D)SUM。

( ) 18. 易削鋼的代碼是 (A)SUJ (B)SUP (C)SUS (D)SUM。

( ) 19. 要增加鋼之抵抗化學品之侵蝕能力，在鋼中宜加 (A) 鉻 (B) 錳 (C) 矽 (D) 鉬。

( ) 20. 不鏽鋼含鉻在 (A)8% (B)12% (C)15% (D)18% 以上。

( ) 21. 18-8 型不鏽鋼，是以那兩種元素的含量而命名？ (A) 鉻、鎳 (B) 鎳、鉬 (C) 鎳、鉻 (D) 鉬、鎳。

( ) 22. 不鏽鋼中，SUS3** 和 SUS4** 的最大差異在於 (A) 鉻 (B) 鎳 (C) 鉬 (D) 錳。

( ) 23. 不鏽鋼中，SUS4** 的共同特徵在於 (A) 通常不具磁性 (B) 可以不含鎳 (C) 兩者皆是 (D) 兩者皆非。

( ) 24. 不鏽鋼中，SUS3** 的共同特徵在於 (A) 通常不具磁性 (B) 含鎳 6% 以上 (C) 兩者皆是 (D) 兩者皆非。

( ) 25. 18-8 型不鏽鋼，通常是指哪一種不鏽鋼？ (A)SUS416 (B)SUS316 (C)SUS631 (D)SUS304。

( ) 26. 易切鋼是以含 (A) 錫 (B) 銅 (C) 鋁 (D) 硫 元素而易於切削。

( ) 27. 鎳與鉻均能增加鋼件之硬度外，尤能增加其 (A) 熱脆性 (B) 冷脆性 (C) 延性 (D) 耐磨性、耐蝕性。

( ) 28. 最能增加鋼之硬化能的元素是 (A) 錳 (B) 鉬 (C) 鉻 (D) 鋁。

( ) 29. 鋼料中添加硫、磷、鉛等元素，可增加其 (A) 強度 (B) 可鍛性 (C) 切削性 (D) 耐磨性。

( ) 30. 被稱之為工具鋼的 SK7 ～ SK1，在分類上是屬於 (A) 合金鋼 (B) 錳鋼 (C) 碳鋼 (D) 低合金鋼。

(　) 31. 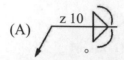 左圖的銲接符號標示，應該是

(A) 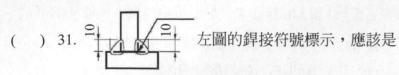 z 10

(B) a 10

(C) z 10

(D) a 10

(　) 32.  左圖的銲接符號標示，應該是

(A) z 6 / z 8

(B) z 8 / z 6

(C) a 8 / a 6

(D) a 6 / a 8

(　) 33. 左圖的銲接符號標示，應該是

(A) 6 30° / 4 45°

(B) 4 45° / 6 30°

(C) 6 45° / 4 30°

(D) 4 30° / 6 45°。

(　) 34. 左圖的銲接符號標示，應該是

(A) 2 4̂

(B) 4 2̂

(C) 2(4)

(D) 4(2)。

(　) 35. 左圖的銲接符號標示，應該是

(A) 9(8) 60°

(B) 8 60°

(C) 8 60°

(D) 9(8) 60°。

36. 如右圖的銲接符號，請回答下列問題

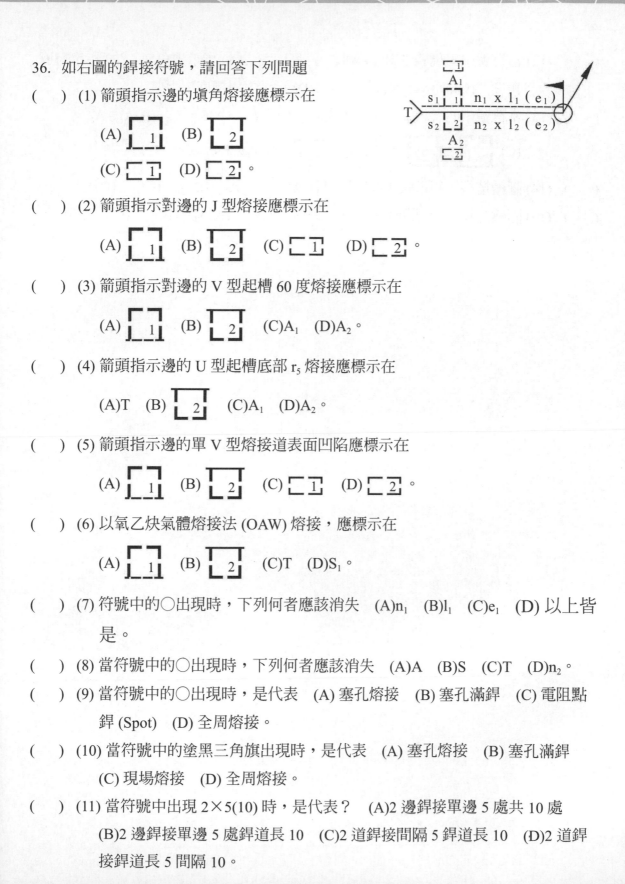

( ) (1) 箭頭指示邊的填角熔接應標示在

(A) [1] (B) [2]

(C) [1] (D) [2]。

( ) (2) 箭頭指示對邊的 J 型熔接應標示在

(A) [1] (B) [2] (C) [1] (D) [2]。

( ) (3) 箭頭指示對邊的 V 型起槽 60 度熔接應標示在

(A) [1] (B) [2] (C)A_1 (D)A_2。

( ) (4) 箭頭指示邊的 U 型起槽底部 r_5 熔接應標示在

(A)T (B) [2] (C)A_1 (D)A_2。

( ) (5) 箭頭指示邊的單 V 型熔接道表面凹陷應標示在

(A) [1] (B) [2] (C) [1] (D) [2]。

( ) (6) 以氧乙炔氣體熔接法 (OAW) 熔接，應標示在

(A) [1] (B) [2] (C)T (D)S_1。

( ) (7) 符號中的○出現時，下列何者應該消失 (A)n_1 (B)l_1 (C)e_1 (D) 以上皆是。

( ) (8) 當符號中的○出現時，下列何者應該消失 (A)A (B)S (C)T (D)n_2。

( ) (9) 當符號中的○出現時，是代表 (A) 塞孔熔接 (B) 塞孔滿銲 (C) 電阻點銲 (Spot) (D) 全周熔接。

( ) (10) 當符號中的塗黑三角旗出現時，是代表 (A) 塞孔熔接 (B) 塞孔滿銲 (C) 現場熔接 (D) 全周熔接。

( ) (11) 當符號中出現 2×5(10) 時，是代表？ (A)2 邊銲接單邊 5 處共 10 處 (B)2 邊銲接單邊 5 處銲道長 10 (C)2 道銲接間隔 5 銲道長 10 (D)2 道銲接銲道長 5 間隔 10。

(　) (12) 當符號中出現 $r_1=3$ 和 $r_2=4$ 時，r_1 是代表　(A) 指示邊角度　(B) 指示對邊角度　(C) 指示邊槽底部半徑　(D) 指示對邊槽底部半徑。

(　) (13) 當符號中的○和虛線都不出現時，是代表　(A)$S_1= S_2$　(B)$A_1 = A_2$　(C) $\boxed{1}$ = $\boxed{2}$ 且 $\boxed{1}$ = $\boxed{2}$　(D) 以上皆是。

(　) (14) 斷續熔接，銲道長 100 應以何者表示　(A)A_1　(B)n_1　(C)l_1　(D)e_1。

(　) (15) 斷續熔接，銲道間隔長 100 應以何者表示　(A)A_1　(B)n_1　(C)l_1　(D)e_1。

CHAPTER

9

機械組立與基準面

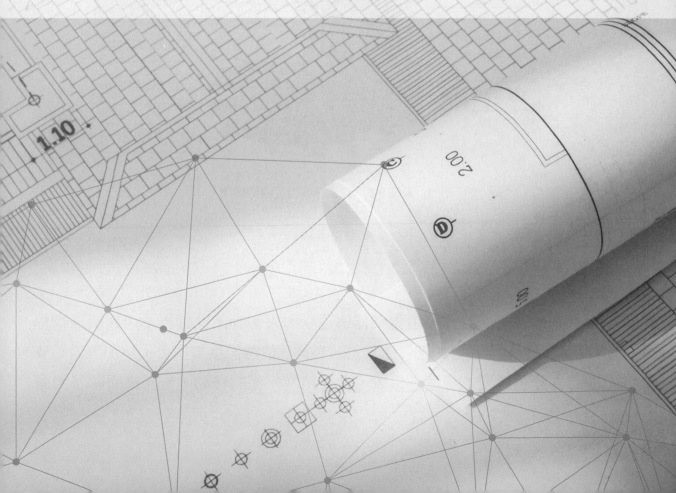

工具機 (Machine tool) 根據國際標準機構 (ISO) 與美國工具機博覽會 (IMTS) 對工具機所下的定義綜合：「一種利用動力驅動且無法以人力攜帶的設備，藉由切削、衝擊等物理、化學或其他方法的組合，以達到加工物料目的之機器皆可定義為工具機。」，即是指動力機械製造裝置，通常用於精密切削金屬以生產其他機器或加工的金屬零件。因此包含車、銑、磨、折彎、剪斷、放電加工、雷射加工等設備都是屬於工具機，近年來由於資訊產業的發達，帶動相關週邊設備的開發，此類產品亦有一部份被歸類成工具機。

立式綜合加工機結構主要構件，如圖 9-1 所示。

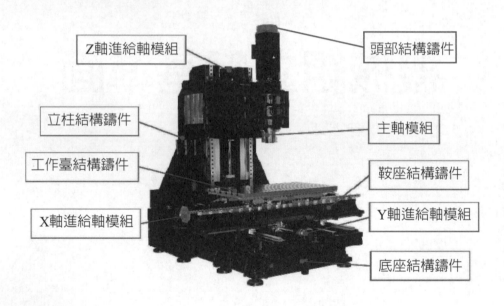

▲ 圖 9-1 立式綜合加工機結構圖

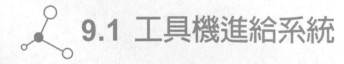

9.1 工具機進給系統

一般以伺服馬達經由聯軸器傳遞動力來驅動滾珠螺桿，透過滾珠螺桿螺帽推動移滑動件 (頭部、工作臺或鞍座) 依數值控制指令，使加工刀具或加工件能依設定的速度、位置、做高精度平穩的移動，整體來看除了考慮機械傳動元件的設計外，還必須要注意到伺服控制問題，所以進給系統就是一套機電整合系統，進給系統之設計要求如下：

1.　機械系統的要求：(1) 系統剛性要求高、(2) 移動部品的慣性要小、(3) 配合件行走摩擦力要小、(4) 自然頻率要高、(5) 阻尼要搭配。

2.　電控伺服系統的要求：(1) 馬達出力要適當、(2) 控制系統要穩定、(3) 位置增益值要適當、(4) 加減速能力要快、(5) 馬達發熱須處理。

　　除上述設計要求重點，設計時產品定位必須符合市場需求，才能製作出高性價比的工具機。

　　X 軸進給軸模組示意圖，如圖 9.1-1 所示。

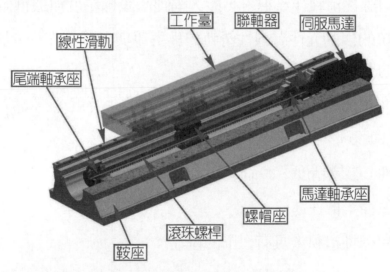

▲圖 9.1-1　X 軸進給軸模組示意圖

　　工具機結構鑄件精度在加工圖面上標註須注意表面粗糙度、尺寸極限與偏差、材料及熱處理、幾何公差及表面處理；另外，在標註時有一個重點往往被忽略，就是選擇正確的基準面，基準面選擇目的在於讓設計基準、加工基準、裝配基準、檢驗基準宜相同，才能容易控制機台精度。

9.2 線性滑軌

線性滑軌爲一種高精密滾動傳動元件，爲滾動式的導軌藉由鋼珠或滾柱在滑塊與滑軌間的軌道產生滾動，進行無限制的滾動循環運動，達到高精度的的進給。與傳統滑動式導軌相較滾動式導軌的摩擦係數小，起動摩擦力的大幅減少，無效運動產生的機會也隨之降低，故能容易達到高精度進給及定位。

而機械加工技術的進步，也使得鋼珠與軌道間的接觸更加準確平滑，配合各家廠商不同的鋼珠排列方式，使得線性滑軌可同時承受各方向的負荷，因此使用線性滑軌作爲導引，能大幅提高設備精度與機械效能。

進給系統的傳動元件有線性滑軌作爲引導與承載工作物 (加工件)，對於線性滑軌的要求如下所示：

1. 導向精度 (垂直與水平面的眞直度、導軌間平行度)。

2. 剛性 (自重變形、局部變形、接觸變形)。

3. 耐磨耗性 (影響精度、壽命)。

4. 運動平穩性：低速進給。

一般使用線性滑軌，具有以下的優點：

1. 靜摩擦 (起動摩擦) 和動摩擦的差值很小，所以不易發生爬行現象。

2. 摩擦係數小約 0.004 ～ 0.008 且穩定，驅動系統可以輕量化。

3. 線軌預壓後可以消除背隙，提高定位精度。

4. 磨耗量小，可以長期維持導軌運動精度。

5. 轉動體的疲勞壽命可以精確的預估。

6. 利用預壓的方法，可以提高剛性。

7. 適合高速運動。

8. 導軌的設計簡單，短時間內可以完成選用設計。

9. 裝配過程較簡單，節省人工成本。

10. 潤滑構造簡單，維護方便。

11. 導軌的種類很多，可適合各種不同的用途。

線性滑軌之組成：

1. 滾柱型式

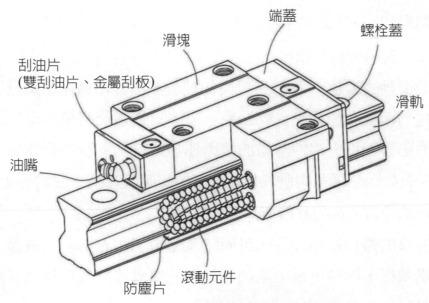

▲圖 9.2-1　滾柱型式線性滑軌示意圖

2. 滾珠型式

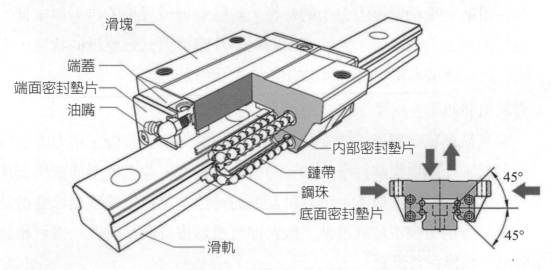

▲圖 9.2-2　滾珠型式線性滑軌示意圖

線性滑軌有以下幾點的特色：

1. 定位精度高

   線性滑軌為線軌與滑塊之間透過滾珠或滾柱做平滑的滾動運動，線性滑軌的摩擦方式為滾動摩擦，因此摩擦阻力可以降低至滑動式導軌的 1/40 ～ 1/50，尤其是靜摩擦非常小，幾乎與動摩擦沒有差異，因此在微量進給時也不會有行走遲滯的現象，高精度解析能力與重現性極佳，能夠實現到 μm 級的高定位精度。

2. 磨耗少可長時間維持精度

   傳統的滑動式導軌， 由於滑動時因油膜黏滯作用易產生運動精度的不良，並且因鏟花能力差異的缺點，易導致軌道接觸率不均，運行時的摩擦力影響精度。線性滑軌的滾動運動系統其潤滑結構簡單，潤滑容易效果良好，接觸面的磨耗低，因此能長時間維持機台的行走精度。

3. 可同時承受各方向的高載荷能力

   線性滑軌的幾何結構設計，可同時承受上下左右方向的載荷，並保持其行走精度，同時可藉由施加預壓與增加滑塊數量來提高其剛性與負載能力。

4. 適合高速化運動的應用降低機台驅動馬力

   線性滑軌其滾動摩擦阻力小的特性，對驅動機械設備的馬力需求低，能夠節省電力消耗量，尤其運動磨耗小及摩擦溫升效應低的特性，可同時實現機械高精度與高速化的需求。

5. 容易組裝並具互換性

   只要在銑削或研磨加工的安裝面上，依建議的組裝步驟、扭力安裝線性滑軌，即能重現線性滑軌加工時的高精密度，並可降低傳統鏟花加工所耗費的時間與成本。且其可互換的特性，可以更換整組線性滑軌甚至是分別更換滑塊或滑軌，機台即可重新獲得高精密度，機台組裝容易，維修保養簡便。

線性滑軌選用原則如表 9.2-1 所示：

▼表 9.2-1 線性滑軌選用原則表

1. 確認使用條件 (計算線性滑軌負荷大小的 必要條件)	應用設備的產品定位
	安裝部位空間限制
	尺寸 (跨距、滑塊個數、滑軌支數)
	使用狀態配置 (水平、垂直、傾斜、掛壁、懸吊等)
	負荷狀態 (工作負荷大小、方向、位置)
	使用頻率 (負荷週期)
	行程長度
	運行速度、加速度
	需求壽命、使用年限
	精度要求
	剛性的要求
	使用環境 (加工材料、表面處理、潤滑、防塵)
2. 型號的選用	選擇相似滾珠螺桿規格的線性滑軌
	依設備需求選擇適合的型式、尺寸、精度等級
3. 工作負荷的計算	計算各滑塊負荷的大小
4. 等效負荷的計算	將各滑塊所承受的各方向負荷轉換成等效負荷
5. 靜安全係數的驗算	以基本額定靜負荷與最大的等效負荷驗算靜安全係數
6. 平均負荷的計算	將運行中的變動負荷平均化，換算成平均負荷
7. 使用壽命的驗算	根據壽命計算式算出行走距離或時間
8. 剛性的確認	選用預壓等級
	決定固定方法
	決定安裝部位的剛性
9. 精度的確定	選用精度等級
	安裝面的精度
10. 潤滑與防塵的設計	潤滑劑種類 (潤滑脂、潤滑油、特殊潤滑劑、免潤滑)
	潤滑方法 (定期手動或強制潤滑)
	確認材料 (普通、不鏽鋼、特殊材料)
	確認表面處理 (防鏽、外觀)
	防塵設計
11. 選用完成	承認圖

線性滑軌圖面繪製時，須標示如表 9.2-2、表 9.2-3 所示的項目，方能確保滿足設計需求。

▼表 9.2-2　線性滑軌標註項目表

基本靜額定負荷 C0(kgf)	精度等級	滑軌高度相互誤差 (mm)
基本動額定負荷 C(kgf)	預壓等級	滑軌寬度相互誤差 (mm)
滑塊型式	潤滑方式	滑軌正彎直度 (mm)
同軸滑軌數量	滑塊對滑軌行走平行度 (mm)	滑軌側彎直度 (mm)
單軌滑塊數量	使用狀態 (與地面角度)	滑軌彎曲不可為 S 形
滑塊預封油脂	滑軌 / 滑塊基準側標示	
預壓力 (kgf)	油管接頭型式	

▼表 9.2-3　線性滑軌軌道剛性與阻尼對照表

軌道剛性與阻尼			
	滾珠線性滑軌	滾柱線性滑軌	硬軌
剛性	50 ～ 70%	70 ～ 90%	100%
阻尼	5 ～ 20%	10 ～ 30%	100%
速度	100 m/min	100 m/min	30 m/min
微量進給	0.1 um	0.1 um	1 um

各種設備使用的線性滑軌精度選用基準參考精度等級分為：普通級 (N)、高級 (H)、精密級 (P)、超精密級 (SP) 與超高精密級 (UP) 五個等級，如表 9.2-4 所示。

▼表 9.2-4　線性滑軌精度選用基準參考表

設備	精度等級				
	N_ 普通級	H_ 高級	P_ 精密級	SP_ 超精密級	UP_ 超超精密級
機械加工中心			★	★	
車床			★	★	
銑床			★	★	
鑽孔機			★	★	
治具搪床				★	★
磨床				★	★
放電加工機			★	★	★
衝壓機械		★	★		
雷射加工機		★	★	★	
木工機	★	★	★		
NC 鑽床		★	★		
攻牙中心		★	★		
線切割機械			★	★	
ATC	★				

9.3 滾珠螺桿

　　滾珠螺桿 (Ballscrew) 是一種鋼珠於螺帽與螺桿之間作運動，將馬達的旋轉運動轉換成直線運動的重要傳動元件，鋼珠滾動運動以降低摩擦損耗，有助於維持高效率及高精度，所以具有定位精度高、高效率、零背隙和可做高速正逆向的傳動及變換傳動等特性，並可透過螺帽施以預壓，消除傳動背隙具備高軸向剛性。

　　滾珠螺桿是將圓周運動轉換成直線運動之重要組件，依用途可分成精密級螺桿及產業級螺桿。滾珠螺桿的標註精度以 JIS 規格 (JIS B1192-1997)

為基準，依精度等級可分細分成 C0、C1、C2、C3、C5、C7、C10 等級。工具機一般使用 C0 ～ C5 等級，各種設備使用的滾珠螺桿精度等級如表 9.3-1 所示：

▼表 9.3-1　滾珠螺桿精度等級表

用途	軸別	精度等級								
		C0	C1	C2	C3	C4	C5	C6	C7	C10
車床	X	★	★	★	★	★	★			
	Z				★	★	★			
綜合切削中心機	X，Y		★	★	★	★	★			
	Z			★	★	★	★			
鑽床	X，Y				★	★	★			
	Z						★	★	★	
平面磨床	X，Y		★	★	★	★	★			
	Z			★	★	★	★			
治具搪床	X，Y	★	★							
	Z	★	★							
外圓磨床	X，Y	★	★	★						
	Z		★	★	★					
放電加工機	X，Y		★	★	★					
	Z			★	★	★	★			
線切割機	X，Y		★	★	★					
	Z		★	★	★	★				
雷射切割機	X，Y				★	★	★			
	Z				★	★	★			

　　滾珠螺桿的選用過程須注意如表 9.3-2、表 9.3-3 所列的條件，並依供應廠商提供計算公式進行選型。

▼表 9.3-2　滾珠螺桿選用條件表

1. 定位精度須求	2. 馬達轉速與快速進給	3. 最大行程	4. 負載條件與加工速度分佈	5. 預期壽命
6. 螺桿 / 螺帽外形尺寸範圍	7. 速度限制	8. 環境溫度與冷卻方式	9. 特殊加工使用環境	10. 選用完成確認

▼表 9.3-3　滾珠螺桿選用原則表

使用條件	
精度選定	導程精度
	預壓扭矩
	滾珠螺桿幾何公差的標示
	精度檢驗標準
軸向餘隙	
軸長的選定	
導程選定	
軸徑選定	
軸支持方法選定	固定 - 固定
	固定 - 支撐
	固定 - 自由
	支撐 - 支撐
容許負荷計算	挫屈負荷
	容許拉伸壓縮負荷
容許轉速計算	危險速度
	滾珠螺桿的 dm.n 值
螺桿軸設計	完全牙 (使用內循環式螺帽時)
	螺桿軸端及螺帽周邊之設計
	有效螺紋兩側端部的硬度
	中間支撐座 (螺桿過長時)

▼表 9.3-3　滾珠螺桿選用原則表 (續)

使用條件	
螺帽型式選定	型式
	循環方式
	珠卷數
	凸緣形狀
	油嘴孔
螺帽負荷計算	水平軸向機構
	垂直軸向機構
	偏斜負荷 (扭矩負荷及徑向負荷)
螺桿系統剛性計算	螺桿軸之軸向剛性
	螺帽之軸向剛性
	支撐軸承的剛性
	螺帽及軸承安裝處之剛性
定位精度之檢討	進給精度誤差的因素
	導程精度的選定
	熱變形對策
壽命之計算	疲勞壽命
	滾珠溝槽的容許負荷
	材料與硬度 (熱處理)
驅動扭矩之檢討	滾珠螺桿之扭矩
	馬達之驅動扭矩
驅動馬達之選定	最高轉速
	馬達之額定扭矩
	馬達之轉子慣性矩
潤滑、防塵	自動間隔給油
	潤滑
	油浴

設計時滾珠螺桿材質可參考表 9.3-4，並在滾珠螺桿圖面繪製時要注意須標示如表 9.3-5 所示項目，以確保滿足需求。

▼表 9.3-4　滾珠螺桿材質對照表

項目	滾珠螺桿材質編號			
	BSI	DIN	AISI	JIS
螺桿	EN43C	1.1213	1055	S55C
		1.7225	4140	SCM440H
	EN19C	1.7228	4150	SCM445H
螺帽	EN34	1.6523	3310	SNCM220
	EN36		8620	SCM420H
				SCM415H
鋼珠	EN31	1.3505	52100	SUJ2

▼表 9.3-5　滾珠螺桿圖面標註項目表

預壓力 (kgf)	導程角 (°)	螺桿支撐方式
根徑 (mm)	額定動負荷 C(kgf)	螺帽型式
彈簧力 (kgf)	額定靜負荷 C0(kgf)	螺紋型式
基準扭矩 (kgf-cm)	導程 (mm)	潤滑方式
預壓扭矩 (kgf-cm)	最大軸向負荷 (kgf)	油管接頭型式
螺旋方向 / 螺紋數	螺桿最高轉速 (rpm)	材質 (螺桿 / 螺帽)
節圓直徑 (mm)	DN 值	熱處理方式 (螺桿 / 螺帽)
鋼珠直徑 (mm)	循環圈數 (圈 x 列)	導程精度 (mm)
軸向餘隙 (mm)	最大進給速率 (m/min)	螺桿安裝部位精度
珠卷數	加速度 (m/sec^2)	防屑方式

9.4 軸承與聯軸器

1. 軸承

    滾珠螺桿兩端支撐用的軸承為高剛性、高精度軸承，用途是支撐滾珠螺桿旋轉，並承受動件移動時巨大的進給軸向力，接觸角一般為 60°，可參考 _NACHI TAB 系列、NSK TAC 系列斜角止推滾珠軸承。

    斜角止推滾珠軸承的特點如下：

(1) 軸向剛性大：滾珠多，接觸角度大。

(2) 摩擦轉矩小：較圓錐或圓筒型滾輪軸承之摩擦轉矩為小，故用小驅動就可以獲得高精度之轉動。

(3) 間隙調整完成：對於組合軸承，已完成最佳之預壓調整，無論任何一種組合 (DB、DF、DT 等) 均能獲得穩定之預壓。

(4) 軸承之安裝簡單：軸承已經預先設定好規定預壓，節省安裝扭矩預壓調整，故能使安裝簡單化。

(5) 使用方便：內環和外環係不是分離型的，故使用極為方便。

    圖 9.4-1 是各種型式的軸承組合，在繪製圖面時需注意對應軸承的軸、孔尺寸公差標註時可參考表 9.4-1 軸與軸承座尺寸精度建議表。

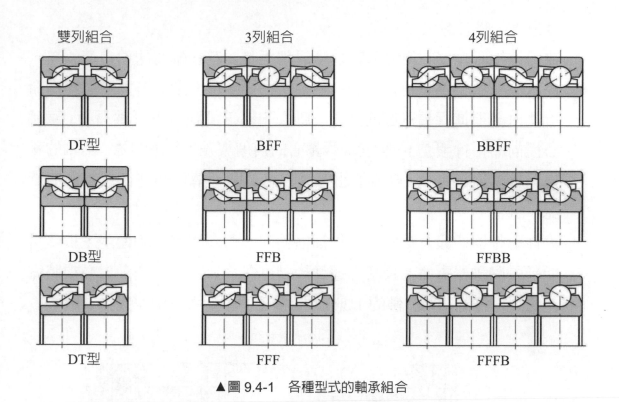

雙列組合　　　　3列組合　　　　4列組合

DF型　　　　BFF　　　　BBFF

DB型　　　　FFB　　　　FFBB

DT型　　　　FFF　　　　FFFB

▲圖 9.4-1　各種型式的軸承組合

▼表 9.4-1　軸與軸承座的尺寸精度建議表

軸與軸承座孔的尺寸容許差異值單位：μm					
軸與軸承座孔的 公稱尺寸 (mm)		軸的尺寸 容許差異值 h5		軸承座孔的尺寸 容許差異值 H6	
大於	以下	上限	下限	上限	下限
10	18	0	−8	11	0
18	30	0	−9	13	0
30	50	0	−11	16	0
50	80	0	−13	19	0
80	120	0	−15	22	0

2. 聯軸器

聯軸器一般可區分為兩大類，剛性聯軸器跟撓性連軸器，剛性聯軸器
對於兩軸間同心度之要求相當高。撓性聯軸器的優點在允許滾珠螺桿
與伺服馬達心軸間較大的軸偏移量，如圖 9.4-2 所示，其缺點是不同心

度愈差，噪音愈大。

雖然撓性聯軸器在傳導運轉角度或轉矩時，容許軸心的偏差值誤差，但若偏差值誤差超過容許值，聯軸器將會出現振動並有加速縮短壽命可能，必須進行偏差值的調整。軸心的偏差值誤差可分為偏心（兩軸心徑向的平行誤差）、偏角（兩軸心的角度誤差）及軸間隙（兩軸的軸向偏移）。為確保偏差值不超出容許值範圍，請務必進行偏差值的確認、調整。

撓性聯軸器的設計結構，可以補償軸向、角向和徑向的偏差，為盡可能延長聯軸器壽命，長時間運轉後仍可保證無背隙的運動，必須將偏差值誤差控制在容許值的 1/3 以下（偏差值請參考各廠家提供資料）。

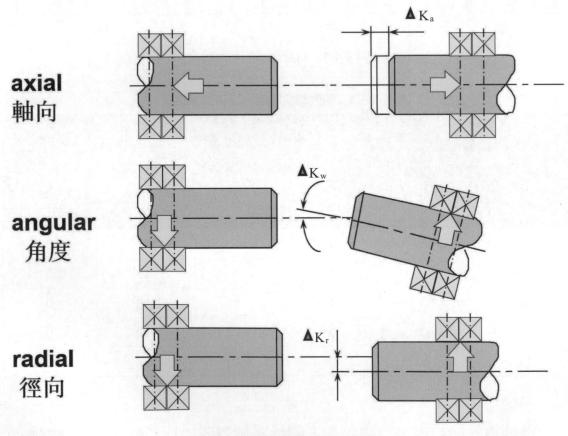

▲圖 9.4-2　聯軸器偏差示意圖

▼表 9.4-2　聯軸器技術參數

技術參數	符號	定義或解釋
聯軸器的額定扭力	TKN	在允許的速度範圍內連續運轉所能傳遞的扭力
聯軸器的最大扭力	TKmax	可被傳遞的短暫扭力 (如緊急關閉) ·TK max = 1，5 · TKN
設備的峰值扭力	Ts	作用於聯軸器的峰值扭力
驅動端的峰值扭力	TAS	驅動端的峰值扭力如馬達急停時的衝擊扭力
被動端的峰值扭力	TLS	被動端受衝擊時的最大瞬時扭力如煞車時產生的扭力
轉動慣量	JA/JL	聯軸器正常轉速下驅動端或被動端的轉動慣量總和
驅動端的轉動慣量係數	mA	在驅動端發生衝擊和振動時需要考慮的質量分配
技術參數	符號	定義或解釋
被動端的轉動慣量係數	mL	在被動端發生衝擊和振動時需要考慮的質量分配
摩擦扭力	TR	軸與軸套連結時可傳遞的摩擦扭力
馬達最大功率	Pmax.	馬達最大功率
馬達轉速	n	馬達額定轉速
扭轉角	ϕ	扭轉變形導致的波紋管傳遞差值
扭轉剛性	CT	聯軸器的扭轉剛性格
系統頻率	fe	單位 S^{-1}
共振頻率	fr	單位 S^{-1}
安全係數	k	k = 1.5 平穩傳動 k = 2.0 不均速傳動 k = 2.5 – 4 有衝擊負載 對於機台的伺服馬達 k 可取 1.5 – 2
螺絲鎖緊扭力	TA	螺絲鎖緊扭力
驅動端的額定扭力	TAN	由功率和轉速計算
溫度係數	St	需考慮彈性體在受力時特別是高溫情況下產生的變形
扭轉剛性係數	Sd	考慮不同應用場合下對聯軸器扭轉剛性的不同要求
衝擊係數	SA	驅動端或被動端受衝擊時需要考慮的係數

聯軸器選型是根據技術參數中的額定扭力來進行的，聯軸器的額定扭力必須大於實際傳動的最大扭力，主要是因爲必須考慮伺服馬達在正反轉時由於加減速產生的附加扭力很大，如果傳動扭力超過聯軸器的額定扭力，有可能發生變形或疲勞斷裂的危險，所以必須依各廠家提供資料，滿足須求條件。

聯軸器常用型式有以下三種，可依需求及廠商提供相關技術資料選型，並提供廠商聯軸器選用條件做確認，再請廠商提供承認圖。

(1) 無背隙彈性聯軸器：

▲圖 9.4-3　無背隙彈性聯軸器圖

無背隙彈性聯軸器的設計結構，可以補償軸向、角向和徑向的偏差，同時不會造成彈性體的磨損和提前失效。由於彈性體一般僅受正壓力，長時間運轉後仍可保證無背隙的運動。

彈性體有五種以顏色區分的不同硬度的彈性體，材質由軟到硬，因此可根據扭轉剛性、減震等性能很容易選擇以適應於不同場合。預壓值取決於軸套大小、彈性體／材料，和產品的公差。

無背隙彈性聯軸器有正反轉無背隙和吸收振動的優點。當傳動系統存在比較大的振動時，過高的扭轉剛性反而成了嚴重的缺點，而導致傳動精度大幅度降低。因此無背隙彈性聯軸器是一種最好的選擇，即使對於高動態的伺服傳動系統，其無背隙、吸收振動和具有足夠的剛性等優點，也能確保系統的傳動精度。

① 軸向插入式組裝。

② 透過選用不同硬度的彈性體來調節減振性能。

③ 設計緊湊，拆裝簡便，電氣絕緣。

④ 傳遞扭力大，扭轉剛性適中可減少振動，較適用於直徑 $\phi40$ mm 以下滾珠螺桿傳動。

⑤ 錐度脹緊式軸套動平衡性能好，可有效減少切削振動。

▼表 9.4-3　聯軸器規格與容許偏差表

容許偏差				
規格	彈性體硬度	標準偏差		
		軸向 △Ka[mm]	徑向 △Kr[mm]	角度 △Kw[°]
19	80 sh-A	+1.2 −0.5	0.15	1.1°
	92 sh-A		0.1	1.0°
	98 sh-A		0.06	0.9°
	64 sh-D		0.04	0.8°
24	80 sh-A	+1.4 −0.5	0.14	1.0°
	92 sh-A		0.1	0.9°
	64 sh-D		0.07	0.8°
	72 sh-D		0.04	0.7°
28	80 sh-A	+1.5 −0.7	0.15	1.0°
	92 sh-A		0.11	0.9°
	64 sh-D		0.08	0.8°
	72 sh-D		0.05	0.7°
38	80 sh-A	+1.8 −0.7	0.17	1.0°
	92 sh-A		0.12	0.9°
	64 sh-D		0.09	0.8°
	72 sh-D		0.06	0.7°
42	80 sh-A	+2.0 −1.0	0.19	1.0°
	92 sh-A		0.14	0.9°
	64 sh-D		0.1	0.8°
	72 sh-D		0.07	0.7°

▼表 9.4-3　聯軸器規格與容許偏差表 (續)

容許偏差				
規格	彈性體硬度	標準偏差		
		軸向 △Ka[mm]	徑向 △Kr[mm]	角度 △Kw[°]
48	80 sh-A	+2.1 −1.0	0.23	1.0°
	92 sh-A		0.16	0.9°
	64 sh-D		0.11	0.8°
	72 sh-D		0.08	0.7°
55	80 sh-A	+2.2 −1.0	0.24	1.0°
	92 sh-A		0.17	0.9°
	64 sh-D		0.12	0.8°
	72 sh-D		0.09	0.7°
65	95 sh-A	+2.6 −1.0	0.18	0.9°
	64 sh-D		0.13	0.8°
	72 sh-D		0.1	0.7°
75	95 sh-A	+3.0 −1.5	0.18	0.9°
	64 sh-D		0.13	0.8°
90	95 sh-A	+3.4 −1.5	0.18	0.9°
	64 sh-D		0.13	0.8°

▼表 9.4-4 聯軸器彈性體材質表

彈性體						
彈性體硬度	顏色	材質	容許工作溫度 [°C]		可供規格	典型應用
			連續	瞬間		
80 Sh-A-GS	藍色	聚胺酯	−50 to +80	−60 to +120	5 to 24	• 電子測量系統的傳動
92 Sh-A-GS	黃色	聚胺酯	−40 to +90	-50 to +120	5 to 55	• 電子測量和控制系統的傳動 • 主軸傳動
95/98-Sh A-GS	紅色	聚胺酯	−30 to +90	-40 to +120	5 to 90	• 定位傳動 • 一主軸傳動 • 高負荷
64 Sh-D-H-GS	綠色	Hytrel	−50 to +120	−60 to +150	7 to 38	• 控制傳動 / 機台主軸行星 • 齒輪 / 進給傳動 • 高負荷，扭轉剛性，承受 • 環境溫度高
64 Sh-D-GS	綠色	熱塑性聚酯	−20 to +110	−30 to +120	42 to 90	• 更高的負荷 • 更高的扭轉剛性
72 Sh-D-H-GS	灰色	Hytre	−50 to +120	−60 to +150	24 to 38	• 非常高的扭轉剛性 • 非常高的負荷
72 Sh-D-GS	灰色	熱塑性聚酯	−20 to +110	−30 to +120	42 to 65	• 非常高的扭轉剛性 • 非常高的負荷

無背隙彈性聯軸器選型時必須滿足以下技術參數條件 (參考表 9.4-2)：

根據額定扭力選型

TKN ≥ TAN × St × Sd

最大扭力核對

TKN ≥ TS × St × Sd

→ TS = TAS × mA × SA

→ mA = JL / (JA + JL) TR > TAS

(2) 無背隙波紋管聯軸器

▲圖 9.4-4　無背隙波紋管聯軸器圖

① 波紋管和軸套連接可靠。

② 夾緊軸套通過摩擦傳遞扭力。

③ 結構緊湊，偏差造成的徑向回復力低。

④ 扭轉剛性高，適用於直徑大於等於 $\phi40$ mm 的滾珠螺桿傳動，高溫下剛性穩定，避免發生共振。

⑤ 對軸的表面粗糙度要求：1.6 μm、外徑公差：h6、偏擺：0.01 mm

⑥ 最大線速度 V_{MAX} = 25 m/s

▼表 9.4-5　技術參數表

規格	TKN [Nm]	最高轉速 [rpm]	轉動慣量 [×10⁻⁶ kgm²]	扭轉剛性 [Nm/rad]	軸向剛性 [N/mm]	徑向剛性 [N/mm]	容許偏差		
							徑向 [mm]	軸向 [mm]	角度 [°]
16	5	14900	9	4500	43	138	±0，3	0.15	1
20	15	11950	30	9600	63	189	±0，4	0.15	1
30	35	8700	114	17800	97	233	±0，5	0.2	1.5
38	65	7350	245	37400	108	318	±0，6	0.2	1.5
42	95	6820	396	54700	120	499	±0，6	0.2	1.5
45	150	5750	931	95800	132	738	±0，9	0.25	1.5
55	340	4800	4996	144100	160	894	±0，10	0.25	1.5
65	600	3850	13318	322740	212	1365	±0，10	0.3	1.5

▼表 9.4-6　夾緊式軸套的孔徑和可傳遞摩擦扭力 (Nm) 表

規格	φ19	φ20	φ24	φ25	φ28	φ30	φ32	φ35
20	22.9	23.3						
30	38.5	39.2	41.9	42.5	44.6	45.9		
38	85.4	86.6	91.6	92.8	96.5	99	102	105
42	90.3	91.6	96.5	97.8	102	104	106	110
45		157	165	167	173	177	181	187
55			397	401	413	421	429	442
65						720	732	750
規格	φ38	φ40	φ42	φ45	φ50	φ55	φ60	φ65
38	109							
42	114	116	119					
45	193	197	200	206				
55	454	462	470	482	502	523		
65	768	780	792	810	840	870	900	930

(3) 無背隙鋼片式聯軸器

▲圖 9.4-5 無背隙鋼片式聯軸器圖

① 結構緊湊。

② 扭轉剛性大。

③ 夾緊軸套通過摩擦傳遞扭力。

④ 雙彈片結構，容許偏差大。

⑤ 扭轉剛性高，適用於直徑大於等於 $\phi 40$ mm 的滾珠螺桿傳動，高溫下剛性穩定，避免發生共振，最高的額定扭力高達 360 Nm。

▼表 9.4-7　技術參數表

規格	TKN [Nm]	TK max [Nm]	最高轉速 [rpm]	扭轉剛性 [Nm/rad]	徑向 [mm]	軸向 [mm]	角度 [°]
15	20	40	16000	12000	0.16	1	1
20	30	60	12000	30000	0.25	1.2	1
25	60	120	10000	60000	0.3	1.6	1
35	100	200	9000	720000	0.4	2	1
42	300	600	7000	240000	0.5	2.8	1

▼表 9.4-8　夾緊式軸套的孔徑和可傳遞摩擦扭力 (Nm) 表

規格	ϕ19	ϕ20	ϕ24	ϕ25	ϕ28	ϕ30	ϕ32
15	34	35					
20	40	41	44	45			
25	87	88	93	94	98	100	103
35	155	157	165	167	173	177	181
42			285	287	296	301	307
規格	ϕ35	ϕ38	ϕ40	ϕ45	ϕ50	ϕ55	
15							
20							
25	106						
35	187	193	197				
42	315	323	329	343	357	370	

無背隙波紋管聯軸器與無背隙鋼片式聯軸器選型時必須滿足以下條件：

核對額定扭力

TKN ≥ TAS/LS × k → TAS [Nm] = 9550 × Pmax. [kW] / n [rpm]

扭轉剛性核對

ϕ= (180 × TAS) / (π× CT)

峰值扭力 (驅動端 / 被動端)

TKN > TS

TS = TAS × mA × k → mA = JL / (JA + JL)

TS = TLS × mL × k → mL = JA / (JA + JL)

在選用聯軸器廠商提供圖面時要注意須標示如表 9.4-9 所示項目，以確保滿足需求。

▼表 9.4-9　聯軸器選用條件表

使用條件	機器類型
	每分鐘正逆轉次數
	工作溫度
	減速比
	減速機位置
	垂直／水平
	驅動負載
驅動馬達	馬達型號
	額定扭力
	最大扭力
	轉動慣量
	最高轉速
	軸徑／公差
	心軸長度
	可夾持長度
	兩軸端面間距
滾珠螺桿	連結軸徑／公差
	心軸長度
	可夾持長度
	螺桿牙部軸徑
	螺桿導程
	轉動慣量
	支撐軸承
	螺桿長度

9.5 進給系統組裝與基準面

1. 基準面

   一般機械結構的組裝基準面，其選擇的考慮因素有以下數項：

   (1) 基準面要有足夠的接觸面積。

   (2) 從加工、檢驗要求考量，應選擇在加工程序規劃、夾治具與量具的定位訴求作爲基準。

   (3) 根據零件的功能須求與被量測要素的幾何關係來選擇基準。

   (4) 對相配合零件建議要建立同一基準體系。

   (5) 鑄件、焊接件、鍛造件的未加工粗糙面不能作爲標準。

   (6) 當有多個基準面時，應明確訂定基準順序。

   工具機進給系統基準面選擇的示意圖如下列各圖所示。

   (1) 圖 9.5-1 與圖 9.5-2 比對可看出工作台面爲基準面 A 須注意平面度，線軌滑塊鎖固面基準面 C 須與它互相平行，工作台 T 型槽須與它互相垂直。

   (2) 線軌滑塊鎖固面承靠面 B 與線軌滑塊鎖固面基準面 C 及工作台 T 型槽須互相垂直，工作台螺帽座承靠面須與它互相平行。

   (3) 工作台螺帽座鎖固面須與線軌滑塊鎖固面基準面 C 互相平行。

▲圖 9.5-1　進給系統基準面示意 (一)

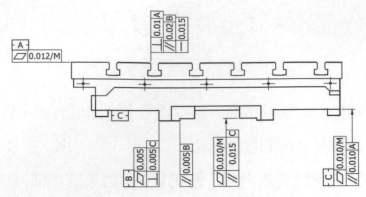

▲圖 9.5-2　進給系統幾何公差標註 (一)

(4)　圖 9.5-3 到圖 9.5-6 線軌軌道鎖固面承靠面 A 與線軌軌道承靠面基
　　準面 B 須互相垂直。

(5)　鞍座螺帽座鎖固面須與線軌滑塊鎖固面基準面 E 及線軌滑塊承靠
　　面基準面 C 互相垂直。

(6)　線軌軌道鎖固面承靠面 A 與線軌軌道承靠面基準面 B 須與鞍座中
　　心線基準 D 互相平行。

(7)　軸向馬達鎖固面及軸承座鎖固面須與線軌軌道鎖固面承靠面 A 及
　　線軌軌道承靠面基準面 B 須互相垂直。

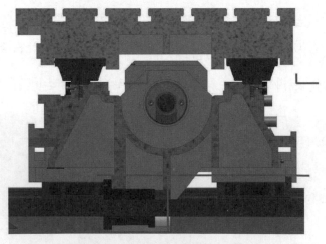

▲圖 9.5-3　進給系統基準面示意 (二)

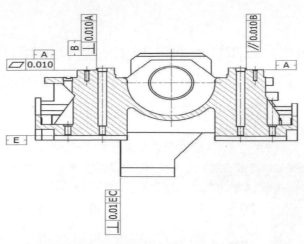

▲圖 9.5-4　進給系統幾何公差標註 (二)

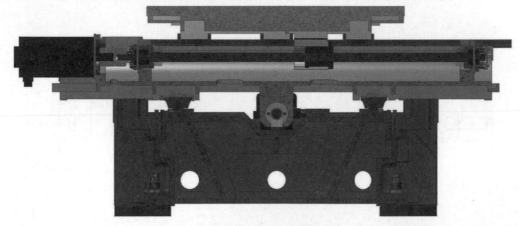

▲圖 9.5-5　進給系統基準面示意 (三)

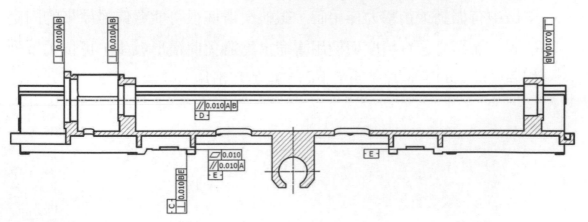

▲圖 9.5-6　進給系統幾何公差標註 (三)

2. 安裝誤差

線性滑軌安裝出現輕微變形或誤差時，具有自動調心能力能保持平滑穩定的直線運動，安裝誤差越少，行走精度與耐久性就越好，表 9.5-1 為線性滑軌安裝面的最大容許誤差表。

▼表 9.5-1　線性滑軌安裝最大容許誤差表

安裝面的最大容許誤差單位：μm							
線性滑軌型號	20	25	30	35	45	55	65	85
兩軌道平行度 _e1	18	20	27	30	35	45	55	70
兩軌道高低誤差 _e2	50	70	90	120	140	170	200	240

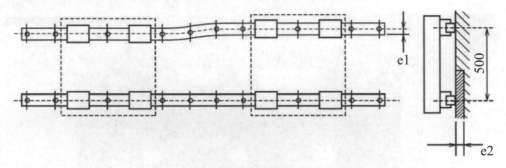

▲圖 9.5-7　線性滑軌安裝誤差示意圖

3. 線性滑軌的安裝固定方法

機械中有振動或衝擊力作用時，線軌與滑塊很可能會偏離原來的固定位置，而影響運行精度與使用壽命，為避免此情形發生，可依照下列相同或混用的固定方式使用來固定線軌與滑塊。

(1) 壓板固定法

此方式導軌與滑塊側面需稍微突出鑄件邊緣,而壓板需加工逃槽,避免安裝時與導軌與鑄件的倒角或滑塊與壓板產生干涉。

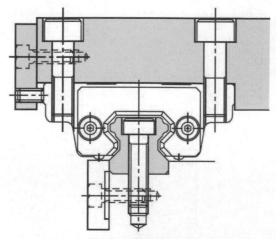

▲圖 9.5-8　線性滑軌安裝壓板固定法

(2) 斜楔塊固定法

藉由對斜楔塊的鎖緊造成側向力來施壓,須注意過大的鎖緊力會迫使軌道或外側承靠肩部變形,影響組裝精度。

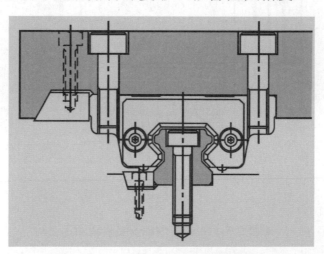

▲圖 9.5-9　線性滑軌安裝斜楔塊固定法

(3) 固定螺絲固定法

使用固定螺絲施壓，因為安裝空間的限制，所以須注意使用的螺絲尺寸。

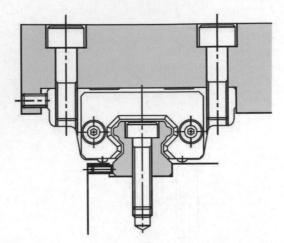

▲圖 9.5-10　　線性滑軌安裝固定螺絲固定法

(4) 直銷固定法

利用鎖固螺栓頭部斜度的測向力來施壓直銷使其定位。

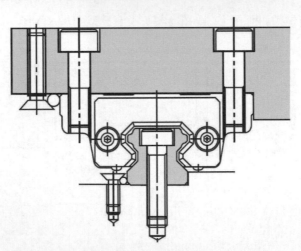

▲圖 9.5-11　　線性滑軌安裝直銷固定法

4. 滾珠螺桿安裝

如圖 9.5-12 圖面標示的安裝部位幾何精度須依 JIS 1191、1192 基準，注意項目如下：

(1) 相對於螺紋的軸線基準 C，測定螺桿支持部位基準 E、F 的半徑方向圓周偏擺值。

(2) 對於螺桿軸支承部軸線之零組件安裝部位半徑方向上之圓周偏移；相對於螺桿支持部位基準 E、F，測定滾珠螺桿軸端安裝部位的半徑方向圓周偏擺值，如表 9.5-2。

(3) 相對於螺桿支持部位基準 E、F，測定滾珠螺桿軸承安裝部位的端面垂直度，如表 9.5-3。

(4) 對於螺桿軸軸芯線之螺帽基準側面或凸緣安裝面之直角度；相對於螺桿中心線基準 G，測定滾珠螺桿螺帽安裝部位的端面垂直度，如表 9.5-4。

(5) 對於螺桿軸線之螺帽外圍面 (圓筒形) 的同軸度。相對於螺桿支持部位基準 E、F，測定滾珠螺桿螺帽外緣圓周偏擺值，如表 9.5-5。

(6) 對於螺桿軸線之螺帽外圓周面 (方型螺帽安裝面) 之平行度；相對於螺桿中心線基準 C，測定滾珠螺桿螺帽安裝部位平面的平行度，如表 9.5-6。

(7) 相對於螺桿支持部位基準 E、F，螺紋的軸線基準 G 的總偏擺值，螺桿軸線的半徑方向全偏差值，可參閱 JIS B 1192-1997，之後加註 (注釋) 二字，以對應圖 9.5-12 幾何公差的代表意義。

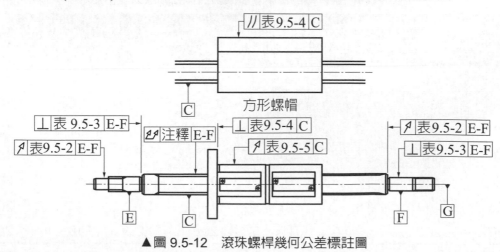

▲圖 9.5-12　滾珠螺桿幾何公差標註圖

▼表 9.5-2　螺紋溝槽面對螺桿軸支撐部軸線的半徑方向圓周偏差

螺桿軸外徑 (mm)		偏擺 (最大) 單位：μm					
以上	以下	C0	C1	C2	C3	C5	C7
—	8	3	5	7	8	10	14
8	12	4	5	7	8	11	14
12	20	4	6	8	9	12	14
20	32	5	7	9	10	13	20
32	50	6	8	10	12	15	20
50	80	7	9	11	13	17	20
80	100	—	10	12	15	20	30

▼表 9.5-3　螺桿軸的支撐部端面對支撐部軸線的垂直度

螺桿軸外徑 (mm)		垂直度 (最大) 單位：μm					
以上	以下	C0	C1	C2	C3	C5	C7
—	8	2	3	3	4	5	7
8	12	2	3	3	4	5	7
12	20	2	3	3	4	5	7
20	32	2	3	3	4	5	7
32	50	2	3	3	4	5	8
50	80	3	4	4	5	7	10
80	100	—	4	5	6	8	11

▼表 9.5-4　螺桿軸的法蘭安裝面對螺桿軸軸線的垂直度

螺帽直徑 (mm)		直角度 (最大) 單位：μm					
以上	以下	C0	C1	C2	C3	C5	C7
—	20	5	6	7	8	10	14
20	32	5	6	7	8	10	14
32	50	6	7	8	8	11	18
50	80	7	8	9	10	13	18
80	125	7	9	10	12	15	20
125	160	8	10	11	13	17	20
160	200	—	11	12	14	18	25

▼表 9.4-5　螺帽外圓面對螺桿軸軸線的半徑方向圓周偏差

螺帽直徑 (mm)		振擺 (最大) 單位：μm					
以上	以下	C0	C1	C2	C3	C5	C7
—	20	5	6	7	9	12	20
20	32	6	7	8	10	12	20
32	50	7	8	10	12	15	30
50	80	8	10	12	15	19	30
80	125	9	12	16	20	27	40
125	160	10	13	17	22	30	40
160	200	—	16	20	25	34	50

▼表 9.5-6　螺帽外圓面 (平面型安裝面) 對螺桿軸軸線的平行度

安裝基準長度 (mm)		平行度 (最大) 單位：μm					
以上	以下	C0	C1	C2	C3	C5	C7
—	50	5	6	7	8	10	17
50	100	7	8	9	10	13	17
100	200	—	10	11	13	17	30

5.　安裝精度測試方法

(1)　零件安裝部對螺桿軸支撐部軸線的半徑方向圓周偏差，可以參閱表 9.5-2。使用 V 型枕支撐螺桿軸的支撐部，讓千分錶測頭接觸安裝部的外徑，將螺桿旋轉 1 周時，用千分錶測其擺動的最大差值。

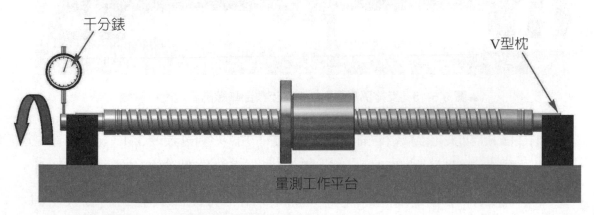

▲圖 9.5-13　安裝部對螺桿軸支撐部軸線的半徑方向圓周偏差示意圖

(2) 螺紋溝槽面對螺桿軸支撐部軸線的半徑方向圓周偏差，可以參閱表 9.5-2。用 V 型枕支撐螺桿軸的支撐部，讓千分錶測頭接觸螺帽的外徑，在不讓螺帽轉動，而讓螺桿軸旋轉一周時，用千分錶測其擺動的最大差值。

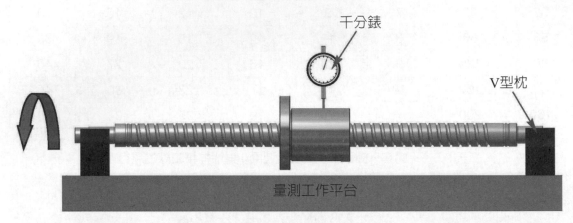

▲圖 9.5-14　螺紋溝槽面對螺桿軸支撐部軸線的半徑方向圓周偏差示意圖

(3) 支撐部端面對螺桿軸支撐部軸線的直角度，可以參閱表 9.5-3。用 V 型枕支撐螺桿軸的支撐部，讓測頭接觸螺桿軸支撐部的端面，讓螺桿軸旋轉一周時，用千分錶測其擺動的最大差值。

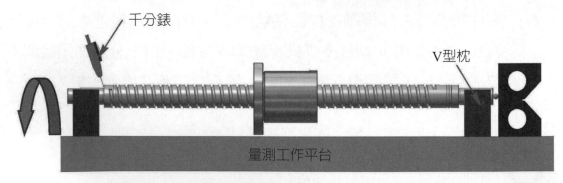

▲圖 9.5-15　支撐部端面對螺桿軸支撐部軸線的直角度示意圖

(4) 法蘭安裝面對螺桿軸線的垂直度，可以參閱表 9.5-4。在螺帽旁邊用 V 型枕支撐螺桿軸螺紋部外徑，讓測頭接觸螺帽法蘭的端面，讓螺桿軸和螺帽同時旋轉一周時，用千分錶測其擺動的最大差值。

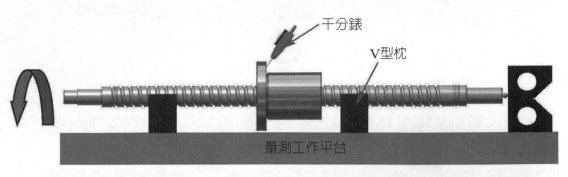

▲ 圖 9.5-16　法蘭安裝面對螺桿軸軸線的垂直度示意圖

(5) 螺帽外圓面對螺桿軸線的半徑方向圓周偏差，可以參閱表 9.5-5。在螺帽旁邊用 V 型枕支撐螺桿軸螺紋部外徑，讓測頭接觸螺帽的外徑，在不讓螺桿軸轉動，而讓螺帽旋轉一周時，用千分錶測其擺動的最大差值。

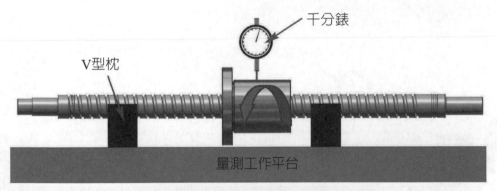

▲ 圖 9.5-17　螺帽外圓面對螺桿軸軸線的半徑方向圓周偏差示意圖

(6) 螺帽外圓面 (方型螺帽) 對螺桿軸軸線的平行度，可以參閱表 9.5-6。在螺帽旁邊用 V 型枕支撐螺桿軸螺紋部外徑，讓測頭接觸螺帽外圓面 (方型螺帽)，讓千分錶與螺桿軸平行移動時，測其擺動的最大差值。

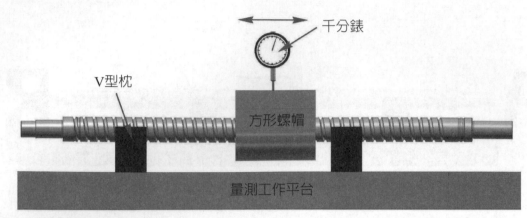

▲圖 9.5-18 螺帽外圓面 (平面型安裝面) 對螺桿軸軸線的平行度示意圖

(7) 螺桿軸線的半徑方向全偏差。用 V 型枕支撐螺桿軸的支撐部，
讓測頭接觸螺桿軸的外徑，螺桿軸旋轉一周時，用千分錶在軸
方向數個地方，測其擺動取其最大值，偏差值請參閱 JIS B 1192-
1997。

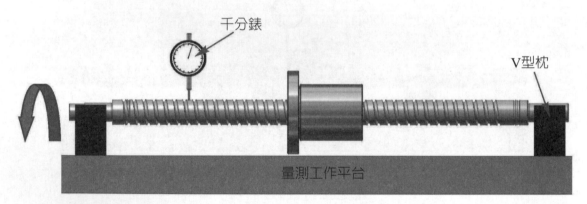

▲圖 9.5-19 螺桿軸線的半徑方向全偏差示意圖

▼表 9.5-7 軸與軸承座肩部垂直度表

軸與軸承座肩部垂直度		
軸徑與軸承座內徑尺寸 (mm)		垂直度 (μm)
大於	以下	
—	80	4
80	120	5

模擬考題

一、問答題

1. 何謂工具機？

2. 工具機機械系統的要求為何？

3. 工具機電控伺服系統的要求為何？

4. 線性滑軌之組成可分為幾種型式？

5. 對於線性滑軌的要求為何？

6. 線性滑軌的安裝固定可分為幾種型式？

7. 滾珠螺桿軸支持方法可分為幾種型式？

8. 聯軸器一般可區分為哪兩大類？聯軸器軸心的偏差值誤差可分為哪幾種？

NOTE

參考文獻

1. CNS 機械製圖 (上冊) －陳朝光、王明庸、黃泰翔－高立圖書
2. CNS,3,B1001：工程製圖 (一般準則)
3. CNS,3-1,B1001-1：工程製圖 (尺度標註)
4. CNS,3-2,B1001-2：工程製圖 (機械元件習用表示法)
5. CNS,3-3,B1001-3：工程製圖 (表面織構符號)
6. CNS,3-4,B1001-4：工程製圖 (幾何公差)
7. CNS,3-6,B1001-6：工程製圖 (銲接符號表示法)
8. CNS,3-8,B1001-8：工程製圖 (管路製圖)
9. CNS,3-9,B1001-9：工程製圖 (油壓系氣壓系製圖符號)
10. 機械設計製造手冊－朱鳳傳 等八人－全華圖書
11. 高職製圖實習總複習－謝士渠－龍騰文化
12. 高職製圖實習 (II) －鄭光臣－龍騰文化
13. 標準機械設計圖表便覽－小栗富士雄、小栗達男－眾文圖書
14. YCM 永進機械型錄
15. THK 滾珠螺桿、線性滑軌資料
16. NSK 滾珠螺桿、線性滑軌資料
17. NSK 軸向軸承資料
18. KTR 聯軸器型錄
19. NACHI 軸向軸承資料

國家圖書館出版品預行編目資料

機械製圖：含工具機實例應用 / 戴國政等編
　著.-- 初版.-- 新北市：全華圖書, 2019.10
　　面；　公分
　ISBN 978-986-503-196-1(平裝)
　1. CST: 工程圖學　2. CST: 工具機

440.8　　　　　　　　　　　108011904

機械製圖－含工具機實例應用

編著者 / 戴國政、陳建宗、謝士渠、邱武俊

發行人 / 陳本源

執行編輯 / 何聿晟

封面設計 / 楊昭琅

出版者 / 全華圖書股份有限公司

郵政帳號 / 0100836-1 號

圖書編號 / 06357

初版四刷 / 2024 年 9 月

定價 / 新台幣 480 元

ISBN / 978-986-503-196-1(平裝)

全華圖書 / www.chwa.com.tw

全華網路書店 Open Tech / www.opentech.com.tw

若您對書籍內容、排版印刷有任何問題，歡迎來信指導 book@chwa.com.tw

臺北總公司(北區營業處)
地址：23671 新北市土城區忠義路 21 號
電話：(02) 2262-5666
傳真：(02) 6637-3695、6637-3696

南區營業處
地址：80769 高雄市三民區應安街 12 號
電話：(07) 381-1377
傳真：(07) 862-5562

中區營業處
地址：40256 臺中市南區樹義一巷 26 號
電話：(04) 2261-8485
傳真：(04) 3600-9806(高中職)
　　　(04) 3601-8600(大專)